The Vision,
제조업의 실용적 스마트팩토리

PRAGMATIC SMART FACTORY

for GLOBAL PLAYERS

The Vision,

정삼용 지음

제조업의 실용적 스마트팩토리

한울
아카데미

추천하는 글

황성우 (삼성SDS 대표이사)

글로벌 산업에서 한국이 차지하는 핵심 역할은 아직 대부분 제조 능력에 있다고 볼 수 있습니다. 반도체, 휴대폰, 자동차, 배터리, 디스플레이 등의 세계 선두제품을 생산하는 한국의 회사들은 제조 경쟁력을 기반으로 글로벌 공급망에서 우위를 선점하고 있으며 이는 수출 모멘텀으로 이어지고 있습니다.

또한, IT 강국의 위상에 걸맞게, 플랫폼, 클라우드 전환, 사이버 보안 대응, AI 기반의 빅데이터를 활용한 결합 기술 등 여러 가지 IT 기술들은 제조업에도 성공적으로 적용되어 한국 제조업의 경쟁력을 떠받치는 핵심 요소가 되고 있습니다.

이 책은 저자가 28년간 산업 현장에서 얻은 경험을 기반으로 글로벌 오퍼레이션을 위한 제조시스템의 발전방향, 그리고 제조기업 경쟁력 향상을 위한 정보화 컨설팅, 아키텍처 수립, 개발 및 운영과 혁신활동에서 발생하는 경험과 문제해결 방안 등 세부적인 경험과 지식을 이야기하고 있습니다. 특히 다양한 기술변화의 속도보다는 방향성이라는 테마가 시작점인 것이 흥미롭습니다.

이 책이 IT 기반기술로 제조업의 경쟁력을 강화하여 새로운 가치를 창출하고자 하는 많은 기업의 경영진들과 실무자들이 실무에 널리 활용하는 중요한 기록으로 남기를 기대합니다.

추천하는 글

홍원표 (前 삼성전자 사장, 前 삼성SDS 대표이사, 現 고려대학교 석좌교수)

클라우드 시장이 IT 인프라를 클라우드로 전환하는 1단계를 지나 핵심 플랫폼과 솔루션, 서비스에 클라우드를 적용하는 2단계에 진입하고 있다. 또한 디지털 트랜스포메이션을 넘어 AI(인공지능) 트랜스포메이션을 통해 다가올 혁신 시대에서는 산업계와 사회 등 전 영역을 아우르는 AI의 활약이 돋보일 것이다. AI가 향후 고도화되면 주요 기업 의사결정에 핵심 참모진 역할을 수행하고, 회사 경쟁력을 지원하는 주요 기술로 자리매김할 것이다. 현재도 제조와 금융, 유통, 헬스, 바이오 등 전 분야에서 다양한 AI 기능이 활용 중이며, AI 기술의 고도화가 이뤄지고 있다.

MES는 최신 IT 기술을 활용해 다양한 생산운영시스템을 통합, 최적화하여 생산이 효율적으로 이루어지도록 지원하는 제조 실행을 위한 정보시스템이다. 최근 많은 기업이 기존 자원과 역량의 최적 활용을 통해 생산성과 효율을 높이고, 실행을 통해 변동성을 낮추는 활용적 혁신 활동을 지속하고 있다. 대내외 환경 변화 속에서 기업이 지속적으로 성장·발전하기 위해서는 선택과 집중, 혁신과 변화가 필요한 상황이다.

이 책은 MES의 개념과 산업 현장에서의 실제 사례 등 다양한 주제를 이해하기 쉽게 설명하고 있다. 바쁜 일정에도 시간을 쪼개 30년간 쌓아 온 다양한 실무 경험과 노하우를 집약하여 훌륭한 책으로 엮어 낸 저자의 열정과 노력에 박수를 보낸다.

급변하는 경영 환경 속에서 오늘도 혁신과 변화를 고민하고 있는 분들에게 이 책이 조금이나마 도움이 되길 바란다.

추천하는 글

유홍준 (前 삼성SDS 부사장, 現 에스넷 부회장)

최근 글로벌 경영환경이 급격하게 변화하고 있어 그동안 초격차를 유지해 온 분야에서조차 경쟁우위를 지속적으로 유지하기가 점점 더 어려워지고 있습니다. 변화의 속도가 빠를뿐더러 새로운 시장이 열리기도 하고 없어지기도 하는 시기에 글로벌 기업들은 개방화, 단순화, 모듈화와 네트워크화 등을 통해 핵심역량과 자원을 확보하고, 변화에 능동적으로 대응하여 경쟁력을 높여 가고 있습니다.
이러한 제조기업의 스마트팩토리 추진은 핵심 경쟁력이며 최신 IT 기술을 활용해 다양한 생산운영시스템을 통합, 최적화하는 형태로 발전하고 있습니다. 또한 대내외 환경 변화 속에서 기업이 지속적으로 성장·발전하기 위해서는 선택과 집중, 혁신과 변화가 필요한 상황입니다.
이 책은 기업의 방향성, 글로벌 오퍼레이션과 스마트팩토리를 추진하는 과정에서의 다양한 실제 사례 등을 이해하기 쉽게 설명하고 있습니다.
삼성에서 다양한 프로젝트 PM을 수행하고 삼성 베트남 법인장을 거치면서 바쁜 일정 와중에도 시간을 쪼개 28년간 쌓아 온 다양한 실무 경험과 노하우를 집약해 훌륭한 책으로 엮어 낸 저자의 열정과 노력에 박수를 보냅니다.

추천하는 글

김홍기 (現 웹케시 그룹 부회장, 現 한국 SAP User 그룹 회장,
前 삼성SDS 부사장, 前 삼성전자 CIO 전무)

제조 현장은 정말로 다양하고 복잡하며, 많은 관리자들과 전문가들의 끊임없는 노력에도 표준화가 어렵고 정보화도 만만치 않습니다. 그러나 그 안에는 수많은 낭비와 문제가 잠재해 있으면서 동시에 엄청나게 비용을 절감하고 이익을 창출할 수 있는 기회가 무한합니다.

이러한 제조 현장의 전문가로 활동하기 위해서는 오랜 경륜과 다양한 경험을 보유하고, 새로운 기술에 대한 끊임없는 탐구를 추구하는 사람이 되어야 합니다. 이 책의 저자는 그야말로 제조 혁신 전도사로서, 많은 프로젝트에서 PM으로 활약하며 직접 경험을 쌓았고, 삼성 내 최고 효율 제조 거점의 경영진까지 올라가면서 정보시스템 및 현장 지식을 동시에 체득한 보기 드문 전문가입니다.

저자의 값진 경험이 이렇게 후배 혁신가들을 위해 책으로 나오는 것을 보니 지근에서 오래 지켜본 지인으로서 큰 격려를 보내고 싶습니다.

이 책에는 넓고 다양한 제조 분야의 토픽들이 핵심 중심의 메시지로 일목요연하게 정리되어 있고, 흥미로운 저자의 직접 경험들과 어우러져서 쉽게 읽히면서도 제조의 주요 사항들이 차분히 정리되어 있습니다. 제조 분야에서 일하는 모든 사람에게 필독서로 추천합니다.

책을 펴내며

삼성에서 1994년 7월부터 근무하며 다양한 국내외 전자·제조 사업장에서 SI, 컨설팅 프로젝트 PM을 수행했고, 2016년부터는 베트남에서 삼성 법인 설립부터 현지 IT회사 지분 참여, 대외사업 발굴, GDC·IDC 설립, 연구소 설립과 삼성 관계사 및 현지 로컬회사의 IT 선진화에 노력했습니다. 베트남에서 5년간 정신없이 살아온 삼성 법인장 생활을 마치고 2020년 귀임발령 후 이사짐을 정리하면서 8년 전 저술했던 『글로벌 생산운영 체계를 위한 실전형 MES 방법론』을 발견했습니다. 그리고 귀국행 비행기에서 잠시 읽어 보게 되었습니다. 미국-한국-동남아의 기술은 한국의 미래-현재-과거의 모습처럼 보이기도 하고, 그들의 생활상을 보노라면 저의 어린 시절이 보이기도 하고, 경제상에서는 청년 시절 성장기의 발전하는 모습이 보였습니다. 재능이 기술이 되고 이러한 기술이 플랫폼으로 발전하는 시대흐름에서 과거와 현재, 그리고 미래의 모습을 오가는 시공간에서 그간 삶과 주변의 상황 등이 엄청난 변화의 물결과 속도보다는 방향성이라는 단어들이 떠올랐습니다. 그리고 경영자로서 이런 내용을 다뤄보고 싶다는 생각에 이 책을 집필하게 되었습니다.

지금의 저를 있게 해주신 존경하는 어머니 고 이옥월 여사와 잦은 출장과 오랜 해외생활 가운데서도 항상 마음으로 지원을 아끼지 않은 사랑하는 반려자 박지연, 어엿한 성인으로 성장하고 세계적인 디자이너를 꿈꾸는 사랑하는 딸 꽃동이 정아린, 지금 이 순간에도 뉴욕 맨해튼에서 공부하며 끊임없이 새로운 것을 경험하는 창의적인 아들 Leo 정도율에게 이 책을 바칩니다.

정삼용

차례

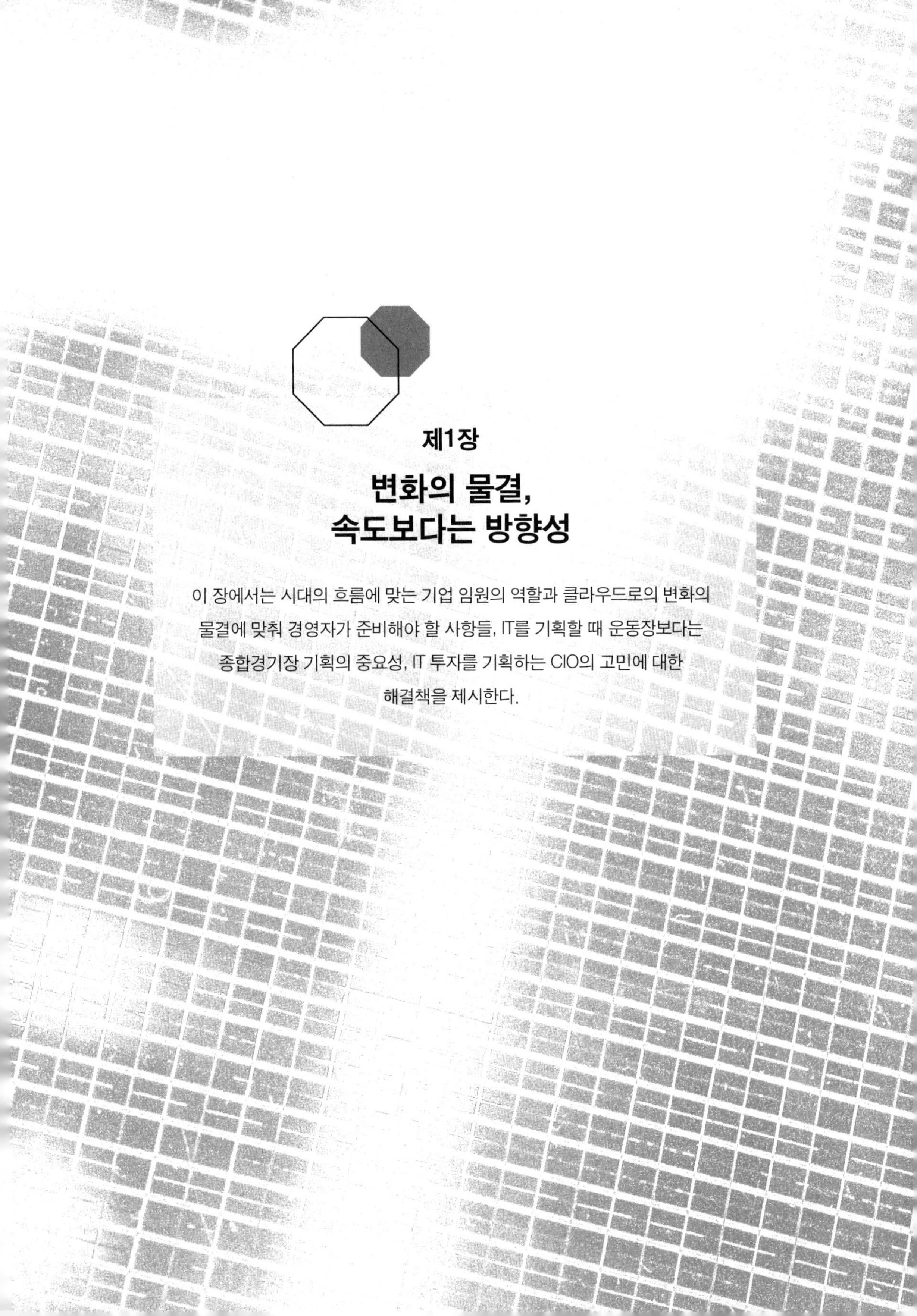

제1장

변화의 물결, 속도보다는 방향성

이 장에서는 시대의 흐름에 맞는 기업 임원의 역할과 클라우드로의 변화의 물결에 맞춰 경영자가 준비해야 할 사항들, IT를 기획할 때 운동장보다는 종합경기장 기획의 중요성, IT 투자를 기획하는 CIO의 고민에 대한 해결책을 제시한다.

■ 디지털 변환이란 "디지털 신기술 적용과 Biz. 프로세스상의 혁신활동을 통해 조직의 체질과 모든 업무영역을 가시적으로 변화시키는 일련의 과정"이라고 말한다. 이러한 변화의 방향성에 부합하는 개선을 위해서는 업의 본질을 이해하는 것이 제일 중요하다. 그러면 업의 본질을 어떻게 정의할 수 있을까? 업의 본질에 대해 동료들과 토론을 하고 해답을 찾는 과정을 떠올려 보면 '질문과 경청'의 중요성을 알게 된다. 경영자가 되는 과정에서 좋은 질문은 깨달음을 선사하고 새로운 사고와 행동을 이끌어 내는 것이라 확신하게 되었다. "소프트웨어 개발을 잘해주세요" vs. "우리 회사의 제품에서 좋은 품질은 어떤 의미인가?" 이 2가지 질문을 통해서 팀원을 한 방향으로 이끌 수 있는 질문은 어느 쪽인가 생각해 본다. 지천명의 나이가 되면서 과거를 뒤돌아보는 시간이 늘었는데, 우리의 삶과 인생에 대해 느끼는 점은 '속도가 아니라 방향'이라는 것이다. 이 장에서는 기업의 임원으로서 성공의 의미부터 변화의 물결에서 속도보다는 방향성을 정의하고, 정보담당 임원(CIO)의 고민과 혁신활동에서 리더의 역할 등 살아 움직이는 시스템을 만들기 위해서 운동장보다는 종합경기장을 기획하는 과정과 함께 기업도 글로벌 기준에 맞게 변화해야 한다는 것을 생각해 본다.

기업의 임원으로 성공의 의미

■ 하버드 대학교의 교수인 마이클 샌델의 강의를 모은 책 『정의란 무엇인가(Justice: What's the right thing to do?)』는 우리 삶에서 정의를 판단하는 기준으로 행복, 자유, 미덕을 꼽는다. 대한민국이라는 사회에서 행복에 기여할 수 있는지, 대한민국 구성원에게 자유를 보장할 수 있는지, 대한민국 구성원에게 미담이자 정의로움으로 영원히 남을 수 있는지를 생각하게 된다. 중산층의 개념을 예로 들어 보자. 한국과 서양의 중산층 개념에는 많은 차이가 있는 것 같다. 크게 보면 행복한 삶이란 어떻게 주변에 미덕으로 남는 삶을 살 것인가에 대한 생각이 아닐까 싶다. 한국에서 중산층의 개념

은 어떤가? 대도시 중심부에 아파트를 가지고 있어야 하고, 차는 중형차 이상을 보유하고 있어야 하며, 일정 금액의 금융자산이 있어야 하는 것처럼 모든 것이 금융자산과 관련된 내용이다. 그러나 서양에서의 중산층의 개념은 완전히 다르다. 샌델 교수의 말처럼 좀 더 행복, 자유, 미덕에 근접해 있음을 알게 된다. 첫째, 인접국을 가거나 언어가 다른 국가에서도 자연스럽게 적응할 수 있도록 제2외국어 하나쯤은 능숙하게 구사하는 능력이 있어 직업이나 여행의 자유를 누릴 수 있는 기반이 되고, 둘째로는 트럼펫, 드럼 등 악기 하나는 다룰 줄 알아야 자연과 인간의 소리의 차이를 느끼는 인생의 낭만을 알면서 자신의 행복을 추구할 수 있다고 생각하고 있다. 마지막으로는 60대 이후에도 지속적으로 할 수 있는 취미가 하나는 있어야 한다. 나의 지인은 집짓기를 취미이자 미덕으로 오래 남기고 싶어 한다. 이러한 의미에서 나는 나만의 영역에서 오랜 시간 남기고 싶은 글을 이번 기회에 다시 한 번 정리하고자 한다.

■ 50대의 지천명의 나이가 되면서 과거를 뒤돌아보는 시간이 부쩍 느는 것 같다. 이제 우리의 삶과 인생에 대해 느끼는 점은 '속도가 아니라 방향'이라는 것이다. 예전에는 "봄에 깐 병아리를 가을에 세어 본다"는 말을 들으면서 '게으르다', '왜 일찍 인지하지 않고 이해타산에 서투른 것인가?'라고 생각했지만 매서운 추위가 있는 겨울이 되어 세어 보지 않은 게 얼마나 다행인가? 내 능력만 믿고, 지식을 쌓고, 글로벌 경험을 하고, 솔선수범과 성실함을 최우선으로 삼고, 가족에게도 경제적으로 든든한 모습이 최고라고 생각하며 살아온 우리가 "최선이냐 아니냐!, 맞냐 틀리냐!"가 아닌 다른 눈으로 봐야 할 것 같다. 70대에 작고하신 나의 어머니 이옥월 여사는 "삼용아, 지나간 삶을 생각해 보면 인생의 황금기는 자율성이 높은 40대였다"고 말씀하셨다. 기대수명이 계속 늘고 있고 자녀가 성장하면서의 행복, 수입과 지출, 경제적 영향력, 삶에 대한 자율성을 생각해서 하신 말씀일 것이다. 또, 후회와 용기의 차이에 대해서도 이야기하신 적이 있는데, "후회는 과거를, 용기는 현재를 살아가는 것"이라는 점이다. "The Power of Now"

와 같이 현재에 충실하면 우리가 설계하는 미래는 자연스럽게 찾아온다는 말씀을 하신 것이다. 『대지』의 저자 펄 벅 여사는 80세가 될 때 인생에서 최고의 순간이 70세라고 말하며, 그때 인생에 필요한 것을 알았고 이제부터는 정말로 즐겁게 살 수 있다는 확신이 들었다고 했다. 이상의 내용들을 곰곰이 생각해 보면 대기업 은퇴 이후가 인생의 절정이 아닐까 싶기도 하다.

■ 현실적으로 다시 생각해 보면 내가 어찌해야 "성공한 삶을 살아 왔고, 살고 있다"고 현재 진행형으로 가족과 주변 동료들에게 이야기할 수 있을까? 돈을 많이 버는 것도 성공일 수 있고, 명예를 쌓는 것도 성공이며, 특정 분야의 통찰력을 통해 꿈과 비전을 만들고, 후배들에서 지속성장 가능한 조직을 물려주는 것 또한 성공일 수 있다. 또한, 진정한 마음을 공유할 수 있는 사람들을 많이 아는 것도 성공일 것이다. 코로나19 시대에 신발을 만드는 뉴발란스가 "어제는 신발을 만들었지만 오늘은 마스크를 만든다"는 말로 선풍적인 인기를 끈 걸 보면 변화에 적응하는 것이 대세인 것은 맞다. 나는 나와 동료들의 노력으로 글로벌 기업으로 성공하게 만드는 과정에서 이러한 성공한 기업을 지원하고 동고동락하며 B2B(Business To Business) 기업의 사업 영역을 확대했다. 그리고 기업들이 새로운 IT 도입이 아닌 IT 플랫폼 전환을 통해 성공하는 과정을 지켜봐 왔다. 진정한 파트너로서 함께했고, 지원했고, 성공을 경험했다. 우리와 함께한 기업은 이미 글로벌 기업이 되었다. 파트너 비즈니스를 잘 승화시키기려면 사업모델(ERP, SCM, PLM, FP, MES, 설비제어 및 BP 모델)을 정리하고 다른 기업에도 횡전개할 수 있는 지식 인프라를 구축해야 한다. 또한 타 부문에 소개할 수 있는 정도의 서비스를 제공해야 한다. 이미 나와 우리 업계는 다양한 제조업체에서 경험한 사례를 바탕으로 유사 업종에서 현존하는 모든 IT 기술과 최적화된 BP를 정리해 왔다. 이제는 이를 통해 재사용이 가능한 수준까지 패키징 작업을 완성해야 하고, 글로벌 경험을 훈련하는 데 많은 노력을 기울여야 한다. 글로벌은 세계 각국의 문화적 차이를 극복할 수 있는 수준의 제품과 서비스의 완성도를 높일 수 있을 만큼 노력해야 하며 국내에서 경험한 내용

을 기준으로 수준을 올려야 한다. 또한 해외사업의 경우 단지 고객을 일대일 대응하는 것보다 현지 파트너와 마케팅 조직을 구축하여 현지화에 힘써야 한다. 글로벌 기업의 성공사례를 보면 ① 일반 대중에게 월드 클래스 수준을 제공하는 제품과 서비스(Off the shelf)를 제공하는 경우로 나이키의 신발과 스포츠 용품, 전자와 같은 고객의 니즈에 맞게 설계된 Bespoke 휴대폰, 냉장고 등 가전제품을 생산하는 기업에 속한다. ② 한 고객에게 맞는 최적의 서비스를 제공(Out of Kinds)하는 형태로서 초기단계의 건축업, 맞춤형 서비스 제작이 여기에 속한다. ③ 내가 경험하고 또한 성공하고자 하는 모델에 속하는 유형으로 매스 커스터마이제이션(Mass Customization), 즉 70%는 이미 만들어진 공통의 서비스나 제품을 사용하고, 30%는 고객에 맞게 수정해 최적의 서비스를 제공하는 사업이다. 이를 위해서 우리는 70%의 자산을 가진 상태에서 해외에 나가야 한다. 이에 반드시 해결해야 할 부분이 언어 및 마케팅의 글로벌 라이제이션이라고 할 수 있다. 다시 말해 IT 서비스 산업은 세계적으로 성공한 기업과 파트너 형태의 비즈니스를 바탕으로 글로벌 시장을 개척해야 한다.

■ 디지털 변환이란 "디지털 신기술 적용과 Biz. 프로세스상의 혁신활동을 통해 조직의 체질과 모든 업무영역을 가시적으로 변화시키는 일련의 과정"이다. 좀 더 좁게 생각하면 IT 사업의 특정 분야에서 성공 기준을 다음과 같이 말하고 싶다. "전 세계 제조기업에서 ERP를 사용하려고 하면 떠오르는 기업이 S사이고, 클라우드 하면 A사이듯이 제조업의 IT, Cloud 전환, MES를 시작하려고 할 때 처음으로 떠오르는 기업이 우리 기업이고 우리 소속 임직원이 생각나야 성공의 시작점이다." 내가 생각하는 대기업 임원의 인재상은 다음과 같다. ① 강력한 리더십이 있어야 한다. 끈기와 집념이 있고, 솔선수범해야 하며 리더십을 발휘해 합의된 방향을 도출하고 조직을 한 방향으로 이끌 수 있어야 한다. ② 자기 분야에서 최고의 지식(Subject Knowledge)을 가지고 있어야 한다. 한 분야에서 세계 최고의 경험과 실력이 있어야 한다. 다양한 환경, 학습, 토론, 직접 참여를 통한 전문가

가 되어야 하며 지속적으로 적절한 질문과 경청을 통해 성장하고 트렌드를 이끌 수 있어야 한다. ③ 나 이외의 모든 사람들, 즉 사내 고객이든 사외 고객이든 고객 마인드를 가져야 한다. 우리가 존재하는 이유는 최고의 제품과 서비스를 창출해 고객과 인류 발전에 이바지 한다는 자세로 기여해야 한다. ④ 무엇보다 중요한 것은 20년을 입은 옷이 오늘 산 옷처럼 느껴지고, 오늘 산 옷이 20년이 된 듯한 느낌이라고 할까? 즉, 처음 맡은 업무도 오래한 것 같은 사람, 한 번도 안 해 본 도메인에 대해서도 혁신적인 마인드로 임하는 사람이어야 한다. ⑤ 지속적으로 성장 가능한 결과를 제공할 수 있는 사람이어야만 임원이 될 수 있다. 이런 경험을 통해 예측하건대, IT 서비스 산업은 크게 3가지 축으로 성장할 것이다. 첫째, 스마트 인프라스트럭처(Smart Infrastructure), 즉 건설, 교통, 요금징수, 의료시스템이 여기에 속한다. 둘째, 스마트 공장(Smart Plant & Factory)으로 MES, SCM, ERP, 물류사업이 여기에 속한다. 마지막으로 스마트 플랫폼(Smart Platform)은 우리의 삶과 직접 관련된 혁신적인 IT 사업, 즉 클라우드, 모바일, 서비스 등이 여기에 속하며 3대 축을 기반으로 국내 IT 서비스 사업이 성장할 것이다.

이제는 기업이 바뀌어야 한다. ESG!

■ SERICEO에 따르면 2019년 미국의 200대 기업의 주요 CEO들이 모여서 의미 있는 발표를 했다고 한다. 소위 주주를 대변하는 주주자본주의의 본산인 비즈니스 라운드테이블이 ESG 경영에 나서면서 주주보다는 이해관계자 중시를 표방한 것이다. 젊은 시절 기업의 존재가치는 이윤 추구, 주주이익 극대화라고 배웠는데, 이제는 경영목적이 고객과 종업원, 협력업체, 지역사회, 주주 모두를 위하는 것으로 새롭게 제시되고 주주가치가 맨 마지막에 언급되게 된 것이다. 내가 아는 경영학의 개념이 바뀌는 혁신적인 사건이었던 것 같다.

■ 최근 국내기업의 최고경영자들도 신년사에서 코로나 극복과 지속성장을 위한 키워드로 고객 중심 경영, 사회에 대한 책임과 공감 등 ESG 경영의 중요성을 강조하고 있다. 2021년 광주 아파트 붕괴 사고로 경영자가 일선에서 물러났는데 주요 그룹 경영자의 말을 빌리면 다음과 같다. "자율적·능동적 준법문화 정착, 산업재해 예방 등 사회적 요구에 부응해 신뢰받는 기업의 기틀을 마련하자"(S사), "사회와 공감하며 문제해결을 위해 함께 노력하는 새로운 기업가 정신에 집중하자"(A사), "신성장 동력 전환이 이루어지는 한 해가 되어야 하며 고객존중의 첫걸음인 품질안전 확보가 되지 않으면 아무 의미가 없다"(H사). 이런 기조하에 ESG(Environmental, Social, Governance)는 글로벌 시대에 기업들이 살아남고, 지속가능성장을 위해 반드시 준수해야 하는 경영원칙임이 분명하다. 기업이 투자를 할 때의 관점에서 정의해 보면 전통적으로 기업의 재무적 요소만이 아니라 환경(E), 사회(S), 거버넌스(G) 등의 비재무적인 요소를 반드시 고려해야 하는 것이다. 최근 많은 투자기업들이 속속 동참하면서 ESG로 기업을 평가하고 투자하는 새로운 룰이 만들어지고 있다. 환경 관점에서는 기업의 가치사슬 전반에 걸친 에너지 절감을 통해 기후변화에 대한 기업의 책임을 강조하고, 사회 관점에서는 안전한 원자재 활용, 종업원에 각각에 대한 인권보장, 파트너 등과의 상생협력을 통한 사회공헌을 강조한다. 또한 지배구조 관점에서는 윤리경영, 이사회의 역할 정립, 연구개발, 신사업 진출 등에서 기업의 지배구조 리더십을 강조한다. ESG를 경영이념으로 삼는 것은 선택이 아닌 필수이며 이에 따라 많은 변화 포인트가 생길 수 있다. 첫째, 주주이익 극대화 중심의 경영방식에서 다양한 이해관계자의 이익을 추구한다. 다시 말해 고객, 임직원, 협력사, 더 나아가 지역사회까지 포함하는 경영활동의 전환이다. 둘째는 기존의 기업이 매출 및 이익 중심의 의사결정을 내렸다면 이제는 경영 시 의사결정이 사회에 미치는 영향 다음에 이익 중심의 의사결정으로 전환되는 것이다. 주식시장이나 사회에서 보는 기업의 가치와 리스크 평가 기준의 유형자산과 재무적 요소 중심에서 환경, 사회, 관계, 인적·지적 자본 중심의 무형자산과 비재무적 요소 중심으로 전환된다고

볼 수 있다. 그래서 ESG에 소극적이던 기업들은 디지털 시대 고객들의 적극적인 ESG 요구가 기업경영에 심각한 상황이 될 수 있다는 위기감 속에 능동적인 대처를 넘어 전략적인 태세로 접근하고 있다. 그 발전과정을 시대별로 세분해서 알아보면 다음과 같다. ① 1980년의 CSR(Corporate Social Responsibility) 캐롤 교수가 기업은 경제, 사회, 환경 측면의 성과를 창출하며 책임도 존재한다고 하며, 엔론의 회계부정사건을 계기로 기업 지배구조와 투명성에 대한 관심이 증폭되었다. ② 2006년부터는 투자자의 선한 투자로 보고 유엔은 사회책임 투자원칙을 발표하면서 투자결정 시 6대원칙을 제정하고 금융기관 책임투자방침 도입을 권고하면서 진행해 왔고, 특히 파리기후변화협약의 온실가스 감축목표 달성 및 정보공개를 촉구하는 기후 Action 100이 출범하여 진화했다. ③ 2020년부터는 디지털 트랜스포메이션이 가속화되는 상황에서 ESG 경영으로 기업이 장기투자 성과를 투자자와 고객에게 반영하는 전략적인 행동의 변화가 이루어지면서 국내 대기업은 석탄 등 화석연료와 관련된 투자를 전면 중단하고 관련 사업부문을 매각하는 등 ESG 행동을 본격화하면서 진화했다.

■ 2022년 CES의 발표내용을 보면 5개 키워드를 선정했는데 그중 탄소배출 저감 및 제로 등 플라스틱 재활용과 기후변화에 대응하는 지속가능성을 위한 기술 활용의 확대가 최우선적으로 선정되었다 그 외에는 LTE 이후 5G, 6G의 디지털 전환을 가속화하는 기반기술과 인공지능 기반으로 연속적인 스마트홈 기술, 삶의 질 혁신에 앞장서는 기술, 자율주행 플랫폼이 선정되었다. 이제 글로벌 기업은 매년 사업의 기회와 위험을 파악하고 미래 상황에 대응하기 위한 ESG 측면의 어젠다를 도출하고, 비즈니스 영향과 이해관계자의 관심을 기준으로 중요도를 분석하고 이를 중점 우선순위로 관리하여 사안별로 대응방안을 마련하고 성 과측정 및 보고 활동을 진행해야 한다.

아련한 구름 속, 클라우드로의 변화의 물결

■ 2004년경 마이크로소프트의 빌 게이츠가 자기 이후의 세계 최고 부자는 PC 세대가 아닌 모바일 분야에서 나올 것이라고 ≪뉴욕타임스≫와 인터뷰한 기억이 나는데 불과 10년도 안 되어서 애플, 구글의 안드로이드, 페이스북(지금의 메타) 등 모바일 분야가 부의 지도를 바꿔 버렸고, 그 이후에도 페이스북의 CEO인 마크 저커버그는 다음 세대의 기술 승자는 플랫폼과 클라우드에서 나올 것이라고 예상했다. 현시점에서 보면 서점으로 시작한 아마존과 각종 플랫폼 회사가 오늘날의 대세가 되고 있다. 심지어 미국에서는 로블록스와 같은 메타버스 플랫폼에 대해 고등학생들, 대학생들이 배우고 학점으로 인정되기도 한다니 이런 추세를 보면 대세는 대세이다. 클라우드 이야기를 해 보면 우리가 아는 것처럼 최근 클라우드 SW가 전통적인 소프트웨어 시장을 잠식하면서 급속도로 성장 중이다. 가트너 보고서에 따르면 2011년에서 2025년까지는 연평균 25%의 성장을 이루고 2025년에는 50%의 비중이 클라우드로 전환되리라 예상된다. 그야말로 2025년이 되면 50%의 투자가 클라우드로 전환되는 골든 크로스 시점이 되는 것이다. 되돌아보면 클라우드 시장 초기에는 대규모 투자가 부담스러운 기업, 전통적인 인프라 및 SW 투자에 대한 어려움을 호소하는 중소기업에서 단순한 비용절감을 위해 도입했으나 이제는 대기업이 Infra Cloud First 기치를 내세우며 아웃바운드뿐만 아니라 인바운드 영역까지 적극적이고 탄력적으로 IT 자원을 운영하고, AI 등 신기술을 보다 용이하게 적용하기 위해 클라우드 전환을 가속화하는 추세로 변화되었다.

■ 기업의 Mega 시스템 이야기를 해 보면 1990년대 중반부터 시작하여 2010년을 전후로 대부분의 기업이 도입한 ERP, SCM, MES의 경우도 클라우드 전환이 예외는 아닐 것이다. 10~15년 주기로 시대의 변화에 맞게 디지털 전환을 하면서 디지털 변환의 황금기를 맞이하고 있다. 과거에는 디지털화 정보화 등 정보계의 구축과 주변 레거시의 긴밀한 연계가 구축의

핵심이었고, 인프라는 메인 프레임에서 유닉스로의 전환이 대세였다. 반면 이제는 ERP, SCM, MES 도입에서 가장 중요한 부문이 클라우드에 대한 대응일 것이다. 실제로 2020년 세계를 뒤흔든 코로나 바이러스의 백신을 개발하면서 특정 회사는 대응 가능한 백신 SET 후보군을 빅데이터를 기반으로 생성하면서 클라우드 사용량이 단기간에 200배 증가 했다고 한다. 만약, 온프라미스로 적용했다면 이러한 디지털 전환이 신사업의 전환속도에 맞게 대응이 되었을까? 이러한 관점에서 보면 스마트 공장의 MES, ERP 보급 확대에도 공유체계 기반의 클라우드 적용은 중요한 의미가 있다. 기존 시스템에 비해 초기 도입 시 시행착오를 줄일 수 있는 성숙된 환경을 제공하고, 전체 플랫폼에서 외부와 연결이 용이한 장점이 있다. 전체의 데이터 레이크를 통해 거점이나 업종별, 산업 유형별로 의미 있는 효율화를 이룰 수 있을 것이다.

■ 클라우드 전환은 그대로 들어서 옮기는 'Lift and Shift' 전략으로 시작하는데 4R(rehost, replatform, refactor, repurchase)로 발전해 왔다. 이에 따른 퍼블릭 클라우드 선택 시 고려사항을 알아보면, 먼저 제공하는 서비스를 인터넷을 통해 접속, 웹화면에서 사용자가 직접 서비스를 생성, 변경, 해지할 수 있으며, 서비스 운영자의 조치 없이 자동으로 생성할 수 있는 체계가 되어야 한다. 또한 서비스 성능을 모니터링하고 사용량과 사용시간에 따른 요금정보를 언제든 조회할 수 있어야 한다. 그리고 대용량 연산처리, 저장공간, 네트워크 등 성능에 따라 다양한 옵션의 IaaS 서비스를 제공하고, 기업의 특성에 맞는 미들웨어, 분석, AI 및 3Tier 환경의 자원을 활용 가능한 PaaS 서비스를 제공하는 옵션과 비공인 IP 사용 및 침입탐지, DDoS, WAF를 선택 가능하게 제공해야 한다. 이러한 서비스 오퍼링은 CSP(Cloud Service Provider)에 의해서 제공되는데 CSP도 사업 강화를 위해 클라우드 도입의 전략 수립, 컨설팅부터 마이그레이션, 구축, 운영까지 전 과정을 지원하며, 클라우드 장점 극대화를 위한 다양한 신기술을 접목해 고객의 비즈니스 가치를 높일 수 있도록 지원하는 역할자로 MSP(Managed Service

Provider)를 라인업하여 운영 중이므로 협력체계가 잘 구축된 CSP를 선정하는 것도 중요하다. 이때 사용기간 약정 및 볼륨을 통한 할인 제공을 확인하는 것도 필요하다. 이러한 클라우드 수요 확대로 IaaS·Paas 시장은 27%로 고성장 중이나, 가격중심 경쟁이 점점 심화될 것으로 예상된다.

■ 이제 인프라뿐만 아니라 모든 시스템을 구독형으로 사용하는 시대에 접어들고 있다. 전통적으로 기업에 최적화해서 구축했던 시스템들이 점점 줄어들고 클라우드 대응을 위한 서비스형 소프트웨어(SaaS)로 전환되고 있다는 점도 클라우드 전환의 한 요인이다. 이미 Service Now, Workday, o9, Salesforce 등은 자체 클라우드를 운영하며 글로벌 기업을 대상으로 SaaS 전환에 나서고 있는 상황이다. 이제 ERP, SCM, MES, HCM, Sales 공급업체를 중심으로 어플리케이션의 SaaS화가 본격화되고 있어 구축형보다는 SaaS를 중심으로 한 사업이 성숙될 것이다.

■ 클라우드 전환이 많은 진전을 이루고 있으나 클라우드 도입의 어려움이 보안 이슈로 거론되고 있으며 보안 관점에 보면 몇 가지 시사점이 있다. 최근 많은 종류의 보안 사고 및 장애는 CSP의 보안 취약점보다는 사용고객의 시스템 설정오류 등 고객사 잘못에 의해 발생하는 사항이 많다 보니 클라우드 사업자와 고객이 범위를 나누어 보안을 책임지는 책임공유모델이 대세이다. 특히 SaaS의 경우 고객은 account 보안을 CSP는 application, data, os, hypervisor, server/network/physical 부분의 보안을 담당하여 책임을 함께 공유하는 모델이다. 원격근무 확대로 인한 클라우드 내 워크로드 접근이 증가하여 기존의 경계선 보안이 더 이상 효과적이지 않게 되면서 클라우드 워크로드 보호와 클라우드 기반 네트워크 보안 제공의 필요성이 강조되고 있다. 다시 말해, 클라우드 적용 이전에는 기업 내부에 워크로드가 존재하여 기업망 경계선에서 보안을 제공했으나, 클라우드 적용 이후에는 클라우드 내의 워크로드 보호를 위한 CWPP/CSPM 및 클라우드 기반 보안서비스인 SASE(Secure Access Service Edge)가 등장하여 외부에서

퍼블릭 클라우드 내 워크로드 접속 증가에 따른 보안서비스 Security as a Service 형태로 진화하고 있다. 결과적으로 클라우드 보안으로 사업영역을 확장하려는 팔로알토 등 글로벌 기업들은 공격적인 인수합병을 통해 핵심기술을 빠르게 확보하고 있고, 경쟁력 있는 솔루션을 보유한 기술기업 위주로 재편되고 있으며, 비슷한 규모의 성장을 이어 오던 보안업계가 클라우드 보안을 모멘텀으로 빠르게 성장 및 재편되고 있다. 둘째는 기존의 방화벽 등 하드웨어 중심의 보안솔루션이 SECaaS로 전용망을 기반으로 하는 네크워크 솔루션은 SD-WAN으로 변화하고 있다. 이 2개는 SaaS 형태로 통합이 예상된다. 앞서도 책임공유모델을 언급했지만 고객 입장에서는 CSP가 제공하는 것으로 충분하지 않으므로 CSP, MSP 양측을 고려한 종합적인 보안솔루션에 대한 준비가 필요한 시점이다.

혁신의 잉태! '운동장보다는 종합경기장 기획이 중요하다'

■ 세상에는 만지면 커지는 물건이 몇 가지 있다고 한다. 그중 하나는 부들이라고 하는 식물이다. 긴 타원형의 열매가 꽃가루받이를 할 때 부들부들 떨려 이런 이름이 붙여졌다고 한다. 열매를 따서 만지면 만질수록 반대방향으로 커지는 속성이 있다. 둘째는 스티브 잡스와 같은 '패스트 무버(Fast Mover: 선도형 기업)'가 퍼스널 컴퓨터나 스마트폰의 새로운 지평을 열어 신규 마켓을 만드는 '패스트 세터(Fast Setter)'나 과거 우리 기업들이 이를 따라가는 '패스트 팔로어(Fast Follower: 새로운 제품·기술을 빠르게 좇는 전략을 구사하는 기업)'인 것 같다. 여기서 점점 규모가 커진 프로젝트 이야기를 하나 하고자 한다. 어느 시골, 1970년대에 태어난 3명의 아들이 있었는데 장성한 아들들은 아버지의 카메라 파는 일을 돕고 있었다. 아버지는 아들 셋을 시험해 보기로 하고 동일한 카메라를 가격에 구애받지 말고 팔아 오라고 이야기했다. 셋째 아들은 이 카메라를 가지고 거리에서 버스를 기다리는 사람에게 4만 원에 판매하겠다고 애를 썼고, 둘째 아들은 카메라를 버

스 기사에게 9만 원에 판매하려고 입담을 떨었으며, 셋째 아들은 버스회사 사장에게 300만 원에 팔려고 했다. 나중에 이 아들들에 대한 이야기를 들은 사람이 "동일한 물건인데 가격이 이렇게 천차만별이란 말인가?"라고 불만을 이야기했다는데, 이와 비슷한 유형의 사건이 대한민국의 어느 제조 사업장에서 일어나고 있었다.

■ 그저 지나가는 가십거리가 아닌 사물을 보는 시각과, 구현하려고 하는 방향, 경영의 툴, 프로젝트 이후 성과에 따라 우리는 왜 프로젝트 규모가 커지게 되었는지 냉철하게 돌아볼 필요가 있다. 동일한 프로젝트를 많은 사람들에게 좋은 과정으로, 기업에는 생산성 향상과 원가절감, 시장불량 최소화 등의 좋은 성과로 만들고 그러한 성과를 극대화하는 과정에 대해 이야기해 보면 여러 가지가 있겠으나 프로젝트 관리자와 경영자의 소신이 제일 중요한데 내가 생각하는 핵심 성공요소를 하나씩 고민해 보면 다음과 같다. 첫째, 우리가 제안하는 방향은 "운동장이 아닌 종합경기장을 만들어야 한다"는 것이다. 제조업으로 돌아와 보면 여러 제품군 생산이 수용 가능한 시스템이라는 목표를 정확히 설정하고 목표달성을 위한 명확한 테마를 만들어야 한다. 이런 종합경기장과 같은 'THEME'가 성공으로 가는 가장 중요한 성공요소이며 방향성이다. 글로벌 기업인 경우 단위 사업장만 보는 것이 아니라 미국의 연방정부와 주정부 관계에서 보듯이 각각의 역할을 정의하여 공동의 이익을 추구하되 연방정부라는 새로운 권력을 만들 수 있는 구조로 나아가야 한다. 즉, 9만 원 상당의 카메라보다는 P2P와 LTE까지 연계된 300만 원 가격의 하드웨어와 콘텐츠를 제공해야 한다. 글로벌 기업인 S사는 글로벌 오퍼레이션 기반의 시스템인 GMOS(Global Manufacturing Operating System)라고 하고, IBM은 GiView라는 새로운 개념 기반의 GIE (Global Integrated Enterprise)라고 표현한다. 이러한 사상체계 기반의 시스템이 제안되어야 한다. 결국에는 종합경기장이 운동장보다 비용은 비싸지만 지속적인 활용도 측면에서는 훨씬 효율적이다. 둘째, 중학교 2학년 아들이 급훈 경진대회에서 1등을 했던 카피처럼 "포기는 배추 셀 때 사용하

는 단어다"라는 신념을 가지고 여러 번에 걸쳐 다양한 역할자가 지속적으로 이해 당사자를 설득해야 한다. 데일 카네기의 저서 『카네키의 성공법칙: 반대에 대응하는 법칙』을 보면 인간은 변화를 싫어하므로 협조를 잘 이끌어 내기 위해서는 목적부터 명확히 말하고, 배려하고, 대답하기 쉬운 것부터 질문하고 감정에 잘 대처해야 한다고 한다. 가장 중요한 것은 제안서에서 전달하는 실질적인 의미이다. 말을 잘한다고 프리젠테이션을 잘하는 것도 아니고 말이 어눌하다고 해서 프리젠테이션을 못하는 것도 아니다. 정확한 의미를 전달하는 것이 제일 중요하다. 우리는 이러한 논리 아래 기존의 4만 원, 9만 원 가치와는 다른 기능의 신제품을 하나하나 차분하게 환경적인 것부터 기술까지 설명하면서 이해당사자의 심리변화를 연구하고 그 필요성에 대해 설득했다. 셋째, 역할 놀이(Roll Play)에 대해 명확히 서로를 존중하면서 인정해야 한다. 제안하는 사람과 고객의 관계, 개선하려는 기업조직 내 역학관계에서 어떤 PM이나 리더는 선의의 악역자요, 다른 PM은 무한하게 편안하고 많은 사람을 수용할 수 있는 친근감 넘치는 리더여야 한다. 종합경기장을 만들 때 2명의 리더 모두 각각의 역할이 있다. 이는 남녀관계에서 밀고 당기기의 기술이 아닐까 생각해 본다. 우리는 이러한 프로젝트를 만드는 과정에서 제일 먼저 전자의 '선의의 악역자'를 선택했다. 제안 시 여러 조직에서 다양한 수준의 인력이 합류한 혼돈의 조직의 시기에 리더는 치밀한 전략도 중요하지만 고객의 심경 변화, 제조전략 변화에 감각적인 방향을 설정하고 강력한 추진력을 기반으로 불도저와 같

[그림 1-1] 원하는 것과 필요한 것의 차이

은 리더십을 발휘해야 한다. 넷째, 고객이 원하는 것(Wants)을 고객이 필요로 하는 것(Needs)으로 최단 시간 안에 정의해야 한다. [그림 1-1]에서처럼 고객이 원하는 것은 고객이 필요로 하는 것보다 항상 크기 마련이다. 프로젝트 관리자는 고객이 원하는 것을 고객의 니즈로 변화시키는 전략가가 되어야 한다. 다섯째, 투자규모는 명확한 논리를 가지고 산정하고 한번 제시한 투자규모는 제시한 사람이 직접 바꾸지 말아야 한다. 이는 개인과 조직의 신뢰도에 관련된 기술적인 내용으로서, 만약 수정이나 부정을 해야 한다면 다른 사람이 역할을 바꾸면서 진행해야 한다. 앞서 말한 내용처럼 규모의 문제, 즉 아파트를 만든 후 개별입주를 할 것인지, 개인별로 개별주택을 만들 것인지에 대한 논리를 세워야 하는데, 보통의 스마트팩토리 사업은 개별주택을 만들어 개인별로 입주를 하는 것으로서, 적지 않은 미래에 스마트팩토리와 관련된 시스템도 클라우드 플랫폼에 올라가 아파트처럼 다 지어 놓고 입주하는 시간이 온다고 설득해야 할 것이다.

시스템은 살아서 움직이는 생물을 만드는 과정이다

■ 여기서는 시스템을 만들고 오픈하는 과정을 실사례를 통해 알아본다.

1. 11월 23일, 또 하나의 새로운 역사를 위한 "경쟁력의 원천인 성공 DNA를 만들기 위한 도전"을 긍정의 힘으로 동료들과 함께 준비한다

23전 23승, "싸워서 이기려 하지 마라. 이겨 놓고 싸워라." "죽고자 하는 자는 살 것이요. 살려고 하는 자는 죽을 것이다." 울돌목의 명량해전을 앞둔 이순신 장군의 말씀이다. 우리도 국내 파주 사업장의 시스템 오픈을 마치고 나면 해외 23개 법인이 Roll Out 대상으로 남는데, 이 법인들에서 반드시 이겨 놓고 싸워서 성공하는 전제조건을 잘 정의하여 후배들에게 새로운 비즈니스 모델의 주도자가 될 수 있는 기반을 만들어 줘야 한다. 그러기 위해서는 사업준비 프로세스가 체계적으로 되어야 하며 그렇지 못할 경우 엄청난 재앙이 될 수도 있다. 성공한 리더의 성공 DNA는 태생과 성장, 전파 그리고 인재양성 등 모든 게 다르다고 말한다. 내 주변을 돌아보면 성공적인 삶을 살아온 선배들은 항상 새롭게 하는 마음으로 그리고 마치 어린아이 같은 심정으로 일을 진행해 왔다. 이제는 예로부터 까마귀와 신선으로 유명한 금오산이 멀리 보이고 임진년 나라를 지키던 장군들이 성을 쌓은 천생산이 뒤를 받쳐 주고 있으며 앞에는 낙동강이 흐르는 그야말로 배산임수의 터 한가운데 있는 공장을 2021년 12월 26일 넘어야만 한다.

현실로 돌아오면, 이 도시의 첫 느낌은 빠른 변화와 짧은 제품의 생명주기, 소비자의 다양한 취향에 맞는 제품을 생산하고 있다는 것이 느껴진다. 현 시점의 대한민국 경제를 이끄는 동력은 누가 뭐라 해도 반도체, OLED, 휴대폰, 배터리 등의 IT 산업이다. 글로벌 기업의 글로벌 시스템을 만드는 작업은 진정 세계 최고의 성공 DNA를 가진 최초의 시스템이 될 것이다. 한 달에 450만 대를 생산하는 라인이 있어 누구는 "세계에서 단위 면적당 매출액이 제일 높아 기네스북에 등재가 되었다"고도 한다. 여러 선후배들이 만들어 놓은 국가 원동력을 재창조하는 역사 앞에 우리는 사소한 실수도 용납하지 않을 정도의 사명감을 가져야만 한다. 그런데 마야인의 달력이 2012년 12월 23일까지만 있다는 생각과 함께 엄습해 오는 불안은 아마도 나 자신과 조직에 아직은 미흡함이 남아 있기 때문은 아닐까 생각한다. 나 말고도 많은 사람들이 "연기해야 하는 것 아닌가?"라는 우려의 목소리를 내고 있다. 한편으로는 내가 아직도 주인의식이 부족한 게 아닌가 자책하고 있다. 많은 동료들은 몇 개월 전부터 이곳에 상주하면서 큰 그림을 그리고 있었고, 나는 11월 말에 안사람에게 이야기를 하고 한 달 동안 있을 옷과 짐을 싸서 11월 23일 조용히 방을 잡았다.

이 도시에 온 첫날, 지난 6월의 이전 사이트에서 이행 경험을 다시 한 번 생각해 보았다.

— "Cut Over 계획은 한 장으로 정리하라."

— "검증계 시스템을 정합성을 향상시켜 검증 인프라를 통해 사전 프로세

스의 완정성을 보장해야 한다."

— "모든 진행정보는 공유하라."

— "현장에서는 반드시 실물기준으로 물류흐름 테스트가 실행되어야 한다."

— "휴식시간을 정확히 파악하고 비상시 이 시간을 활용하라."

— "설비 프로토콜 정의서를 현장 체크리스트에 포함시키자."

— "당일 발생된 이슈는 당일 해결의 원칙을 지키자."

— "오픈데이터 처리를 위한 단기 T/F를 만들어라."

— "오픈 후 24시간이 제일 중요하니 역량을 집중하라."

— "임시 상황실 운영체계를 실질적으로 가동하라."

— "마이그레이션 결과를 수치화해서 보고하는 체계를 만든다."

— "장비에서 발생된 라벨 물류흐름 속도를 확보해야 한다."

— "안돈장비와 라인스톱을 연계시켜야 한다."

— "네트워크 및 인프라 부문도 프로젝트의 핵심적 부문으로 생각해야 한다."

— "임직원을 위한 가용한 모든 편의수단을 준비하라."

2. 11월 27일, 프로젝트 사이트에 합류하게 되는 초기에 "경영자로서 8가지 원칙을 지키고 사업장 방문 초기에 고객과 대화할 수 있는 수준으로 업종에 대한 기본지식을 쌓고, Fuzzy Into Focus 전략에 맞게 세밀하게 준비"하자

나는 프로젝트의 경영자로서 나서게 될 때마다 항상 마음에 되새기는 내용이 있다. 1980년대 Peters and Waterman에 의해 주장된 수월성(In Search of Excellence와 Business Excellence)의 8개 기본원칙으로(EFQM Excellence Model, 2010) 이는 어느 사이트를 갈 때마다 되새긴다. 잠깐 소개를 하면 ① 경영자의 지속적인 후원을 기반으로 하는 강력한 리더십과 목적 지향성인 업무 수행 ② 지속적인 학습과 개선을 통한 혁신 ③ 고객에 초점을 맞춘 사업수행 ④ 프로세스에 근거한 경영 ⑤ 모든 인력이 참여할 수 있는 인적자원의 개발과 참여 ⑥ 성과측정의 표준을 가진 결과 지향적인 사업수행 ⑦ 각종 공급자 및 수요자와 파트너십 개발 ⑧ 끊임없는 혁신과 개선이다.

위에서 언급한 지속적인 학습과 개선 관련 고객과의 눈높이를 맞추기 위해

K지역에 내려오면서 예전에 공부했던 IT 총서를 들고 와 이동통신의 발전 방향에 대해 읽기 시작했다. 아날로그 방식, 디지털 방식, TDMA(Time 기반), CDMA(Code 기반)에 대해 분리발전 되어 온 이력을 살폈다. 먼저 유럽형의 GSM과 한국과 미국형의 CDMA는 주파수를 사용하는 방식에 차이가 있다. 결론을 말하면 GSM은 TDMA(시분할 다중접속) 방식이고 CDMA는 코드분할 다중접속 방식이다. 범유럽 디지털 셀룰러 통일 규격의 GSM(Global System for Mobile Communications)은 유럽 전기 통신 표준화 기관인 ETSI에서 제정한 디지털 셀룰러 이동통신 시스템 표준으로 상호 호환성이 없는 북유럽 각국의 NMT(Nordic Mobile Telephone), 영국의 TACS(Total Access Coverage Service), 프랑스의 RADIOCOM 등 각국의 다양한 아날로그 시스템을 단일 시스템으로 표준화하기 위해 1982년에 당시 유럽 전기통신 표준기관인 CEPT 산하에 설치된 이동통신기술위원회(Group Special Mobile)의 이름을 따서 GSM 시스템이라고 했다.

1989년에 유럽연합의 방침에 따라 CEPT의 표준화 업무를 이관받아 계승한 ETSI는 통일 표준의 이름을 범유럽 셀룰러 디지털 시스템(Pan-European Digital System)이라고 했다가 다시 GSM이라는 현재의 이름으로 변경했다. GSM은 당초에는 900MHz대의 주파수를 사용하는 TDMA 방식의 디지털 셀룰러 시스템으로 1991년부터 상용화가 개시되었다. 이 방식은 아날로그 방식과는 호환성이 없고 ISDN과의 연동성을 중시한 시스템이다. 유럽 전 지역에서의 로밍(roaming)이나 데이터 및 팩스 전송 등 여러 가지 특성을 가지고 있다. 1989년 영국 정부의 주도로 1.8GHz대의 150MHz를 유럽 개인 휴대 통신망(PCN)용으로 할당하고 GSM 개념을 유럽 PCN 표준으로 채택했다. DCS 1800이라고 불리는 이 시스템은 GSM 표준을 새로운 주파수대에 적용하여 큰 셀과 작은 셀의 오버레이(overlay)를 수용하여 셀룰러 자동차/휴대 통신 서비스와 개인 휴대 통신 서비스(PCS)를 위한 망을 구성할 수 있게 한다.

이에 반해 코드분할다중접속(CDMA: Code Division Multiple Access)은 미국 퀄컴사에서 북미의 디지털 셀룰라 자동차/휴대전화의 표준 방식으로 대역폭 1.25MHz의 CDMA 방식을 제안했으며, 1993년 7월 미국 전자공업협회(TIA)의 자율 표준 IS-95로 제정되었다. 물론 한국에서 세계 최초로 상용화했다. 이는 여러 사용자가 동일한 주파수를 동시에 사용하고 각 송신자의 통화에 특별한 확산코드를 더해 주파수 대역을 넓혀 송신하며, 부여된 코드에 따라 수신 측에서도 부여된 것과 동일한 코드에 의해 자기에게 오는 통화를 구별해 내는 방식이다. CDMA의 특징은 첫째, 아날로그 TDMA 방식에 비해 대역폭당 사용자 채널을 최대 10~20배 증가시킬 수 있고, 둘째, 송신 주파수가 광대역이므로 다중경로신호에 의한 주파수 선택성 페이딩에 강하며, 셋째, 비화성이 확보된다. 이처럼 기존 방식보다 가입자 수용용량을 증대시킬 수 있는 대용량이므로 대도시에 적합하고, 또한 서비스 지역의 광역화에 따른 셀 수의 감소와 주파수 계획이 간단하다는 장점이 있다.

3. 12월 8일, 실력이 늘었으니 여러 사이트를 휴일 이외에 원하는 시기에 오픈하기 위해 "컷오버(Cut-Over) 시간을 48시간에서 24시간으로 줄이는 방법을 찾아야 한다"고 고객이 요구하고 있지만, 회피가 최고의 대안이 될 수 있음을 직시해야 한다

많은 사람들이 "내가 할 일은 반드시 필요하고, 다른 사람이 하는 일은 줄일 수 있는 일이다"라는 비판적인 시각을 가지고 있다. 경영자적 관점에서 오판할 수 있는 하나의 사례를 들어 보자. 내가 하는 프로젝트 스폰서인 리처드 사장은 우리에게 신규 시스템 적용으로 인한 생산 차질은 절대 있어서는 안 될 사항이라고 주지시키고, 각 시즌(크리스마스, 졸업, 여름휴가, 결혼)에 맞추어 새로운 시스템 도입에 따른 생산중단을 위한 라인정지 시간을 하루밖에 줄 수 없다고 한다. 크리스 부장은 또다시 이야기한다. "시스템 전환 시 다운시간을 최소화할 수 있는 방안을 만들어 주세요. 그리고 알아서 결정해 주세요. 난 미션만 달성할 겁니다." 이 난제를 해결하기 위한 첫째 해결책은 "소프트웨어의 원칙과도 같은 Death March(죽음의 행진)" 내용처럼 스폰서의 요구를 반드시 요령 있게 거절해야만 하는 것이다. 최대한 시간을 확보할 수 있도록 경영진을 설득해야 한다. 이러한 내용은 실무자와의 기술적인 협의보다는 다소 전략적으로 경영진과의 협상을 통해 의지를 가지고 진행할 때의 문제로 발생할 수 있는 생산과 관련되어 발생할 수 있는 기회손실 비용과 같은 보이지 않는 비용(Hidden Cost)이 사업에 미치는 영향도를 정확히 분석하고 계량화하여 사업적인 빅딜을 할 수 있는 근거를 마련해야 한다. 둘째, 피할 수 없는 상황이라면 효과적인 대안을 마련해야 하는데 우리는 다음과 같은 제안을 고려하게 된다. 근본적인 해결책은 가장 문제가 되는 바틀렉(BottleNeck)을 찾아내고, 또한 이를 해결하기 위한 최소경로(Critical Path)를 밝혀내야만 한다. 이를 통해 한 단계씩 문제해결을 해야만 한다. 날고 있는 비행기의 엔진, 달리는 자전거의 바퀴를 바꾸는 전략은 다음과 같이 정리해 볼 수 있다. ①"마이그레이션을 최소화한다." 보통의 ERP 프로젝트는 실제 마이그레이션을 하지 않는다. 실제 내가 벤치마킹한 S사도 마이그레이션을 하지 않았다. 이력정보의 마이그레이션을 수행한 다음 데이터가 변경되면 어떻게 할 것인가? 마이그레이션하는 위험비용보다 기존 장비를 활용해서 감사나, 여러 목적상 장기간 정보를 제공하는 게 더 효과적이라고 말한다. 따라서 로컬 공장은 오픈데이터 위주로 재고조사를 실시하고, 기존 이력 데이터는 마이그레이션을 제외하되 이전 데이터를 볼 수 있는 UI 시스템을 당분간 유지하도록 하고, DOA(Dead On Arrival), DAP(Dead At Purchasing) 등 데이터 보관기간을 넘어서는 제품 수리에 필요한 정보를 위해서 HQ에 별도 인프라를 구현하고 전체 마이그레이션을 진행하여 사용자의 필요에 맞춰야 한다. ②"기준정보 변경 금지를 Cut-Over 시간이 아닌 Cut-Over 3일 전에 실시한다." 컷오버의 핵심사항 중 하나가 기준정보 변경을 다시 짜맞추는 것이다. 모델정보, BOM 정보, 택타임 정보, 작업달력 정보 등의 변경이 마이그레이션과 기준정보 Setup 이후에도 움직이는데 이것을 개선해서 기존 시스템과 신규 시스템을 동시에 변경하고자 하는 것이다. 이는 당연히 컷오버 이전에 만들어야 한다. 그러면 자연스럽게 2.0을 검증하게 되고, 기준정보를 재검증할 필요가 없지 않은가? 물론 이를 위해서는 조직 간 협조가 필요하기에 나는 "샘 사업부장 주관 회의 시 이를 환기시키고 이를 이해 운영그룹에서 해야 함을 역설해야 한다"고 제안한다. ③"반드시 해야 할 일은 시간을 줄인다." 설비 관련 연계 에이전트는 필히 사전에 설치하여 병행 운행이 되어야 한다. 사전에 2개의 에이전트를 동시에 설치하여 각각 동일 정보를 다른 시스템에 전송하게 한다. 물론 화면에서 설비를 제어하거나, 제어된 정보를 화면에서 받아 다르게 처리되어야 할 내용은 병행운전이 어렵다. 이런 경우 테스트 베드에서 검증을 수행해야 하며 동일한 인프라를 설치할 환경이 필요한 생활가전 등과 같은 사이트는 별도 계획을 수립해야 한다. 또한 OI나 각 화면을 검증할 수 있는 시간을 최대한 줄여야 한다. ④"데이터베이스의 Full Backup과 리스토어(Restore) 전략을 변경한다." 데이터베이스를 변경하는 방법은 RAC, ADG, RMAN(Recovery Manager) 등이 있는데 상황에 맞는 전략을 선별적으로 적용할 필요가 있다. ⑤사업관리 그룹에서 타 사례(ERP, PLM, SCM)를 파악해 상대 비교 및 고객을 설득하고, 사업장 특성에 맞게 다른 전략(24Hr, 36Hr, 48Hr)을 수립 검토한다. 시간을 줄이려면 일부 어려움은 감수해야 함을 지표화해서 리처드 사장과 크리스 부장을 설득한다. 하지만 다행스럽게도 이러한 상황은 이번 프로젝트에 적용되지 않았다.

4. 12월 16일, 사업장 방문 후 최단시간에 라인 물류흐름 체계를 이해하고 최소 일주일간 현장라인을 돌면서 눈에 들어오기 시작하는 공정들을 정확히 기억하고 정리한다

반도체 프로젝트를 위해 국내 대학에 가서 8인치 웨이퍼를 직접 생산하는 교육을 받았다. 프론트 엔드(Front End) 공정에서 에칭, 도포, 클린, 식각과 반복적인 레이어 작업을 수행하고 백엔드(Back End)의 모듈 조립을 직접 수행한 후에 프로젝트를 훨씬 수월하게 이해하며 진행한 경험이 있다. 어느 생산공장을 가든 공정—프로세스 흐름과 물류의 흐름 그리고 시스템에 의한 정보의 변경 흐름—을 이해하는 게 제일 중요한데 여기서는 크게 2가지를 이야기하고자 한다. 첫째는 제조공정의 흐름을 가장 빠른 시간 안에 이해해야 한다는 것이다.

(1) 정규생산을 보면 자재준비에 포함되는 부문으로 SMD Kitting(키팅검증, Reel Counting, Reel Splicing), Firmware 준비(Tray 관리, Tray CN 발행, Marking ROM 실적처리, ROM Marking 입출고 관리), SMD 실적처리(CN 자동발행, 반제품 실적처리, 물류표 발행, 이동지시 인도인수), PBA/Sub 실적처리(4분할 투입관리, 반제품 실적처리, 물류표 발행, 이동지시 인도인수), Main 실적처리(4분할 투입, All In One Packing, 포장분리형 인도인수), 포장 실적처리(All In One Packing), 파렛트 구성(파렛트 자동구성 및 컨펌), 출하검사(Stock Location 입출고, 파렛트/DO 패핑 및 EIN 체크 및 시퀀스 생성, Send 및 Receive), 청구출하, 반제품 관리(물품표 관리, 입고처리, 매핑, 인도인수, 출고처리), 재공관리(물품표 관리/입고처리, 물품표 분할/통합, 출고처리), 예외창고(청구출고, 청구입고), 피드백(생성 및 반출, 인도인수, 물류표 발행), 차용(차용품 인도인수, 차용회수), 예외이동, 불량이동, 사외반제품(출고전표 생성 및 이동전표 인도인수), 불량등록(공정 불량등록 및 수리, 수리공정 재공현황), 반품입고(반송품 입고처리)를 정확히 이해해야 한다.

(2) 기타 생산은 서비스 생산(자재입고, SMD, PBA, 비정규 Main Packing 실적 및 포장), 시생산(자재입고, SMD 실적처리, PBA, MAIN, 포장공정), DOA (Dead On Arrival)와 관련된 착하 불량관리가 있다.

둘째, 메인라인의 블럭셀, 개인셀, 오토셀, 클라우드셀, 간이 컨베어 방식의 생산단위 공정을 상세하게 이해해야 한다. ① 여러 작업자가 1개의 PC를 분할해서 CN 기반으로 투입관리를 하여 투입장비를 투자를 최소화한 인프라를 활용해, ② A/T 공정에서 자동화 장비를 활용해 캘리브레이션을 통한 미세조정을 하고 관련된 정보를 저장한다. ③ F/T 방사 테스트 장비를 활용해 각종 변수값을 측정하고 변화관리할 수 있도록 한다. ④ 검사자에 의한 수작업 통화기능을 검사한다. ⑤ LCI를 통한 자동화 기능을 검사하고 각종 불량정보는 에이전트를 통해 수집한다. 이때 각종 불량에 대해 제품별로 관리하고 수리해서 품질의 완성도를 향상시킨다. ⑥ 제일 중요한 공정 중 하나인 Writing 공정으로 IMEI나 WIFI LAN 작업을 통하거나 특화된 구글사와 같은 사업자의 2차 다운로딩을 수행하여 S/W 버전, H/W 버전 등 모든 정보를 정규화·암호화된 정보로 관리한다. 스마트폰의 경우는 이때 수천 개의 데이터가 생성되며 분석할 수 있는 시스템을 구축해 관리해야 한다. 이후 매칭아티클을 활용한 관련 정보의 표현, 포장 시 무게나 각종 제약조건을 검증하고 Gift Box 및 Master Carton Box 라벨을 통해 작업을 완료하고 이후 출하검사와 EDF(Equipment Document Format)를 통해 통신사에 제품을 납품한다.

IMEI 각인기에 대한 프로세스를 보면 첫째, 라벨 발행 시 시작번호와 종료번호를 활용하여 채번을 진행하면서 특정 디렉토리에 채번된 내용이 파일 형태로 형성되면 이 데이터를 활용해 각인기에서 작업을 진행 후 패킹 시 해당 정보의 수행 여부를 Fool Proof한다.

완제품 산업에서의 핵심부품 공정 중 하나인 표면실장소자(SMD: Surface Mount Devices)에 대해 정리해 보면 인쇄배선 회로용 기판인 PCB(Printed Circuit Board) 표면에 솔더크림을 도포 후 고속으로 부품을 실장하는 공정으로서 ① IMT(Insert Mount Technology)는 보드의 PHT(Plated Through Hole) 내에 부품의 리드를 삽입 납땜하는 방법으로 부품 면에 모든 부품을 배치한다. ② SMT(Surface Mount Technology)는 보드의 부품 면(윗면)과 납땜 면(아래)에 모두 부품을 배치하는 형태로 구분할 수 있다.

① **투입기(Loader)**: PCB를 자동 후공정으로 공급하는 장치로 회전식 투입장치를 개발해 보드 투입시간을 단축하기도 한다. ② **인쇄기(Screen Printer)**: PCB 랜드 위에 0.03mm로 솔더크림을 도포하는 장치로 메탈마스크(PCB에 솔더크림을 도포하기 위해 표면에 Hole을 가공하여 만든 치공구), 솔더크림(부품과 PCB의 동박을 솔더링시키기 위해 분말 파우더와 플럭스를 혼합하여 제조한 것), 스퀴지(메탈마스크의 솔더크림을 밀어 주는 고무 또는 금속편 형태의 지공구)로 구성된다. ③ **표준장착기(Chip Mounter)**: 최고속도 0.06초로 부품을

인식 및 장착하여 인쇄된 기판 위에 칩이나 IC를 실장하는 장치로 Head(부품을 흡착하기 위한 실장 부위), Nozzle(Head에 부착되어 부품과 직접 닿는 부위), 카세트(부품을 공급해 주는 장치)로 구성된다. 또한 Feeder 안에 메모리 칩이 장착되어 자재공급을 인식하며, 타워램프를 통해 Feeder의 자재부족과 장비 이상상태를 알람으로 표시한다. ④ 이형장착기(Multi Mounter): 표준 칩 부품 외에 BGA, POP, CSP와 같은 불규칙 형상 부품 등 이형부품을 PCB에 실장하는 장치이다. ⑤ 경화로(Reflow): Solder Paste 및 Bond를 경화시켜 장착된 부품을 납땜 또는 고정(Bond)시키는 장치로 솔더크림의 융점은 217도이다. ⑥ 검사기: 실장 완료된 보드를 비전 카메라 레이저를 이용하여 부품의 유무 및 납땜 상태(미삽, 역삽, 오삽, 들뜸, 틀어짐 등)를 검사하는 장치로 SPI 검사기의 경우 PCB 납 도포 후 납량 상태를 3D로 확인하여 범간의 간섭을 이용, 3차원 영상 복원하는 기능이 있다. ⑦ 기능검사기: 전원을 넣고 PBA의 정상적인 기능동작 유무를 검사하는 장치이다. ⑧ 수지도포기: 수지를 PBA의 지정된 부품에 도포하는 장치이다. ⑨ 수지경화로: 수지를 경화시키는 장치이다. ⑩ 자동라벨기: 자동화된 시스템에 의해 CN 라벨을 발행해 부착하는 장비이다. ⑪ 배출기(Unloader): 작업이 완료된 PCB를 매거진 캐리어에 적재하는 장치이다.

이제 제조실행과 관련된 분야에서 핵심적으로 준비할 사항을 기록해 보자. ① 프로세스 및 시스템 운영을 위한 조직, 품질, 물류, 운영정보, 권한 등 기준정보 세팅과 공정유형별 작업준비 및 실행을 위한 기준정보의 실제 검증, ② 앞서 이야기한 현장의 공정흐름 체계도와 실적, 불량, 설비 및 ERP 연계 포인트를 정의하고 현장 인프라 확인, ③ 테스트 수행체계에 따른 3,000개 시나리오에 대해 테스트 베드 기반으로 최소 3차례 검증하고 병행테스트를 수행, ④ 라벨ID, 라벨폼, 라벨사양, CNO, 디자인폼에 대한 전수검사 및 실제 운영라인에서 검증테스트를 진행, ⑤ 병행테스트를 위한 인프라 구축(생산계획, BOM, EDG, OI 환경, 라벨채번, 투입, 조립, 완성, 포장, 파렛팅, 반출입, SET 및 PO별 Tracking 진행정보) 및 확인이 필요하다.

5. 12월 17일, 8:2의 법칙 "20%의 핵심기능에 80% 역량을 투입하고 남은 기간은 눈으로 보는 미세관리 수준으로 격상"을 고려해야 한다

모든 문제는 사전에 징조가 여러 번 있고, 대응할 기회도 여러 번 있다. 프로젝트 중반인 9월에 한 번 있었고 오픈 점검을 위한 11월에 한 번 있었고, 지금은 이슈가 된 상황이지만 마지막 기회가 온 것이다. 오늘 샘 팀장은 전 인력을 모아 놓고 실무를 하나하나 챙기고 정신교육을 진행한다. "주인의식이 있어야 합니다. 내가 미리 알았으면 이렇게까지 보고 있지는 않았을 겁니다." 나는 인간의 능력과 집중력이 의외로 상상을 초월한다고 생각한다. 핵심이 되는 All In One 화면은 정규오더, 비정규, Rework, Repacking, 각종 제약문제와 기준정보는 매칭아티클, 발행기준, IMEI Writing 문제와 연계 및 분리형, 매칭, 완결형 등 많은 기능을 내포하고 있다. 집중해서 문제를 해결하기 위해서는 사전준비 작업을 효과적으로 정리하고 검증 가능 조건을 맞추어 놓아야 한다. 준비단계는 다음과 같다. ① 정규생산계획을 분리형으로 매칭PO와 포장PO를 생성하고 릴리즈한다. 최소한 6개 모델을 진행하되 하루 1인 생산량인 100대를 기준으로 생성한다. ② 해당 모델에 대한 라벨 마스터 레인지에 맞게 채번하고 발행한다. 이때 실물이 없을 경우 엑셀장표에 해당 1차원 바코드 라벨로 발행해 준다. Check Digit의 포함 여부를 신중하게 결정한다. ③ 검증그룹에서 해당 모델의 Gift Box와 Master Carton Box, 물류표에 해당하는 라벨폼 디자인과 사양 정보가 정확히 디자인되고 현장라인에서 검증되었는지 확인한다. 새롭게 오픈하는 모델 검증에 문제가 있으면 가능한 일주일 단위로 나눠서 생산에 문제가 없도록 검증하여 품질을 향상시킨다. 또한 검증 시 라벨프린터 업체 인력의 상주지원을 통해서 라벨발행 시 셋업과 관련된 각종 이슈를 해결할 수 있도록 한다. ④ 기준정보를 사전에 검증해야 한다. 라벨발행 기본수량을 관리하고, 2차검사 정보를 관리하고 모델별 매칭아티클 정보의 정합성을 확보한다. ⑤ CN 발행, 반제품 실적, 물류표 발행, 이동지시 및 메인 투입처리까지 상황을 시스템적으로 생성해 놓는다. 이후 해당 Main 라벨의 Writing 정보입력 및 CN라벨 상태를 투입대기 상태로 변경하고 여기부터 한두 개 핵심 프로그램에 대해 600여 개의 시나리오를 집중적으로 점검해서 완성도를 향상시킨다.

6. 12월 19일, 오늘은 집사람 생일이자 대통령 선거일이다. "프로젝트에서 고객과의 관계는 난로를 대하는 것과 같아야 한다. 너무 가깝지도, 너무 멀지도 않게 두어야 한다."

혜민 스님의 법구비유경을 예로 들면 "향을 쌌던 종이에서는 향내가 나고, 생선을 묶었던 새끼줄에서는 비린내가 나는 것처럼, 본래는 깨끗하지만 차츰 물들어 친해지면서, 본인이 그것을 깨닫지 못한다".

컷오버 3일, 오픈 7일이 남았는데 어제 저녁부터 사람들이 하나둘 자리를 떠난다. 손을 잡고도 싶지만 아직 해야 할 일이 많으니 조용히 저녁이 되기를 기다린다. 크리스 부장은 난리를 친다. 마음은 급하고 완성도는 떨어지는데 어찌할 것이냐고……. 하지만 도급법에 의해 업체 관리자에게 말할 수도 없다. 이해를 구할 뿐이다. 오후가 되니 동료들은 하나둘씩 다시 자리에 앉는다. 책임감과 팀워크를 지키기 위해 할 일을 마치고 다시 시작한다. 나를 따르라고 말하기보다는 위임과 더불어 동료의 미래를 그리는 데 도움이 되는 방향 지향적인 관리자가 되어야 한다.

7. 12월 20일, 글로벌을 지향하는 기업에서 "거꾸로 가는 생산방식을 통한 혁신과 가치 생산기반 시간관리(Value Added Time Management)의 극대화를 통한 글로벌 기업으로의 도약"을 목격한다.

생산방식의 역사를 보면 작업자가 벽돌 쌓는 생산성에 대해 이야기를 많이 한다. 과거에 역할을 나눠서 할 때는 각종 자재조달 이후 모래를 배합하고, 배달하고, 틀을 만들어 시멘트를 붓고, 굳히고, 틀을 빼고, 건조시키고 이후에 이동을 한다. 산업혁명 이후 많은 부문이 생산성을 향상시키려고 자동화되었고 1990년대 이후는 POP와 MES를 넘어 설비 자동화를 기반으로 한 고가의 인건비를 극복하는 것이 추세였다. 심지어 저가의 단순 기능 사업은 해외로 생산기지를 다변화하고 있으나 지금 이 시점에는 중국에서 거꾸로 한국으로 되돌아오는 기업을 많이 봐왔다. 또한, 2012년 말에 내가 본 글로벌 기업도 거꾸로 그러나 치밀하게 준비해 와서 이미 변해 있었다. 예를 하나 들어 보면 우리는 택타임(Tack Time)을 중요시한다. 생산공정에서 가치를 창출하는 공정과 가치를 소비하는 공정을 구분할 필요가 있는데 경영적 관점에서 보면 각각의 제조공정 프로세스가 정말 가치를 만들어 내고 있는 활동기반원가(Activity Based Cost)인지 구분할 필요가 있다. 양품을 생산하고 시장불량을 최소화한다는 명분하에 이중 삼중의 에이징 테스트를 하는데 정말 가치를 생산하고 반드시 필요한 공정인지 다시 봐야 한다. 데밍, 주란과 함께 품질경영의 3대 선구자 중 1명이고, 무결점운동(Zero Defect) 기반을 세운 필립 크로스비(Philip B. Crosby)가 쓴 책 중 하나로 품질분야에서 바이블과도 같은 『품질은 무료(Quality is free)』를 읽어 본 경험이 있다. 경영자적인 관점에서 보면 굳이 필요 없는 휴대폰의 테스트 공정을 없애 버릴 수 있다는 것이다. 휴대폰 라인에서 1시간 이상의 에이징 공정을 제거해 초기 투자비용을 줄이고, 생산시간을 획기적으로 단축할 수 있었다. 물론 다시 과거로 돌아간 것과 같이 장비에 의해 작업하던 각종 자동화 설비가 제거되어 인력에 의해 작업할 수 있도록 캘리브레이션 테스트 장비, 방사 테스트 장비, 기능검사 장비와 각종 ID Writing 장비 등이 제거되었다. 이렇게 하면서 모델변경 등 시간을 줄일 수 있고, 라인을 작은 공간에 기하급수적으로 늘릴 수 있는 기반을 만들었다. "PO 기반의 생산운영체계 강화를 위해 PO 없는 생산 없고 이동지시 없는 반제품의 다음 공정으로 이동이 없다"는 모토가 그대로 현장에 적용되어 도요타의 TPS보다 더 확고한 프로세스를 정착시키게 된 것이다. 이러한 기반을 통해 신규 모델로 기종 변경 시 시간제약 사항을 해결할 수 있게 되었다. 진정한 경영자는 세계를 상대로 최고를 준비해야 한다. 오늘 나는 외주 업체에 지원을 나간 후 또 하나의 글로벌 프랙티스를 보게 되었다. 모든 물류는 사내에서 외주로 외주에서 사내로 입고 후 외주로 해야 함에도 도로에서 버리는 물류비용을 제거하고 거미줄과도 같은 네트워크에 대해 투명한 물류관리 인프라를 구축하여 임가공 업체가 외주에서 외주로, 사내에서 외주로, 자유자재로 전표 기반으로 전달되고 있어 Just In Time의 선행관리 모델을 볼 수 있었다. 한 단계 더 세부적으로 이야기하면 완결형 셀(Cell) 작업자를 통해서 2명이 설비(체결기, LCiA, 포장)를 공유하고 서랍형 테스트 쉴드 박스를 적용하여 작업공간의 효율성을 향상시키기도 하고, 클라우드 개인형 셀을 통해서 생산책임제를 주고, 4명이 설비를 공유해서 작업하여 끊임없이 작업효율을 향상시킨다. 이것이 바로 글로벌 기업을 유지하는 지속적인 혁신사례의 전형적인 모델일 것이다.

8. 12월 21일, 사람들이 엎어진다. 이제 "절망의 계곡"에 접어들려 하고, 흰 눈이 한없이 내리는 날에 아쉬움과 뜨거움으로 인해 가슴이 벅차오르는데 많은 사람들은 각기 다른 생각을 하고 있다. 핵심 의사결정을 위해서는 "보고받는 사람 입장에서 보고서를 작성하고 발표자의 입장에서 조정"해야 한다

사람들이 엎어진다. 하지 말자고 한다. 시스템 오픈을 연기하는 분위기를 만들어 간다. 걷잡을 수 없는 분위기다. 이 모멘텀을 반대로 바꾸지 못하면 헤어 나올 수 없는 "절망의 계곡"이다. 40여 년의 인생을 살면서 카타르시스를 느낀 날이 얼마나 되고, 한없이 괴로운 날이 얼마나 있었을까 되짚어 보고 싶은 날이다. 오늘이 동지란다. 일 년 중 어둠이 가장 길고, 낮이 가장 짧은 날이다. 내일부터는 노루 꼬리만큼 해가 길어진다고 한다. "절망의 어둠보다는 희망이 더 보인다는 것이다"라고 나는 말한다. 12월 11일부터 정확히 열흘 동안 병행테스트라는 명목으로 서브 17라인 34라인과 메인 173라인, 174라인에서 주야를 함께 살았다. 어떤 날은 새벽 동트는 시간까지 있었다. 한국에서 최고의 기업의 현장라인에서 성실하게 근무하는 직원들을 보면서 많은 생각에 잠긴다. 이곳에는 3개의 건물이 지하로 연결되는데 나는 적게는 하루에 열 번 이상 이 길을 통해 이동한다. 1층 자재준비, 2층 Kitting, 완결형, 3층 자동 파렛트장, 4층 분리형 포장라인으로 가기 위해 거쳐야 하는 이 길에 무거운 기운을 느낀다. 인생에는 여러 길이 있는데 왜 나는 이 지하길을 걸어야만 하는가? 배울 만큼 배우고, 얻을 수 있는 만큼 얻고 나름 이름을 알리고 있지만 지금 이 순간 하루에 10시간씩서 있다 보면 발이 아프고, 종아리가 부어오른다. 아이들은 알고 있을까? 지금은 오후 2시인데, 서로 책임과 역할이 분명하지 않은 관계로 CDMA, GSM, 국판, MID에 대한 채번, 사양, 라벨 정보 등 각종 기준정보와 실적투입을 위한 사전작업차 3시간째 라인에서 기다리고 있다. 한 달이라는 시간에서 과거와 현재와 미래는 어떤 식으로 변화할 것인가? 오늘은 눈도 하염없이 3시간째 내리고 있다. 몇 십 년 만에 K지역에 10cm 정도 폭설이 왔다. 나의 어두운 마음을 덮어 주는 것 같다는 위안에 빠진다. 오늘도 크리스 부장은 과거도 생각하지 않고 자기 이야기만 한다. 리처드 사장은 1차 보고문서에 대해 보고를 받고, 본인 주관으로 회의를 진행한다. 우리가 제기한 검증그룹에서 해야 할 600개 넘는 라벨검증에 대해 왜 이제 제기했냐고 다들 불러서 교육을 시키고 있다. 우리와 같은 프로젝트를 수행하는 사람의 일에는 모멘텀, 즉 순간적인 동력이 나온다. 우리는 사명감이 있으면 나오고, 이름을 남기기 위해서도 나온다. 리처드 사장이 한 주 동안 시간을 주고 미흡한 프로그램도 개선하고, 검증 프로그램을 활용해서도 600개 이상의 모든 라벨 디자인폼, 변수정의, 연계검증을 지시하며 일주일 후에 Go-Live를 결정하자고 하면서 지금 순간 성공의 확률이 50 대 50이라고 한다. 그런데 크리스 부장은 사장이 연기 이야기를 꺼낸 것에 대해 "이제 되었다"고 좋아한다. 리처드 사장은 분명히 "이러한 위험이 있으니 최고 책임자가 사람들을 밤낮으로 24시간 독려해 어떠한 일이 있어도 오픈을 해야 한다"라고 말하고 싶었을 것이다. 하지만 아쉽게도 크리스 부장은 연기할 수도 있다는 말에 다행이라고만 생각한다. 이상의 사례는 의도하지 않는 방향으로 회의가 진행된 것이다. 나는 보고서를 만들 때 항상 지키는 원칙이 하나 있다. "보고받는 사람 입장에서 보고서를 작성하고 발표자의 입장에서 조정한다."

12월 23일, 각종 에러 진행상태를 점검한다.

9. 12월 26일, "전투에 이겨도 전쟁에 실패하지 않기" 위해 오픈에 대한 최종회의를 세심하게 점검한다. 이후 책임과 역할을 분명히 해야 한다

이제 오픈이 며칠 남지 않았고, 오늘부터 사흘간 매일 사내 420대 및 사외 5천여 대를 시범 생산하게 된다. 크리스 부장은 피상적인 면에 많은 신경을 쓰고 있어 안타깝다. 머릿속에는 다른 생각이 가득 차 있고, 당사자와의 이해관계에 집중하고 있다. "대마불사(大馬不死)다. 전투에 이겨도 전쟁에 실패할 수 있다. 전투는 프로젝트요. 전쟁은 스폰서와의 관계다." 옳고 그름이 보는 시각에 따라 달라질 수 있으나 눈에 보이는 사실(Fact)에 근거해서 분위기를 모으고 의사결정해야 한다. 그동안 문제가 있던 부문은 완료하고 최종 오픈을 위한 활동 시 다음과 같은 내용을 점검하고 진행해야 한다. ① 재작업, 재포장, 서비스 등 예외 프로세스에 대한 추가 현장 테스트를 진행한다. ② 오픈 시 필요한 필수 VOC에 대한 시스템 추가 보완 및 개선작업 완료 여부를 체크한다. ③ 이력정보 마이그레이션과 현재 진행 중인 오픈데이터에 대한 재고조사 이후 검증 및 보완을 실시한다. ④ 자동화 장비와 연계되어 움직이는 자동발행, 각인기, 각종 분석정보와 현장에 설치되는 OI 화면을 검증할 수 있는 계획을 수립한다. ⑤ H/W업체, S/W업체, 관련업체를 비상대기 시켜 놓고 대응준비를 한다. ⑥ 관리자, 반장 및 조장 교육과 작업자에 대한 세부적인 교육이 선행되고 재교육이 이루어질 수 있도록 해야 한다. ⑦ 시스템을 많은 사람들과 장비에서 사용하다 보니 해당 화면에 대한 적용권한 설정 등에 대해 심혈을 기울여야 한다. 드디어 오픈 미팅 날, 전체 인력이 참여해 오픈에 대한 결정회의를 진행한다. 리처드 사장은 각 부문 대장에게 묻는다. 핵심 임원 중 한 명은 "에러는 하나도 없어야 한다. 사소한 문제가 발생하더라도 조치할 수 있는 방법에 대해 설명하고 가이드해야 한다. 남은 시간에 박차를 가해서 사전교육을 시켜야 한다. 문제 발생 시 조치를 위한 담당자 간 R&R을 명확하게 다시 체크한다. 특히 대량의 데이터를 처리할 수 있도록 진행되어야한다." 내가 보기에는 시스템과 현업 위주의 단계적 마이그레이션 데이터 점검이 제일 중요하고, 자재입고부터 출하까지 통합 시나리오 점검이 99% 이상 적용되어야 하며, 각종 트랜젝션에 대한 성능 향상과 라벨프린터 등 인프라 및 디자인 사양 검증과 비상 시나리오 적용이 필요하다. 점검회의에서는 정상적인 케이스가 적어도 99% 이상 있어야 하며 예외 프로세스에 대한 검증도 마쳤어야 할 것이다.

10. 12월 28일, 되돌릴 수 없는 의사결정과 실패의 어머니가 된 "최적화된 마이그레이션의 필수 관리항목"들을 사전에 고민하자

시스템은 데이터로 구성되고 데이터를 짜는 사람들이 프로그래머이다. 마이그레이션은 이력데이터의 이관과 진행 중인 오픈데이터 이관으로 나눌 수 있는데, 우선 이력정보 마이그레이션에 대해 정확한 데이터량 산정, 범위 등의 시뮬레이션을 통해 예상시간과 필요한 저장공간을 정하고 진행해야 하지만 충분한 시뮬레이션이 미흡해 수행방법에 대한 개선이 필요하다. 특히 엔지니어가 작업하는 내용을 매뉴얼화하고 사전계획을 수립해 중간마다 모니터링을 진행해야 한다. 특히 오픈데이터의 DB화 전략 "서브는 시스템 재공을 활용, 완제품은 실제 재고조사"를 하고 이에 필요한 시스템과 엑셀 정리자료, 정리방법 등 정확한 포맷과 가이드대로 진행할 수 있어야 한다. 특히 재공재고 데이터를 오픈 시스템에 로딩 후 새로운 데이터 로딩이나 수정이 필요한 부문에 대한 절차를 사전에 고려해야 하고 평소 준비를 철저히 해 시스템 기반으로 전환할 수 있는 인프라를 만들어야 하며, 마이그레이션 이후 검증과정에서 새로운 항목이 발생하지 않도록 사전준비를 철저히 하되 조직구성은 기존 시스템 운영인력과 신규인력을 혼합해서 구성해야 한다. 다시 한 번 반드시 필요한 준비사항을 열거해 보면 ① 현업인력, 시스템 운영조직과 개발조직의 혼합 마이그레이션팀을 구성한다. ② 마이그레이션 사전 시뮬레이션(사이즈, 소요시간, 인프라, 관련 테이블)을 시퀀스별로 수행한다. ③ 마이그레이션 매핑 이후 변화점을 관리해 변화관리를 시작하며 기준정보나 핵심정보 변경에 대해서는 신규 시스템에 변경점은 하나씩 수작업으로 관리해야 한다. ④ 데이터 건수, 사이즈, 평균값 등은 시스템에서 검증하고 과거 시스템과 신규 시스템의 화면을 통한 데이터 검증은 현업의 참여가 필수적이다. 또한 현업이 수행하는 검증 활동에 화면 검증과는 별도로 시스테메틱한 검증 툴을 만들 필요가 있다. 실제 데이터 이관 후 하나의 사례를 보면 "분리형 실적 및 포장공정에서 계획 대비 실적정보가 맞지 않는 현상이 발생"함으로써 동기화 생산계획에 따라 PO 상호 간에 Pegging되어 있으나 서로 연관관계가 없어 재공정보와 서로 살아 움직일 수 없는 구조로 진행되어 초기에 많은 혼란을 가중시키게 되었다.

11. 12월 31일, "죽음의 행진은 사소한 일에서 시작된다."

나와 고객 간의 관계를 정의해 보면 갑과 을이라는 계약관계에 앞서 서로 파트너로 설정해야 하며 이러한 파트너 간의 목표는 동일하다. 나와 더불어 일하는 파트너도 마찬가지일 것이다. 그러나 추진하는 방법은 달라질 수 있다. 크리스 부장은 결과만 가지고 이야기한다. 먼 나라에 있는 리처드 사장은 해외에서 컨퍼런스를 할 정도로 큰 이슈이다. 핵심이슈를 하나씩 정리하고 파악한 다음 의사결정을 할 것이다. 핵심이슈를 열거해 놓고 다음과 같이 질문한다. "병행테스트 결과는 생산에 필수 공정은 전부 검증이 되었는가? 정상공정 외에 DOA, 예외공정 등은 정상적으로 처리가 되었는가? 오픈 전에 최소한 정상 프로세스는 99%가 되어야 하고 비정상 프로세스의 80% 이상은 정상처리되고 있는가? 발생된 이슈는 96% 이상 처리가 완료되었는가? 시나리오 기반으로 실현 가능한 전 부문은 검증이 완료되었는가?" 조목조목 따져 보고 나서, 책임자에게 개별적으로 질문한다. "오픈할 준비는 되어 있고 자신이 있는가?", "사소한 문제는 있으나 여러 가지 시나리오를 검증했고, 검증된 내용을 반영하여 전 부문 검증이 가능하고, 한 번 발생한 문제는 적어도 인재에 의해서 재발하지 않습니다"라는 확답이 나온다. 그리고 이를 증명할 때까지 기다린다.

12. 2013년 1월 2일, "시스템은 살아 있는 식물이다. 오픈일에는 평소의 60% 이하로 생산물량을 유지할 수 있도록 제조팀장을 설득하고, 천천히 성장하는 모습을

즐겨야 한다."

성공한 사람의 목표달성은 끝이 없다고 한다. 히딩크 감독은 2002년 월드컵 16강에 오른 뒤 "나는 아직도 배가 고프다"라고 말했다. 하지만 첫술에 배부를 수야 있겠는가? 자동차, 반도체, 휴대폰, 조선, 부품, 신발, 사출 등 MES 오픈만 20번을 넘게 한 내가 생각하는 오픈하는 첫날은 전체인력의 교육과 안정화에 힘써야 하고, 평소 능력의 60%를 생산할 수 있으면 성공적인 것이다. 적용 전에 제조팀장과 반드시 사전협의를 통해 1차 목표를 달성해야 한다. 아무리 철저히 준비해도 예상치 못한 작업자 교육, 성능문제, 마이그레이션 데이터 문제, 인프라, 각종 기준 데이터, 프로세스와 외부환경 문제가 발생할 수 있기 때문이다. 오늘 저녁 8시간 작업의 중간결과로 79,570대 목표에 60,452대를 생산함으로써 약 75.9%의 정시정량을 달성했고, 잔량은 ACO와 잔업을 통해 해결할 수 있게 되었다. 오픈 전에 현장 병행운영은 통상적으로 생산라인에서 정규생산방식을 운영하게 되며 예외처리, DOA, 청구출하 등 평소에 많이 발생하지 않는 트랜젝션으로 인해 많은 문제를 내재하고 있으므로 경영진을 설득해서 오픈 이틀간은 평소 Full Capacity의 60%만 유지하고 철저한 교육관리를 통해 작업을 하여 러닝커브(Learning Curve)가 완만하게 진행될 수 있도록 권유한다. 몇 가지 실패사례를 들어 보겠다.

(1) IMEI, MEID, "Display SN"에 체크섬이 있기도 하고 없기도 한다. 바이어는 복잡하고 각 사의 요구를 고집한다. 해결해야 할 시간은 없다. 물건은 쌓인다. 핵심이슈가 발생했을 때 거꾸로 생각해 모든 룰(Rule) 개발을 서버가 아닌 UI로 올려서 해결하게 된다. 안타깝지만 이렇게 소스는 거꾸로 진화한다.
(2) "Y2K와 같은 연월 변화 등 기초적인 것은 검증해야 한다." 카툰번호의 국내향은 검증단계에 CC로 시작하는 12년 12월이었기 때문에 설비도 문제없이 인식했으나 13년 1월 변경으로 진법변경에 따라 D1으로 바꾸어야 했지만 1D로 출력되었고, 자동설비 분리하는 곳에서 문제가 발

견되었다. 12년 말 그렇게 작업을 했건만 육안으로나 장비에서 구분할 수 없었던 것이다. 시스템 오픈은 가급적 연말연시를 피하고 생산일정을 고려해 적용일자를 선정하는 것이 합당할 것이다.

(3) "생산설비 연계 시스템이 CN의 8자리에서 9자리로 변경됨에 따라 에뮬레이터 변경이 선행되었어야 한다." 생산에서 직접 연결되는 외부 시스템은 반드시 실물로 검증 테스트를 진행해야 한다. 야간조 생산 2시간 전에 문제를 인지하게 되어 해당 포인트를 실적수집에서 제외하도록 라우팅을 변경하는 방안과 프로그램을 변경하는 방안, 작업자가 수작업으로 처리하는 방안을 고려했고 실제 오픈 전에 가까스로 프로그램을 변경하여 400개 라인에 긴급적용을 하여 문제를 해결했다.

(4) 프린터기에서 동일 라벨이 2장씩 나온다. 특정업체 장비에서만 동일 증상이 발생한다. 며칠을 고생하고 다양한 방법으로 대안을 찾았다. 바벨 옵셋값 변경, 프린트 서버 개발내용 변경, 이 장비는 1시간 걸리던 것이 10분 내로 나오는 혁신적인 장비이지만 잘못된 발행을 인식하면 재발행하는 기능이 있는데, 이것이 중복발행되는 현상으로 나타났다. 그래서 장비업체를 바꾸려고 한다. 이미 발행한 수만 장의 IMEI 선발행 라벨을 매일 비전검사기로 점검할 수도 없고, 매일 발행되는 15만 장 중 10장이 중복 발행된다. 나중에 결론은 USB 케이블로 접속한 것은 중복이 되고, LAN 형태로 접속된 장비는 중복발행이 안 된다. 현장 적용시 정말 다양한 문제가 발생한다.

(5) 많은 실적 수집 포인트에서 장기간 멈춤 현상인 "Hang"이 발생했다. 문제의 원인은 "L4 스위치의 Health Check Fail 발생 시 해당 WEB 및 WAS 세션 유지가 설정될 수 있도록 grace ena config 추가를 통한 세션 유지 설정을 추가했고, L4 스위치의 Health Check retry 회수를 기존에 2회 4초 간격에서 4회 8초 간격으로 늘려 Real 서버에 대한 retry 4를 추가하여 수정 해결"했으며 근본적인 원인은 L4 스위치의 Health Check Fail 발생 시 해당 WEB 및 WAS 세션 Clear로 Client 응답대기로 Hang-up이 발생했으며 WEB과 WAS 사이에 Health Check 지연 발생

으로 L4 스위치의 Health Check Fail이 다수 발생했으며 Health Check retry 회수 조정을 통해 Health Check Fail Log 감축을 통한 예방이 필요하다.

13. 2013년 1월 4일, "오픈 3일 후 안정화 단계에 접어들 때 긴장의 끈을 놓지 말아야 한다."

사람들이 웃는다. 모두 "리패킹 등 작업이 자주 발생하지 않는 문제는 의도적으로라도 어렵게 만들어야 한다"고 말한다. 실수방지 기법의 적용이 정말 중요한데 동료검증 등이 미흡한 부문은 전체 통일성 있게 진행하지 못했다. 이런 소소한 문제를 제외하고는 이제 안정화 단계로 접어들 수 있다. 하지만 혁신을 위한 제2의 물결(Second Wave)인 지금부터 적어도 한 달간은 긴장의 끈을 놓지 말아야 할 시작점이다.

14. 2013년 1월 5일, 항용유회(亢龍有悔) "끝까지 올라간 용은 반드시 후회한다." 긴급한 상황 발생 시 "끝을 예상하고 초기 대응체계가 가장 중요하며 극한으로 치닫지 마라."

달은 가득 차면 이지러지고 그릇은 가득 차면 엎어진다. 끝까지 올라간 용은 후회하리니, 만족할 줄 알면 욕되지 않으리라. 권세에 기대서는 안 되며 욕심을 지나치게 부려서도 안 된다. 새벽부터 밤늦도록 두려워하기를 깊은 연못에 임한 듯이, 살얼음을 밟은 듯이 하라. _김상용, '선원유고(仙源遺稿)'

모든 일이 계획대로 될 수는 없기에 'Plan A'와 'Plan B'가 있다. "계획은 단지 계획일 뿐이다"라고 말하기도 하고, 실적은 계획과 다른 것이다. 크리스 부장은 오픈 이후 온통 불만만 쏟아 낸다. "속도가 느리다. 필요한 기능이 누락되어 있다. 문제가 있는 부문이 개선이 안 되어 있다. 주간 품질 미팅을 시스템의 21개 기능으로 해야 하는데 조회 속도가 20초 걸려서 회의 시간이 길어져 비용이 엄청 올라간다." 뒤를 돌아보지 않고 끝까지 가려고 한다. 그래서 어쩌란 말인가? 다시 뒤로 돌리란 말인가? 우리는 위험을 만

났을 때 파트너십이 있다면 함께 돌파하면서 같이 성장할 수 있다. 미국 문화권에는 위험(Crsis)과 기회(Opportunity)를 따로 말하고 단계적으로 접근하는 문화가 보편화되어 있지만 우리는 위기(危機), 즉 위험이자 기회라고 하지 않는가? 위험이 있으면 반드시 기회가 찾아온다는 것이다. 시스템 안정화에 절대 서두르지 마라. 정치적으로 성공하면 오래 가기 위해 많은 비용이 발생한다. 시스템 오픈 후에는 지속적인 프로젝트 위험관리가 필요하고 이슈에 대한 변화관리를 천천히 치밀하고, 여러 사람들에게 공개적으로 핵심적인 내용부터 움직여야 한다. 시스템이 살아 움직이기 위해서는 사람의 동맥과 같은 오픈되어 살아 움직이는 데이터의 정합성이 중요하므로 이러한 데이터 전환이 정말로 중요하다. 휴대폰에는 많은 키파일과 공인기관으로 받아 온 키값의 대역폭 할당, 개별 채번, 이력관리 및 각종 라벨발행이 핵심업무이다. 이러한 운영체계가 계획된 대로 진행되는지 검출할 수 있는 프로세스, 즉 비전 등 초기예방검사 및 출하검사 업무인데 이러한 어드레스에 대한 유효성을 검증하는 것 또한 중요하다. 예를 들어 휴대폰은 GSM용 IMEI, CDMA용 MEID, 국내 SN과 블루투스, 와이파이, 와이브로에 사용되는 맥 어드레스가 핵심 주소값인데 이러한 값은 공인인증기관으로부터 구매 후 할당받은 대역을 사용해야 하는데 휴대폰의 생명주기와 주소값의 반복사용을 고려해 볼 수도 있다. 어떤 경우는 이러한 주소값이 과거 5년 전에 할당받아 사용한 값과 동일하게 대역대를 사용하여 문제가 생긴 경우가 있는데 이러한 내용이 실생활에서 현실로 나타나기는 어려울 것이지만 철저한 품질을 위해서는 재작업으로 진행해야 하며 이에 따른 기회손실비용이 발생하게 된다. 이럴 때는 절대 서둘러서 해결하려 하지 말고 차분하게 원인 파악 및 조치할 수 있도록 해야 한다. 이제는 현지 파워유저가 직접 운영할 수 있도록 조직을 만드는 것을 건의하고 신경을 써야 한다. 핵심이슈나 사고가 발생했을 때 사람들의 본래 성격이 나온다. 하늘로 올라간 나로호는 다시 되돌릴 수 없다. 올라가서 안착하거나 떨어지면서 불타 버리던가 아쉽지만 현실을 인정하고 후속대책을 신속히, 정확히, 여러 사람의 신뢰를 받으면서 진행하는 것이 사람을 얻을 수 있는 길이다.

15. 2013년 1월 7일, "경영자의 눈높이는 아직도 목말라 있어 더 큰 목표를 요구한다. 이에 따른 죽음의 행진(Death March)을 끊기 위해서는 이겨 놓고 싸우는 전략으로 전환하기 위해 전제조건에 대해 팀원들로부터 아이디어를 받아 보고 사전에 정리하여 대응전략을 수립해야 한다."

한숨 돌렸다. 이젠 전 프로세스의 한 바퀴를 돌아 일부 개선할 내용이 나오는 안정화 단계에 근접하고 있다. 적용 일주일이 지난 지금은 관리 포인트가 메인 생산에서 데이터 정합성으로 전환되어야 한다. ① 오픈 시 발생된 각종 결함 및 상황실에 접수된 미처리 항목에 집중 ② 시스템 기반 품질 미팅을 할 수 있는 수준의 각종 데이터 검증 ③ 출하장 출하 속도 및 모바일 시스템의 개선 ④ MBI의 정합성 검증과 결과에 대한 현업 검증 병행 ⑤ 생산에 필요한 데이터 검증과 사전에 누락된 조기경보체계 가동에 힘써야 한다. 하지만 경영자는 아직도 목말라한다. 이제 2월 18일 이곳의 4배 규모인 1500만 대 능력의 동남아를 오픈하려 한다. 경영자가 아닌 동료들은 지쳐 있다. 5주째 집에 가지 못한 사람이 많다. 5주 안에 여기보다 3배 더 큰 사업장을 정리하려면 그만두겠다고 하는 사람도 많다. 조직이 흔들린다. 이럴 땐 붙잡아야 한다. 이 죽음의 행진을 마치기 위해 하나씩 정리해 보자.

(1) 이제 "표준템플릿이 완성되었다". 더 이상의 추가 요구사항, VOC 필수 등의 이름으로 포장되어 뒤에 숨겨진 백로그는 없다고 선언한다. 개발자, 설계자 입장에서 보면 하나둘씩 신규 기능을 해주는 것은 어렵지 않게 보일 수 있지만 정작 이것 때문에 중요한 데이터 검증, 오픈된 데이터 검증, 운영환경 점검, 프로세스 검증이 뒤로 밀려서 오픈 시 심각한 문제가 될 수 있다.

(2) 선발대 인원은 현업인력 위주로 편성하고 사전에 해야 할 일(교육, 사무환경 구축, 컷오버 시 출근인력, 기준정보 준비, 현장 인프라 구축)을 최단기간에 마칠 수 있는 일정을 수립한다.

(3) "마이그레이션은 없다. 오픈 후에 과거 정보를 가지고 다시 마이그레이션하는 경우는 없다"고 선언한다. 누구는 오픈 후에 이력데이터를 마이그레이션한다고 한다. 데이터의 성격을 모르는 책상 앞에서 하는 말이 안 되는 이야기다. 할 수 있는 것만 약속해야 한다. 신뢰의 문제이다. 재고조사 단축과 정확도 향상을 위해 재공재고 및 오픈된 생산오더를 다 마감할 수 있도록 한다.

(4) 개인별 컷오버 일정과 액티비티를 수립하되 장비에 대해서는 도착, 에이징, 통관, 성능점검, 마이그레이션, 데이터 검증, 낙뢰가 많은 지역이므로 기계실 점검 등에 대해 주요 마일스톤을 백워드로 확정한다.

16. 2013년 1월 8일, "한국인의 특성을 이해해 세계 최초, 최고보다는 가장 잘할 수 있는 것에 집중하자."

한국인의 특성 중 하나는 "세계화, 세계적"이다. 각종 스포츠 대회 유지, 신공항을 잇는 다리, 거가대교 등 세계 최고를 제일의 자랑으로 여겨 왔다. 유럽에 가보면 몇백 년 된 건물을 아직도 쓰고 있는데 한국은 단 50년 안에 올림픽, 월드컵, 육상대회, 평창올림픽, 나로호 발사기지, 각종 공항, 영화제 등 모든 분야에서 최고를 지향하고 있으나 우리도 이제 잘할 수 있는 것에 집중해야 하는 게 아닌가 생각한다. 다시 내 자리로 돌아오면 세계 최고의 프로젝트, 최단 기간에 하는 확산 프로젝트, 신개념의 프로젝트 등 많은 부문의 최고를 가르킨다. 주변 사람들도 어떠한 상황에서도 빠르게 대처할 수 있을 정도로 적응력이 뛰어나고 다양한 상황에 사전경험이나 교육이 없어도 대응할 수 있으며 단기적인 집중력이 뛰어나지만 오래 지속되는 지구력은 약하다. 좋게 보면 집중력과 의지가 강해 현재에 만족하지 않고 더 나은 것을 바라는 야망이 있어 성공을 지향하는 에너지를 제공할 수 있으나, 달리 보면 욕심이 많아 남이 잘 되는 것을 시샘하고 성급하게 하지 말아야 할 것을 하고, 이로 인해 일을 그르칠 위험이 있기도 하다. 이제는 프로세스를 정형화하고 무조건 한다 정신으로 다가서는 것을 지양할 때다. 무조건 빨리빨리 한다는 생각으로 인해 성수대교와 삼풍백화점 붕괴 사고가 발생했다. 우리가 만든 시스템에서도 서서히 그러한 내용이 나오기 전에 사전에 점검하고 예방할 수 있는 프로세스 위험관리(Risk Management) 시스템 도입을 검토해야 할 시점이다.

17. 2013년 1월 11일, 샘 팀장을 만나서 차 한 잔을 할 수 있는 여유가 생겼다. "찾아와 줘서 고맙다. 아직도 안심이 안 된다. 고객으로부터 문제없다는 이야기가 내부적으로 나올 때까지 긴장된다"며 지난 몇주를 회상했고, 나는 "이제부터 현업 위주의 제2의 혁신 물결이 중요하다"고 했다

한 달 정도 함께 일했던 샘 팀장에게 복귀 인사도 할 겸 차 한 잔을 하러 찾아갔다. 이제 현업 위주의 안정화 단계에 접어들고 있고 우리는 23개 법인에 대해 동시에 돌아가는 6개 조를 위해 또 다른 개발 사이트를 위해 내일 본사로 돌아갈 것이기에 내려온 날 인사는 못했으나 갈 때 인사를 해야겠다고 생각했다. 찾아온 나를 반갑게 맞아 주고 고마워했다. 오픈 이후 소감을 묻자 "오늘 사장님께 큰 문제 없이 안정화되고 있다고 보고했다. 바이어에 2D에서 엔터값(캐리지 리턴 값)이 없어 반품을 맞아서, 아직도 시간이 필요하고, 많은 바이어가 오케이할 때까지 안심할 수 없다. 내가 경영자로서 조금 더 일찍 개입했다면 훨씬 잘 해결되었을 것이다. 정말 힘들었다. 안 될 줄 알았다"고 회고한다. 그러면서도 자기 일에 자부심과 아랫 사람들에 대한 무한한 정을 쏟아 낸다. 덕장이다. 그 매서웠던 성격이 한없이 온화하다. 이제 마무리하고 떠날 때가 되었다. 나는 새로운 현장에서 직접 경험할 수 있게 해준 이들에게 감사하며 K지역에서의 생활을 정리한다. 그날 저녁 외곽지역에 있는 유명한 식당에 가서 한우와 홍초막걸리로 지난 날의 힘들었던 회포를 모두 풀고 자리를 떠난다.

CIO의 고민과 혁신활동의 리더의 역할

■ 프로젝트를 하다 보면 알게 되는 경영진과 정보담당 임원(CIO)의 IT와

관련한 고민과 핵심 관심사항은 몇 가지 유형으로 구분할 수 있는데 이러한 고민을 극복하기 위한 방법과 IT 투자에 대한 의사결정 사항에 반영하는 방향에 대해 알아보자. 여기에서 CIO나 IT 업계 간에 한 가지 서로 명심할 것은 "꿀을 얻으려면 벌통을 발로 차 버리지 말라"는 것이다.

■ 고민 1: "생각했던 것보다 IT 투자비용이 너무 많이 든다." 이는 자사의 매출과 경쟁업체의 투자수준, 경험적인 기준에 비해 IT 비용이 너무 많이 든다는 것인데 실질적인 비용이 높은 측면도 있으나 IT 제약사항, 서비스의 불만족, 프로젝트 팀원과의 갈등, 업체의 능력, 부가가치 창출의 제약 등 그 내용에 따라 원인이 다르다. 이때는 재무적·비재무적 ROI를 명확히 평가하고, 동종업계나 글로벌 업계의 IT 투자비용을 IDC(International Data Corporation), 가트너(Gartner)의 객관적인 자료와 비교하며, 현재 제공받는 서비스의 수준을 정확히 보여 주어야 한다.

■ 고민 2: "급변하는 비즈니스를 만족하기 위한 IT 기술의 제약사항이 많다." 이는 일반적으로 기업의 극소수 전문가에 의해 만들어진 복잡한 아키텍처 구조 탓으로 바꾸기 힘든 기존 시스템이 있거나 단위부서에서 중복기능이 개발되어 다수의 인터페이스(Interface)가 있는 경우가 많다. 또한 표준화의 부재로 데이터의 품질이 낮고, 보안기술이 잘못 적용되어 보안에 취약하거나 미들웨어가 없어 데이터 처리에 문제가 있으며, 아키텍처 기능 저하로 현재 신기술을 이해하지 못하므로 통합이 되지 않아 여러 복잡한 플랫폼으로 구축되어 시스템의 신뢰도가 저하된다. 이는 통합 시 변경비용 평가, 인터페이스 수 절감, 기업의 아키텍처 표준화 및 프로세스 매핑과 표준화를 통해 극복해야 한다.

■ 고민 3: "프로젝트팀에서 제공되는 IT 서비스가 기업업무의 요구사항을 만족시키지 못한다." 비즈니스 및 IT 업체 간의 서비스 수준이 명확히 일치하지 않고, SLA(Service Level Agreement)가 업무관점이 아닌 기술관점으로

작성되어 변경관리, 서비스의 생산성이 낮다는 것으로, 이는 전문계약 담당자가 없어 책임소재가 불분명하고 사용자 요구사항이 적절하게 반영되지 못하며 변화관리 프로세스가 명확하지 않기 때문이다. 이 문제는 SLA 모델, ITIL 기준, 서비스 수준관리를 평가하고 계약에 반영해서 해결해야 한다.

■ 고민 4: "프로젝트 수행 중에 업무 요구사항이 충분히 반영되지 않는다." 프로젝트 팀원의 대응력 및 개발능력, 생산성이 부족해서 품질은 낮은데도 프로젝트 비용은 증가한다. 이는 관리수준과 경영층의 낮은 스폰서십, 재사용 및 아키텍처 기반 개발이 아닌 과거 경험에 의해 진행되기 때문인데 외부자원에 의한 프로젝트 평가, 감리를 실시하고 아키텍처 체크리스트 및 예산의 분석을 통해 개선해야 한다.

■ 고민 5: "현재 IT 업체 및 인력 등 자원 조달에 많은 문제가 있다." 공급업체의 능력, 가격수준 등이 적합하게 선정되지 못하거나 선정할 업체가 없는 경우 또는 너무 많아서 책임 한계가 불명확하고 업체성과를 제대로 측정할 수 없어서 고정비용 지출이 너무 많다는 것을 의미한다. 이는 성과 측정 없는 관습적인 업체 선정, 조달전략 및 업체평가 KPI의 부재, 계약협상의 미흡으로 발생하며, 조달전략을 수립하고 선정기준을 명확히 함으로써 전략업체를 라인업하고 파트너와 지속적인 구매계획을 수립해 관계를 개선해야 한다.

■ 고민 6: "IT 기능이 프로세스의 통제구조를 완벽히 실현하기 어렵다." 기본적으로 프로젝트가 비즈니스 요구에 적합하지 않고, 요구사항 및 우선순위 관리가 되지 않으며, IT 부서와 현업과의 관계가 부족하고, 의사결정 주체가 없는 비효율적인 구조 때문에 IT 투자의 타당성 파악이 어렵다. 이는 IT와 비즈니스 전략이 연결되지 않아서 전사적 성과 측정이 없고, 거대한 조직은 있지만 현업 대응창구가 없기 때문인데, 추가 프로젝트를 선정

할 때 포트폴리오 관리를 명확히 하고 유연한 조직설계, 아키텍처 통제체계 모델을 수립함으로써 해결할 수 있다.

■ 고민 7: "IT 서비스가 실질적인 부가가치를 창출하지 못한다." 이는 조직 내 CIO 역할이 과소평가되고, CIO 성과측정이 가치창출로 연결되지 못해서 IT가 투자가 아닌 비용으로 인식되면서 일상적인 업무 지원에만 집중되는 현상이 나타나는 경우이다. 즉, CIO 교체가 자주 발생해서 그 역할 및 역량 인식이 부족해지고, 명확한 KPI가 없으며, 현업관계 관리가 미흡해 단기성과에만 치중하게 되기 때문이다. 이는 KPI 대시보드에 모든 정보를 실시간 제공하고, IT 전략과 기업의 EA 모델이 개발되면 해결할 수 있다.

■ 이상의 고민을 해결하기 위한 방법에 대해서는 앞서 간략히 설명했으며 이번에는 프로젝트를 수행하는 관리자로서의 핵심역할에 어떤 내용이 있는지 경험적인 요소를 통해 알아보고자 한다.

■ 원칙 1: "PM(Project Manager)은 지행용훈평(知行用訓評)의 선도자가 되어야 한다." 세계 굴지의 모기업 회장은 "경영은 하나의 종합예술이다"라고 했는데 프로젝트 또한 종합예술이라 생각한다. 프로젝트 매니저는 회사에서 보면 CEO에 버금가는 인재이다. 리더의 덕목으로, 먼저 지(知)는 여러 분야에 해박한 지식이 있어야 한다는 것이다. IT 분야뿐만 아니라 조직관리, 경영업무와 관련한 경험과 학습으로 꾸준히 자기계발을 해야 하는데 여기에는 스포츠, 취미, 어학 등의 해박한 지식도 포함된다. 행(行)은 해박한 지식기반으로 사리에 맞게 행동함으로써 본보기를 보일 수 있을 정도로 실천해야 한다는 것이다. 리더가 솔선수범하지 않고 시키기만 하면 프로젝트가 순탄하게 진행되지 않는다. 모든 팀원이 머릿속에 무슨 생각을 하고 있는지 알기 위해 현장과 그 문제점을 파악하고 해결방안을 모색해야 한다. 용(用)은 정확한 지식으로 솔선수범해서 팀원들을 적재적소에 활용해야 한다는 것이다. 훈(訓)은 부족한 부문은 모든 팀원에게 직·간접적인

교육의 기회를 주고, 칭찬이 무쇠를 녹이는 것처럼 상대방의 입장에서 현상을 보며, 리더가 수시로 가르침으로써 인력의 능력을 상향화하고 이를 통해 능력치가 낮은 인력도 장기적인 관점에서 지속적으로 교육해야 한다는 것이다. 평(評)은 이러한 기준으로 팀원을 공정하게 평가할 수 있어야 한다는 것으로 이 과정을 통해 조직이 건강하게 성장할 수 있다.

■ 원칙 2: "PM의 핵심역할은 비즈니스 오퍼레이터, 가치창조자, 인력양성이며, 이를 잘 수행하기 위해서 항상 마음속 깊이 생각해야 한다." 첫째, 비즈니스 오퍼레이터는 회사에서 말하는 8대요소 범위, 인력, 일정, 품질, 원가, 위험, 업체 및 통합관리 영역을 해야 한다. 특히 중요한 3요소(QCT: Quality, Cost, Time)를 보면 현업은 품질, 납기, 예산 순서로 중요도를 매길 수 있을 것이다. 그러나 관리자의 입장에서는 납기를 제일 중요한 항목으로 둘 필요가 있고 이로써 납기 지연에 따른 위약금 논쟁에 휘말리지 않을 수 있다. 물론 납기가 맞춰져도 원가가 문제될 수 있으나 그 문제는 여러 가지로 해결방법을 찾아야 할 것이다. 둘째, 가치창조자(Value Creator)는 고객에게는 프로젝트를 통한 기업의 이익, 즉 재무적 성과(유지보수인력 감소, 인프라투자비 감소, 추가개발비 감소, 불량금액 감소, 재공재고이자 감소) 및 비재무적 성과(프로세스 표준화, 혁신과제, 화면 감소, 인터페이스 감소, 기준정보항목 감소 수, 업무효율화) 등을 극대화하고 내부적으로는 후속 전략사업 창출을 통해 매출확대와 원가절감을 달성해야 한다. 마지막으로 인력양성은 투입된 인력 개개인의 능력과 배경 등에 심한 편차가 있더라도 개인 희망사항과 프로젝트 경험을 통해 발전할 수 있는 교육의 기회, 업무 추진의 기회를 합리적으로 주어야 한다는 것이다. 특히 IT 분야에서 가장 중요한 요소는 IT 인력이 사용하는 도구, 프로세스나 기술이 아니라 개인의 자질이라 생각한다. SEI에서 말하는 CMM에서도 좋은 프로세스가 좋은 소프트웨어를 만든다고 주장하고 좋은 도구의 집합을 방법론으로 표현하며 사람을 제조라인의 하나의 설비로 생각하면서까지 인력가동률을 높이기 위해 노력하는데, 대부분의 성공한 프로젝트에서는 하이테크 기술의 환상보다

는 사람의 자질을 더 우선시한다.

■ 원칙 3: "제안 PM은 냉철한 승부사, 컨설팅 PM은 대학교수, 실행 PM은 해결사로 행동하자." 제안 PM은 전장의 장수와도 같은데 전쟁에서 싸워 이길 것인가? 아니면 이겨 놓고 싸울 것인가? 제안 PM은 이순신 장군 같은 냉철한 전략가가 되어야 한다. 핵심 의사결정권자를 사전에 찾아내고 그 의중에 맞는 방향으로 CSF(Critical Success Factor)를 찾아 제안을 한다. 제안 PM은 경쟁사 및 글로벌 표준, 핵심 프로세스와 아키텍처를 충분히 이해하고, 사업의 외부환경을 고려해 이미 선정된 솔루션이나 업체가 있을 경우 핵심 전략방향을 제시하고 들러리 제안이 되지 않도록 해야 한다. RFP(Request For Proposal)를 컨설팅사에 통보하기 전에 여러 경로로 자문을 구하는데 현실적으로 파레토의 8:2 법칙처럼 모든 고객을 대응할 수는 없다. 향후의 전략사업, 후속사업, 매출효과, 성장 및 교육효과를 고려해 핵심사업에 집중한다.

컨설팅 PM은 가르치며 배우는 교학상장(教學相長)의 지혜가 필요하다. 교육학자인 에드가 데일(Edgar Dale)에 따르면 어떤 내용을 학생에게 가르치고 48시간 이후 얼마나 기억하고 있는지를 측정하는 실험에서 읽기만 한 사람은 10%, 보고 들은 사람은 50%, 토론을 하고 다른 사람에게 가르친 사람은 90%를 기억했다고 한다. 리더는 많이 들어야 하고 컨설팅 PM은 많이 가르치면서 배워야 할 것이다.

실행 PM은 문제를 상황에 맞게 풀어내는 최적의 해결사가 되어야 한다. 기술적인 자문가를 가까이 두고 현명하게 판단해 문제를 해결하는 방법에는 여러 가지가 있는데 일정, 비용, 위험, 범위 등에 대해 회의 이외의 여러 채널을 통해 정보 변화를 수집하고 원활한 판단을 내려야 한다.

■ 원칙 4: "사람이 믿음직스럽지 않으면 팀에 합류시키지 않고, 한 번 합류하기로 했으면 어떤 일이 있어도 끝까지 믿는다." 몇 년 전 미국에서 있었던 제1회 WBC(World Basic Classic)에서 한국 대표팀을 맡았던 김인식 감독

에게 외국 언론사의 다양한 질문이 쇄도했다. 일본과 미국을 이기고 난 뒤 김 감독은 다음과 같이 말했다. "나의 최고의 지도력은 팀원을 믿는다는 것이다. 팀원 모두가 스스로의 동기로 경기를 할 수 있게 했고, 나는 모든 사람의 창의적인 아이디어에 의해서만 결정을 내린다. 그리고 경기장에 나가면 그들의 행동에 무한한 믿음을 주었다." 프로젝트 팀원을 구성할 때 필자도 "사람이 믿음직스럽지 않으면 팀에 합류시키지 않고, 한 번 합류하기로 했으면 어떤 일이 있어도 끝까지 믿는다"는 룰을 따른다.

■ **원칙 5:** "주요 숫자가 포함된 프로젝트 요약 차트를 만들고 공신력 있는 수치를 암기해서 자연스럽게 사용한다." 현업 경영진이나 내부 경영진은 주요 숫자에 대한 질문에 언제든지 대답할 수 있도록 준비해야 한다. 리더는 첫인상과 숫자에 대해 항상 정확히 대답할 수 있어야 하고 팀원에게 진도관리 및 질문을 할 수 있어야 한다. 첫째, 개발범위와 관련된 프로세스 레벨별 숫자, 혁신과제 수, 개발화면, 인터페이스, 통합대상 시스템, 적용 사업장 수에 대해 정리해야 한다. 둘째, 인원현황과 관련해서 현업인력, 내부인력, 전문협력사 및 개별인력, 팀별·부서별 인력, PMO(Project Management Office)부터 각 모듈별·회사별·역할자별 인원 수와 월별 투입 MM(Man Month)을 상세하게 정리한다. 셋째, 방법론에 따라 다르게 적용되는데, 애자일인 경우에는 스크럼팀, 사용자 스토리를 정리해서 진도가 나갈 때마다 어느 정도 진행이 되었는지 가늠할 수 있어야 한다. 넷째, 투자계획과 관련된 내용, 인건비와 인프라를 모듈별 소요 공수 및 투자 상세비용, 월별 집행비용 및 매출·매입과 관련된 정보 및 단계별 투자계획, 즉 시범적용 비용, 확산단계별 비용, 연월 인건비, 인프라 비용, 직접투자 비용을 상세히 정리하고 총투자비용을 정리해야 한다. 마지막으로 주요 인프라 내역, S/W·H/W 제품군별 Core 수량, 제조사에 대한 정보를 정리하는 가이드북을 만들어 프로젝트 진행 시 정확한 정보가 관리될 수 있도록 한다.

■ **원칙 6:** "매사에 균형감각을 가지고 의사결정 원칙을 초기부터 지켜야 한

다." 경영자는 자사와 계약된 컨설팅, SI(System Integration) 회사의 관리자는 상호 동등한 관계에서 초기 신뢰 및 협력 관계가 프로젝트 성공에 중요한 영향을 준다. CIO나 경영자는 초기부터 양쪽 리더 모두의 관심과 협력 관계를 항상 주시해야 한다. 비행기는 이륙할 때 5분과 착륙할 때 5분이 제일 위험하므로 주의를 기울여야 하며, 이륙한 비행기는 자동항법 장치에 따라 알아서 비행하게 된다. 이처럼 특히 프로젝트 초기는 그라운드룰(Ground Rule)부터 시작해서 모든 것을 결정하는 시기로, 프로젝트 후반까지 영향을 끼치며 초기관계가 장기적인 관계를 설정한다. 초기단계에 80%의 역량을 집중하도록 한다.

■ 원칙 7: "매주 실적을 기반으로 CPI, SPI의 미래를 예측 및 대비하고 보고해야 한다." 일정성과지표(SPI: Schedule Performance Index)는 현재까지의 생산성을 기준으로 나머지 업무량을 기간 내에 종료할 수 있을지 예측하는 것이다. 여기는 소요된 MH(Man Hour)나 스토리 포인트, 달성된 워크 패키지(Work Package), 스토리를 기준으로 하되 교육에 필요한 시간, 회의 등 커뮤니케이션에 필요한 시간, 가용근무일수, 작업의 복잡도와 난이도를 고려해서 시계열 추이를 그래프화·숫자화한다. 그리고 이를 개발초기단계, 중간단계에 최소 3회 이상 경영진에게 점검하고 보고해서 위험활동을 사전에 고지해야 한다. 그 밖에 인지 및 관리해야 할 정보에는, 프로젝트에 계획된 비용(BCWS: Budgeted Cost for Work Scheduled), 현재까지 사용되었어야 할 비용(BCWP: Budgeted Cost for Performed), 현재까지 실제 사용된 비용(ACWP: Actual Cost of Work Performed)을 근간으로 한 일정성과지표(SPI=BCWP/BCWS=일정계획, 실적차이에 대한 지표), 비용성과지표(CPI=Cost Performance Index=BCWP/ACWP=원가계획, 실적차이에 대한 지표) 등이 있다. 리더는 기업경영 관점에서 업무완료 시 추정비용(EAC=Estimate At Completion=BAC/CPI)을 항상 예측할 수 있도록 해야 한다.

■ 원칙 8: "늑대를 잡을 때는 문 옆에 있는 늑대를 먼저 잡아라." 프로젝트

초기에 측정 및 평가 가능한 목표를 설정하고 목표달성에 문제가 되는 부분부터 해결해야 한다. 문제가 발생하면 가능한 한 문제의 원인을 작게 실행할 수 있는 단위로 나누고 짧게 끊어서 하나씩 처리해야 한다. 해야 할 일을 사전에 점검하고 계획대로 실행하며 보고할 수 있도록 한다. 또한 해야 할 일은 즉시 한다. 의사결정은 즉시, 지시는 구체적으로, 오늘 할 일은 오늘 완료하고, 지시사항은 24시간 내에 결과보고하며, 약속한 것은 반드시 지킨다.

■ 그 밖에도 "참고, 참고, 또 참는 인내력으로 리더십을 발휘하자", "어느 곳에서나 환영받을 수 있도록 팀원에게 진심으로 관심을 가져라", "100가지 지시보다 경청을 많이 하고 사람의 이름을 기억하라", "일일미팅은 직접 주관해서 반드시 참석하고, 팀원과 소통하는 데 많은 시간을 보내야 한다", "문제가 있다고 생각하면 워크숍을 해라", "항상 포커페이스를 유지하고, 감정표출은 자제하자"를 통해 고객의 소리를 직접 듣고 존중하며, 매사에 "왜 하는가?", "어떻게 하는가?"를 구체적으로 생각한 다음 행동하고, 하기로 한 것은 반드시 제시간에 해내야 한다.

10명이 아닌 6명으로 피아노 옮기기

■ 얼마 전 중국집에 갔을 때 아들이 주문한 음식이 늦게 나온다고 배고파하면서 애태우는 모습을 보고 이런 이야기를 해준 적이 있다.
재즈의 고향으로 유명한 미국 뉴올리언스의 안트완(Antoine) 식당의 메뉴에는 다음과 같은 글이 있다. "Good Cooking takes time. If you are made to wait, it is to serve you better, and to please you(훌륭한 요리는 시간이 걸립니다. 만약 당신이 기다리고 있다면 그것은 당신을 더 잘 대접하기 위해, 당신을 기쁘게 하기 위해서입니다)."

■ 앞서 이야기는 내가 컴퓨터 사이언스(computer science)를 전공하던 시절에 즐겨 읽던 『맨머스 미신(Mythical Man Month)』에 나왔던 것이다. 이 이야기는 내가 프로젝트를 새롭게 시작할 때마다 CIO나 팀원들에게 들려주는 여러 이야기 중 하나이다. 이 책을 읽으면서 나는 어떻게 이토록 오래전에 쓰인 책의 내용이 현재까지 유효한 것일까 하고 감탄했다. "프로젝트 말미에 인력을 초과 투입하면 납기가 더 늘어진다"로 유명한 브룩스의 법칙 외에도 소프트웨어 개발기법의 뜨거운 심장을 만져본 것 같은 느낌이 들었다.

■ 2004년 내가 A사의 컨설팅 PM을 끝내고, 구현 프로젝트 PM으로 있을 때의 일이다. A사는 세계적인 첨단부품을 제조하는 회사로, 제조부문 컨설팅 프로젝트를 짧은 기간 안에 끝내려다 보니 야간 잔업도 많았고, 현업 인력들과 공동의 목표를 위해 동고동락했으며, 관리자도 결과물에 대해 잔뜩 기대하며 약속된 일정을 잘 기다려 줬지만, 구현 프로젝트의 계획수립 단계, 특히 WBS 작성과 계획수립 단계에서는 마음이 그리 넉넉하지 않았던 것 같다. 프로젝트 상세계획 수립 초기에 A사의 CIO는 내게 신제품 생산과 더불어 핵심 시스템 중 하나인 신규 시스템에 대해 개발을 최단기간 내에 끝내야만 한다고 요청했다. 말이 요청이지 갑의 입장에서 지시하는 상황이었고 특히 신제품 출시 이전에 신규 시스템의 테스트 완료와 더불어 오픈되어야 한다고 역설했다. 몇 번의 프로젝트 관리자 역할을 해봤지만 막무가내인 고객을 설득하기에는 무리가 있어 나는 그의 제안을 수용할 수밖에 없었다. 자리에 돌아가서 프로젝트 주요 액티비티와 태스크를 분류해 보니 최소 6개월이 예측되는 상황이었지만 그는 3개월을 요구했다. 어쩔 수 없이 그 요구를 수용했는데 이것이 아주 큰 오류라는 것을 머지않아 깨닫게 되었다.

■ 결론적으로 그 전체 일정을 맞추기는 불가능했고, 2개월이 지났을 즈음 오픈 범위를 조절해야만 했지만, 더욱 불행한 일은 우리 내부에서 발생하

고 말았다. 당시 조직에서는 프로젝트가 문제를 일으키자 다음과 같은 전략을 수립했다. "일정에 문제가 있으니 A사와의 다음 사업을 위해서라도 전력을 다하는 모습을 보여 주자. 가용한 인력을 가급적 많이 투입하기로 하자." 그때 부서장은 '백지장도 맞들면 낫다'는 확신이 있었던 모양이다. 인력을 추가하면 도움이 될 때도 있지만, 그 당시는 인력을 많이 투입하고도 결과적으로는 초기 계획일정을 지키지 못했고 중간에 재조정한 일정도 맞추지 못했다.

■ 당시 프로젝트 WBS 항목을 구분해 보면 [그림 1-2]와 같다. 첫째 그림은 초기 PM인 내가 기능점수 기법을 활용해 산정한 총소요공수[12명 개발자(man)×6개월(month)=72MMs]를 단순하게 월별계획으로 수립한 내역이고, 둘째 그림은 CIO가 제안한 내용[24명 개발자(man)×3개월(month)=72MMs]이다. 첫째 그림과 둘째 그림은 동일공수가 소요될 것으로 예상한 데 반해 셋째 그림은 실제 프로젝트에서 소요된 공수를 도식화한 결과이다. 물론 이보다 더 많은 간접비용이 투입되었다.

■ [그림 1-2]의 셋째 그림에 대한 액티비티를 자세히 설명하면 ① 더 이상 분리할 수 없는 일 ② 기간 단축을 위해 추가된 인력에 대한 관리 및 프로젝트 조율을 위한 1명의 프로젝트 리더 ③ 여러 개발자가 추가되어 추가 교육 및 다양한 의사소통 채널에 의한 오버헤드 ④ 운영인력 선정에 따른

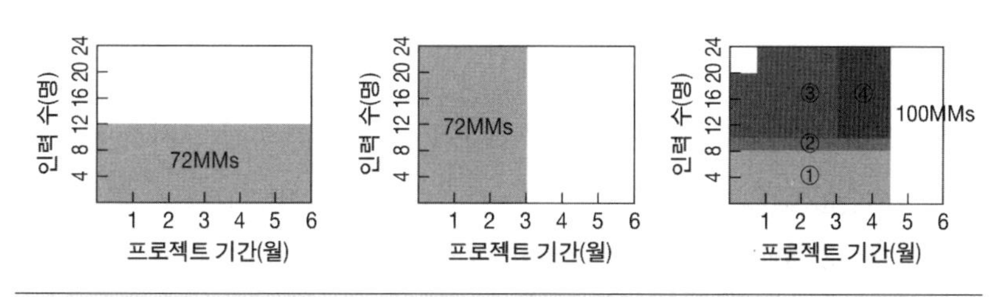

① 분리할 수 없는 태스크, ② 관리자 리더 1명 추가 투입, ③ 줄일 수 있는 일, ④ 의사소통 오버헤드

[그림 1-2] 프로젝트 작업의 속성

추가인력 항목이다. 결과적으로 원칙의 부재가 이러한 결과를 낳은 것은 두말할 것도 없으나 이렇게 분류하게 된 상세한 이유를 파악해 보면 다음과 같다.

■ 첫째, "더 이상 분리할 수 없는 일"을 좀 더 자세히 보면 인력적인 문제와 기술적인 문제로 세분화할 수 있다. 먼저 인력적인 문제는 해당 패키지에 대한 솔루션 컨설턴트를 확보하려고 할 때 국내에 경험이 있는 인력이 없어 한 달 넘게 시간을 허비했고, 기술적인 문제는 개발 시에도 다른 시스템들과 데이터를 주고받는 인터페이스 개발은 하나가 끝나야지 다음 단계로 진행할 수 있는, 다시 말해 다른 사람들이 도와줄 수 없는 업무 유형으로서 연속적으로 작업할 수밖에 없는 일이었던 것이다. 이러한 일은 사람이 더 있어도 일정을 줄일 수 없으며 추가된 인력은 하는 일 없이 시간을 보내게 되었던 것이다.

■ 둘째, "기간 단축을 위해 추가된 인력들에 대한 추가 관리 및 프로젝트 조율을 위해 또 한 사람의 프로젝트 리더 투입"은 당초에 계획에 없던 일로서, 사람이 많아지니 이를 관리하기 위한 관리자가 생기게 된 것이다. 많은 사람이 투입되면서 별도의 교육과정이 필요해진 것은 '파킨슨 법칙[공무원의 수(數)는 해야 할 일의 경중(輕重), 일의 유무와 관계없이 상급 공무원으로 출세하기 위해 부하의 수를 늘릴 필요가 있다는 사실 때문에, 일정한 비율로 증가한다]'의 다른 유형으로서 내가 속한 회사뿐 아니라 A사도 추가 관리자가 필요해진 것이다.

■ 셋째, '여러 개발자가 추가되어 추가교육 개최 및 다양한 의사소통 채널에 의한 오버헤드(overhead)'는 사람이 많아지면서 전체 내용을 공유하기 위한 일일 회의뿐만 아니라 부문별로 더 많은 회의가 열리면서 의사소통 채널도 늘어나고 회의시간이 길어지는 현상이 나타나기 시작했다. 특히 과거에는 관리자가 직접 담당자에게 물어도 되는 내용이 한 단계 채널이

더 생기면서 실적관리도 여러 단계를 거치는 불합리하지만 통제할 수 없는 현상이 나타나게 된 것이다.

■ 마지막으로 '운영인력 선정에 따른 추가인력'은 업무가 통합되지 않고 분리된 채 수행되다 보니 적은 운영인력을 위해 여러 사람이 남아 인수인계하는 과정을 거치면서 자기 차례를 기다리게 되었던 것이다. 소수의 인력이 할 수 있는 일을 여러 사람이 나눠 하다 보니 추가인력이 필요하게 된 것이다.

■ 지금 생각해 보면 소프트웨어 엔지니어링(Software Engineering) 언어로 고객은 '애자일 방법론', '신속한 개발 방법론'을 요구했던 것이다. 우리는 새로운 인력에 대한 상세한 교육, 의사소통 채널을 무시한 채 인원과 기간을 바꿔 가면서 쓸 수 있다는, 즉 '기간이 모자라면 인원을 더 늘리면 된다'는 가정, 사람이 일을 만드는 습성과 더 이상 나눌 수 없는 일의 유형을 간과한 것이 아닐까. 인공위성이나 훌륭한 건축물을 만들 때뿐만 아니라 소프트웨어를 만들다가 일정이 지연되었을 때, 대부분의 전통적인 반응인 인력 추가는 불에 기름을 끼얹는 것처럼 상황을 더 악화시킬 뿐이다. 큰 불이 더 많은 기름을 요구하는 것처럼 무분별한 인원 추가는 결국 실패로 끝나게 될 또 하나의 사이클을 시작하는 것일 뿐이라고 말하고 싶다.

■ 우리는 프로젝트를 두고 '유일(Unique)'하고 '일시적(Temporary)'이라는 표현을 한다. 한 번 흘러간 시간과 기회는 다시 돌아오지 않음에도 "일이 잘 되겠지!" 하고 가정하고는 과거의 실패사례를 답습한다. 안트완 식당과 같은 완고함을 잃어버리는 순간 "6명만으로도 옮길 수 있는 피아노를 20명이 있으면 더 빨리 옮길 수 있다"고 말하는 과오를 범하게 되는 것이다.

러시아 다리 초병 이야기

■ 죽음의 행진을 하는 프로젝트의 대부분은 부정확한 일정 및 예산 견적과 불안정한 요구사항에 기인하는데, 이런 프로젝트는 경영진이나 사용자에 의한 정책적인 결정에 따라 적절하지 않은 사람이 프로젝트 예산과 일정을 결정해 시간이 지날수록 통제를 벗어나게 되며 프로젝트 진행 중 별도의 새로운 견적이나 일정 조정이 거의 없기 때문에 더 문제가 되기도 한다. 아래의 러시아 다리 초병 이야기를 보자.

■ 인력운영에 대해 이야기하면서 예로 드는 것 중 하나가 러시아 다리를 지키는 초병 이야기다. 러시아의 다리를 지키는 초병은 혼자서 밤낮으로 근무를 서는 것이 힘들어 사령부에 증원을 요청한다. 사령부는 이에 공감하고 특별지시를 통해 1명의 초병을 더 파견한다. 1명이 증원되면서 문제는 해결된 것 같았지만 시간이 흐르자 더 큰 문제가 발생했다. 두 초병 간에 '누가 언제 근무할 것인가', '누가 상관으로서 명령권을 수행할 것인가' 등의 문제가 지속적으로 생기자 사령부에서는 이 문제를 해결하기 위해 지휘관을 추가로 파견한다. 처음 1명이 지키던 다리를 이제 3명이 지키게 되었다. 군 체계상 많은 이점이 있었지만 이에 못지않게 문제점도 발생했다. 그들이 식사를 하기 위해 이동 시 총을 메고 움직이는 모습에 주민들이 공포감을 느끼고 사령부에 민원을 제기한다. 사령부는 여러 날 고민하다가 이동용 차량과 운전병을 파견해 이 문제를 해결하기로 한다. 이제 4명의 병사가 다리를 지키게 되었는데, 많은 병력이 움직이는 모습도 그렇고, 추운 날 눈 오는 길도 미끄럽고 위험하다. 식사시간 동안 경계문제도 있어 지휘관은 식사를 직접 해결할 수 있는 방향을 생각하고 사령부의 승인을 받는다. 이제 취사병까지 포함해 5명이 다리를 지키게 되었다. 병력이 많아지자 지휘관은 근무배치, 차량정비, 휴가계획 등 관리해야 할 항목이 너무 많아져서 경계근무에 소홀해지기 시작했다. 지휘관은 이러한 사항을 사령부에 보고했는데 사령부가 내놓은 해결책은 행정병 증원이었다. 이제 병

사는 6명이 되었다. 어느 날 사령부에서 감사를 했는데, 다리 하나를 지키는 데 병력이 너무 많으니 효율적인 측면에서 1명을 줄이라고 했다. 지휘관은 감원대상을 정해야 했고 자신을 제외한 나머지 병사들과 면담을 한다. 행정병에게 "자네는 다리를 지킬 수 있는가?/ 네, 보초는 군인의 기본으로 저는 할 수 있습니다", 운전병에게 "운전병 자네는?/ 네, 당연합니다", 취사병에게는 "취사병 자네는 다리를 지킬 수 있나?/ 네, 가능합니다", 마지막으로 원래 다리를 지키던 초병에게 "행정업무를 할 수 있나?/ 아니오/ 운전과 요리는?/ 저는 할 수 없습니다". 결론적으로 2명의 초병 중 1명이 감원되었다. 프로젝트에서도 "기간 단축을 위해 추가된 인력들에 대한 추가관리 및 프로젝트 조율을 위한 또 한 사람의 프로젝트 리더 투입"은 당초 계획에 없던 일로, 사람이 많아지니 이를 관리하기 위한 관리자가 생긴 것이다. 많은 사람이 투입되면서 별도의 교육과정이 필요하게 된 것은 '파킨슨 법칙'의 다른 유형으로서 내가 속한 회사뿐 아니라 A사도 추가 관리자를 필요로 하는 경우가 많아졌다. 대형 프로젝트를 하다 보면 설계자도 개발자도 많아지지만 그에 못지않게 관리자도 많아진다. 내가 관리자 혹은 PM이라면 러시아 다리 초병 이야기에서처럼 관리자보다는 개발자를 줄이는 과오를 범하지는 않았는지 생각해야 한다.

CSO가 알아야 할 한 장으로 정리된 보안

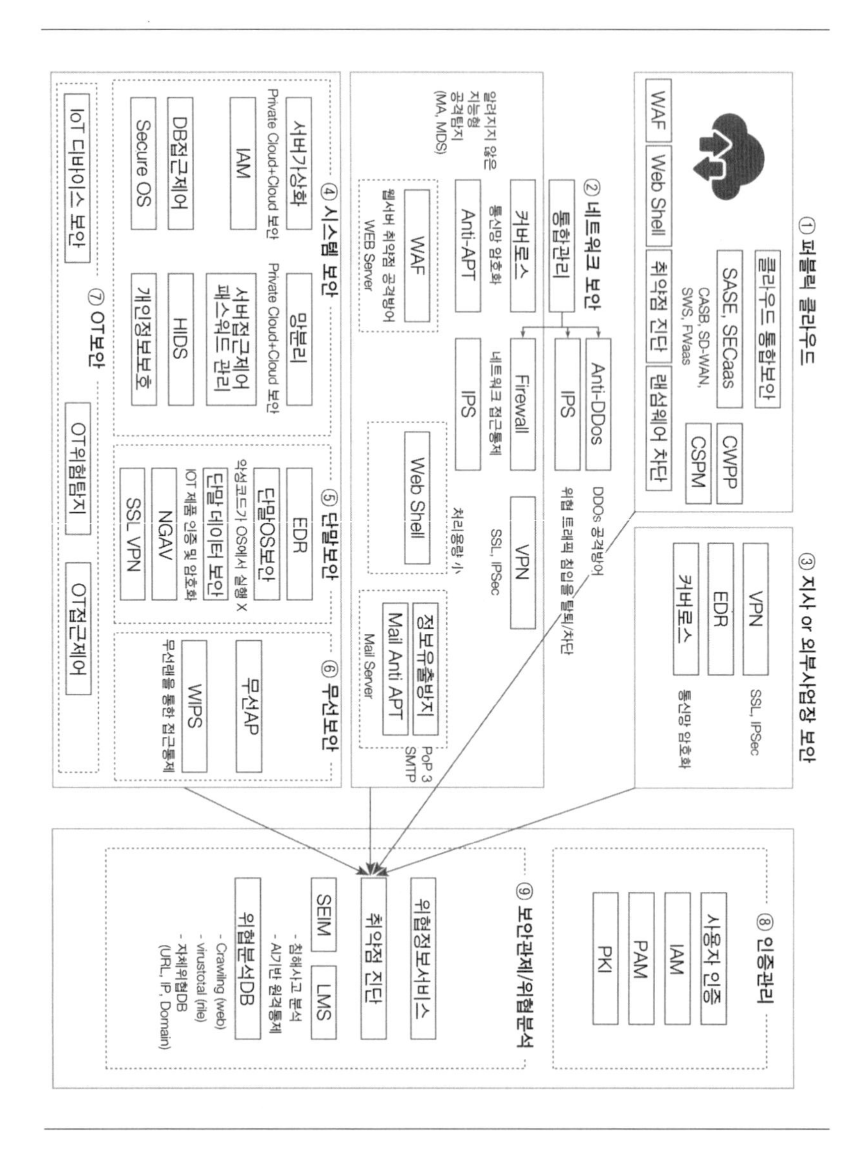

[그림 1-3] CSO가 꼭 알아야 할 글로벌 기업을 위한 보안의 큰 그림

※ 쉬어 가며: 딸로부터 온 편지, 갈망하라 우직하라

■ 10년 전, 우리 가족은 아버지의 대학원 졸업식에 참석했다. 한국에서 낮에 출발해 15시간을 비행한 후 도착한 미국 중부의 시카고는 대낮이었다. 미시간 호부터 배를 타고 시작한 일주일 간의 여행은 나의 미국 첫 생활이었다. 아버지는 일리노이 주의 시카고에서 차로 한나절 거리에 있는 학교를 졸업하셨는데, 노벨상 수상자를 50명 넘게 배출한 아주 유명한 대학이라고 들어서 기대에 부풀어 있었다. 그러나 막상 도착해 보니 유명한 사람이 의미 있는 졸업식 기념 연설을 한다는 것 외에는 특이점이 없었다. 졸업식장에서는 졸업생 한 사람씩 이름이 호명되었는데 아버지의 이름이 불리는 순간, 이름에 환호했던 것이 기억에 남는다. 졸업식이 끝나고 돌아오는 길에 아버지는 손 때 묻은 『스티브 잡스 이야기』라는 책 한 권을 주셨다. 이 책에는 스티브 잡스가 2005년 스탠퍼드 대학교 졸업식에서 했던 "Stay Hungry, Stay Foolish!(갈망하라, 우직하라)"라는 명연설이 실려 있다. 어릴 때부터 내가 디자이너를 꿈꾸고 있다는 것을 아는 아버지는 혁신적인 디자이너이자 기술 전문가인 스티브 잡스의 운명적인 삶에 대해 이야기해 주셨다. 잡스의 사망 소식을 들었던 날 엉엉 울었던 기억이 지금도 난다. 나는 여기서 잡스의 삶과 신념, 그리고 그에 대한 현재와 미래의 내 생각을 이야기하려고 한다.

■ 첫째, "이유 있는 고집은 삶을 긍정적으로 발전시킨다." 스티브 잡스는 마음먹은 뜻은 반드시 관철시키려고 했다. 어릴 적부터 다른 사람에게 지시 받는 것을 싫어했으며 자기가 직접 지휘해야만 했다. 신제품 개발진행 과정이 처음부터 끝까지 자기 통제하에 놓이기를 바랐으며 상황이 불리해도 자신의 의견을 철회하지 않았다. 애플의 아이폰은 초기 모델 때부터 지금까지 잡스 사이즈를 변경하지 않고 있다. 장애물을 장애물로 인식하지 않는 것은 어려서부터 훈련된 성과이다. 자신만의 명확한 주관을 가지고, 호랑이에게 잡혀가도 정신만 차리면 된다는 정신적 통제력을 강화할 필요

가 있다.

■ 둘째, "실패인지 성공인지 그 결과가 중요한 것이 아니다. 어떤 시도를 했고 그 과정에서 무엇을 배웠는지가 중요하다." 스티브 잡스는 자신의 판단을 믿고 한번 결정한 것은 불도저같이 밀어붙였으며 불리한 상황에서도 뒤를 보고 후퇴하지 않았다. 어린 시절 미혼모의 아들로 입양된 상처 때문에 '버림받음, 선택받음 그리고 특별함'이란 흑백방식의 사고가 그를 이분법적으로 만든 것 같다. 본인이 만든 회사에서 GUI 디자인 기반의 '매킨토시'를 출시했고, 서른 살 때 존 스컬리에게 쫓겨날 때도 그는 서러워하지 않고 토이스토리를 창업해 다시 애플의 사장으로 화려하게 복귀했다. 그의 인생철학은 실패와 성공 그 자체보다는 이유 있는 행동 및 과정과 그러한 시도에 따른 결과에서 비롯된 것 같다. 나를 포함한 대부분의 또래들은 명문대학 입학이라는 성공 지향적인 삶을 살아가고 있는데, 행동의 과정과 절차를 중요시 여긴 잡스의 태도를 마음에 새겨야겠다.

■ 셋째, "기술과 예술, 인문학은 별개가 아니다. 이들이 어우러질때 혁신이 창조된다." 스티브 잡스는 디자인만 중요시하지 않았다. 항상 스스로 생각했던 그는, 심지어 시장조사에서도 일반 대중의 요구를 수용하는 데 그치지 않고 끊임없이 자문자답했다고 한다. 시장조사를 하면 좋은 제품을 만들 수는 있어도 혁신적인 제품을 만드는 데는 독이 될 수 있다고 판단한 것이다. 그는 모든 일에 가능한 한 큰 꿈을 꾸었다. 세상이 놀랄 만한 것을 선보이고 싶다는 것이 그가 가진 열망이었다. 작은 성공이 아니라 큰 성공을 위해 혁신적인 제품을 선보이고 싶어 했고, 사람들의 고정관념을 바꾸고자 했다.

■ 이제 스티브 잡스는 고인이 되었지만 그의 모바일 PC, 아이팟, 스마트폰 등은 여전히 우리의 삶과 IT 세계의 흐름에 많은 영향을 미치고 있다. 청바지와 검은 터틀넥을 입고 반쯤 깨문 사과 모양의 로고가 붙은 신제품을 발

표하는 잡스의 프레젠테이션 동영상은 유명하다. 그는 과학기술과 예술, 인문학을 별개로 생각했던 내게 많은 깨달음을 주었다. 나의 꿈은 구글, 아마존과 같은 글로벌 회사의 수석 디자이너가 되는 것이다. 디자인이 모든 것을 대변할 수는 없겠지만 디자인에 예술적 측면뿐만 아니라 실용적·기술적·인문학적 요소가 녹아 있을 때 그 효과가 증폭된다는 것을 알게 되었다. 잡스는 대학은 중퇴했지만 재학 당시 개발한 서체가 초기 애플의 개인용 PC에서 중요하게 사용되었다. 이처럼 살아 가는 매 순간 하나씩 배움을 더해 나가면 종합적·창조적 인재로 성장할 수 있을 것이다.

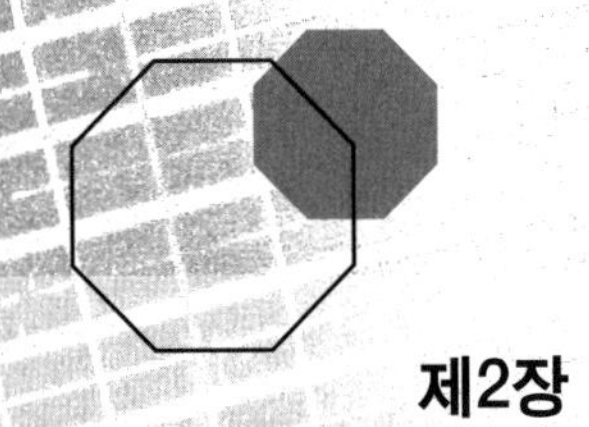

제2장

GPS Global Production System 와 MES의 발전방향

이 장에서는 IT 투자를 기획하는 CIO의 고민에 대한 해결책을
시작으로 MES의 개념과 제조기업의 환경 변화에 대응하기 위한
MES 2.0의 발전방향을 이해하고 미래형 공장을 위한 시스템과 프로세스의
준비 방향에 대해 알아본다.

■ 글로벌 톱을 지향하는 시스템은 어떤 시스템인가? 또한 이런 프로세스와 시스템을 만들기 위한 월드베스트 방법론은 무엇이 있을까? 2011년 이전에 제조업의 초고속성장으로 반도체, 휴대폰, TV 등 하드웨어산업에서 글로벌 선두가 된 대한민국은 이후 이를 유지하기 위해 어떤 혁신활동을 하고 있는가? 또한 제조의 경영환경은 시장수요 다양화, 물류비, 제조원가 등 복잡한 원가경쟁에서의 우위 유지, 제조물책임법과 탄소규제 등 법적 규제에 대비하는 환경으로 진화해야 하는데 이와 관련해 프로세스와 소프트웨어 인프라가 글로벌 생산지원을 위해 모듈화·계층화되어 경영환경 변화에 유연하게 확장이 가능한 구조인지 되짚어 볼 필요가 있다. 여기서는 제조업의 경영자나 CIO가 IT 투자를 할 때 고민하는 공통사항과 그 해결방향에 대해 살펴본다. 또한 현재 MES의 글로벌 표준 프로세스를 이해하고 지난 30년간 MES의 비즈니스 역할 변화를 기반으로 프로세스, 인프라, 제조현장의 관리항목의 향후를 예측한다. 그리고 제조 분야에서 생산성을 극대화하기 위한 무인 자동화, 라인 간 교체 생산 등 협업강화, 설비역할의 변화에 따른 효율화·세밀화된 생산관리 방식과 미래형공장을 지원하기 위한 소프트웨어 인프라의 지향점에 대해 알아본다.

■ 이 장에서는 개별 사업장을 넘어 글로벌화하는 생산거점들에 대한 SCM (Supply Chain Management)을 효율적으로 대응하고, 분산되어 있는 국내외 생산 사업장을 하나의 공장처럼 가상으로 통합해서 'Global One Factory'를 지향하는 시스템을 추구한다. 또한, 복잡한 체인상에서 정보의 가시성을 향상시켜 재고 및 전체 최적화와 최적 조달을 위한 부품손실과 생산량의 차이를 가시화하며, 품질추적의 자동화, 생산량의 정확도 향상과 비즈니스 프로세스의 자동화를 추진하는 효율적인 글로벌 오퍼레이션에 대해 알아보고자 한다.

제조실행시스템 개념과 국제표준

■ 20년 가까운 제조 분야 프로젝트의 경험을 가지고 제조실행에 대해 한마디로 정의한다면 '기업의 생산철학'이라고 말하고 싶다. 일반적으로 제조실행시스템(MES: Manufacturing Execution System)은 주문받은 제품, 자체 계획된 생산계획을 기반으로 원자재, 부자재의 라인 투입에서 반제품 및 완제품의 출하단계까지 최적으로 생산 활동을 수행할 수 있도록 실행부문에 작업을 지시하고 설비상태, 최적화 수행, 품질정보, 자재재공, 생산진행 사항을 실시간으로 수집해서 조기경보, 조치를 위한 의사결정에 정보를 제공하는 것이다. 요약하면 '생산현장 및 자동화설비 등과 ERP(Enterprise Resource Planning) 등의 전사시스템 사이에서 제조실행을 담당하는 제조현장관리시스템'으로 볼 수 있다. 제조실행을 담당한다는 것은 생산계획을 제조현장에 지시하고 진척상황의 모니터링을 통해 적절한 자재투입 상황을 통제해서 실적을 집계하는 동시에 설비 및 품질 현황정보를 수집해서 통제가 필요한 상황을 판단하고 적절한 조치를 취하도록 하는 등의 통합적인 현장관리 기능을 수행하는 것을 의미한다.

■ MES는 미국의 생산기술연구소인 AMR(Advanced Manufacturing Research)이 1992년에 처음 소개했으며 '주문에서 완제품까지 생산에 관련된 모든 과정을 최적화하기 위한 정보를 전달하는 시스템'으로 정의할 수 있다. MES는 생산현장에서 발생되는 정보를 4M(자재, 설비, 작업방법, 작업자)으로부터 직간접적으로 수집·집계하고 실시간으로 처리함으로써 현장 작업자부터 경영층에 이르기까지 생산현장의 실시간 정보를 공유할 수 있는 시스템 환경을 제공하며, 관리자 및 경영층에서 내려진 의사결정 정보가 다시 현장에 전달될 수 있는 환경을 제공하는 통합시스템이다. MES는 일반적으로 ERP와 제어계층 사이에서 제조활동에 필요한 업무시스템을 말하고, 광의로 해석하면 단순히 생산제조계층에 국한된 것이 아니라 제품의 주문에서 완제품에 이르기까지 생산계획계층이나 제어계층까지 통합 온

라인 시스템으로 운영해서 생산현장 전반을 관리하는 시스템이다.

■ MESA(Manufacturing Enterprise Solution Association)에서는 1997년에 "MES는 작업지시에서부터 최종제품이 될 때까지 생산 활동을 최적화할 수 있는 정보를 제공하며 정확한 실시간 데이터로 공장 활동을 지시하고, 대응하고, 보고하는 역할을 수행한다. 이에 따라 공장에서 가치를 제공하지 못하는(Non-Value Added) 활동을 줄이는 것과 함께 상황 발생 시에 즉각적으로 대응할 수 있게 함으로써 공장 운영 및 공정의 효과를 높이는 솔루션이다. MES는 납기, 재고회전율, 총수익, 현금 흐름 등을 개선할 뿐만 아니라 운영 자산에 대한 회수율도 좋게 하며 양방향 통신으로 기업 전체 및 공급망에 걸쳐 생산 활동에 대한 중요한 정보들을 제공한다"라고 정의했다. 조립 및 부품산업에서 MES 주요기능은 [표 2-1]과 같다.

■ **시스템 레벨에서의 MES의 역할:** 상위 시스템인 ERP에 현장정보의 실시간 제공을 통해 최적의 ERP 시스템 활용을 지원하고, 생산공정 관리에서 사후 품질이 아닌 사전 품질관리 등 합리화 방안 및 품질 개선을 하고, 원자재, 반제품, 완제품의 효율적인 재고파악 및 추적관리를 강화해서 ERP 외 타 시스템 간 연동을 통한 정보공유의 시너지 효과 기회를 제공하는 데 그 목적이 있다.

■ **글로벌 MES 표준화 결과:** [표 2-1]처럼 MES와 SCM, ERP, 설비 등을 연계하는 것은 어려운 과제로 남아 있었는데 1988년 완제품 제조업체와 자동화 소프트웨어 회사, 설비회사가 현장설비와 생산시스템, 전사시스템을 연결하는 통합 모델의 완성을 제안했으며, 미국의 자동화시스템 표준화 단체인 ISA(Instrumentation, Systems and Automation Society)가 제어시스템의 모형과 용어 표준화를 처음으로 추진했다. 이후 표준화 노력은 제조업과 제조부문 소프트웨어 업체들로 구성된 단체인 MESA와 자동화시스템에 대한 표준화 단체인 ISA에 의해 비즈니스시스템과 제어시스템의 통합

[표 2-1] MES 세부 기능 분류

구분	기능	세부내용
MES	자원할당 및 상태	자원 및 장비의 세부이력 기록 인력, 설비, 도구, 자재가 어떤 역할을 해야 하고 작업을 진행 중인지 완료했는지 파악함
	운영기준 정의 및 상세 계획	우선순위와 특성 등에 근거한 스케줄링 자원의 제약상황에 기초해 생산성과를 최적화하기 위한 작업의 순서와 시점을 계획함
	생산관리	생산단위의 흐름 관리 공정과 스텝을 시작하기 위해 현장에 자재투입과 지시를 진행함
	작업표준 사양 및 기준정보관리	생산 관련 문서 및 기록 관리 제품, 프로세스, 설계, 생산 오더에 대한 정보를 수집하고 관리, 배포함
	제조실행 데이터 수집	생산단위 정보 정의 및 수립 인터페이스 인력, 설비로부터 프로세스, 자재, 공정실행에 대한 데이터를 모니터링하고 수집하며 조치함
	인력관리	작업자의 상태 및 이력 관리 작업 Shift 등 작업자의 자격요건, 패턴, 업무요구에 기초해서 작업자 관리에 필요한 추적과 지시
	품질관리	생산제품의 품질 제어 설계기준에 대비해 제품 및 공정 특성을 기록하고 추적해서 분석을 실시함
	공정관리	생산공정 모니터링 및 제어 계획과 실행 측면의 생산 활동을 근거로 현장의 업무흐름을 지시하고 통제함
	설비자산관리	설비와 기타 자산을 유지하기 위한 보수 및 예방정비, 모니터링, 유실 활동을 수행함
	생산추적	생산제품 및 부품 이력 관리 제품에 대한 전체 이력을 생성하기 위해 Lot의 진척사항을 모니터링함
	MBI관리	생산공정의 KPI(Key Performance Index) 관리 생산현장의 측정결과를 회사, 고객, 법규 등에 의해 설정된 목표 및 측정 지표를 관리함
연관 시스템	SCM(Supply Chain Management)	고객에게 제품을 적기에 공급할 수 있도록 원자재, 부품 협력사, 유통 및 물류 협력회사 및 판매, 서비스, 마케팅 등 전체 공급망을 대상으로 프로세스, 시스템, 조직을 재구축하는 총체적인 혁신활동
	Sales Service Management	영업수주오더관리, 납기확답, 납품 및 고객관계관리
	ERP(Enterprise Resource Planning)	기업의 재무, 회계, 원가, 영업, 생산, 재고, 자산 등 통합관리
	Product Process Engineering	제품기획, 설계, BOM, 양산, 신뢰, 품질기준, 표준화관리를 통한 제품의 생애주기관리 및 공정개선 및 분석을 통한 변화관리 (ECN: Engineering Change Note)
	Controls	Level 0, Level 1에 해당하는 장비에서 데이터 수집 및 분석, 양방향 장비제어

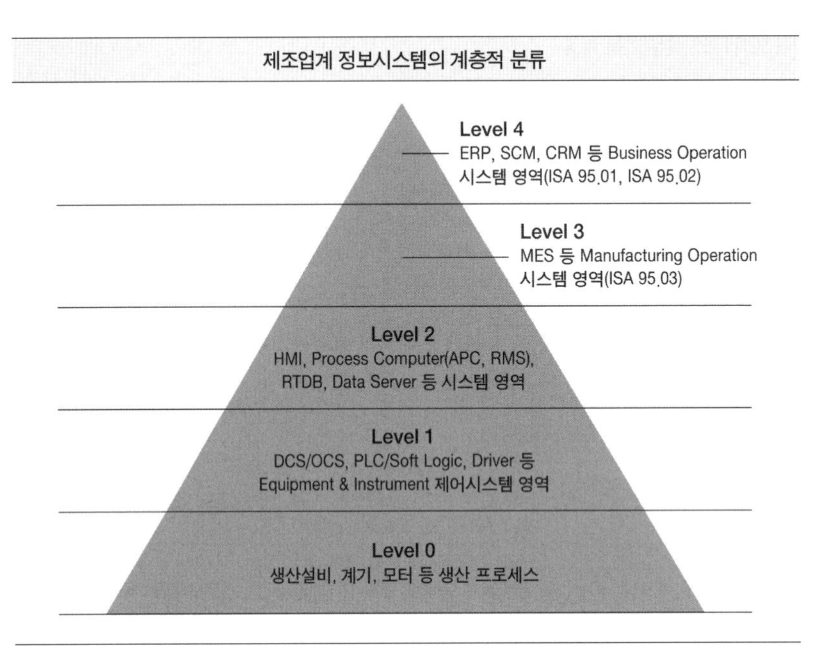

[그림 2-1] 전자/제조업계 시스템의 레벨 분류와 ISA-95 관계

모델(Enterprise-Control Integration Model)인 ANSI/ISA-95(2000) 모델이 제정되는 것으로 결실을 맺게 되었으며, ISA-95 모델은 2002년에 IEC/ISO 62264로 국제표준이 되었다. MES는 공정진행 과정 및 결과정보 모니터링 및 제어, 생산현장 설비제어 및 모니터링, 품질정보 Tracking 및 제어, 실적정보 집계, 창고운영관리, 재공품관리, 자재투입관리, 인력관리, 공무관리 등 생산현장에서 발생할 수 있는 모든 정보를 통합관리한다고 할 수 있다. ISA-95 통합모델은 비즈니스, 제조운영관리, 생산제어 등을 계층적으로 구분했으며 제조환경을 객체모델(Object Model)과 활동모델(Activity Model)로 구성하고 각 계층의 인터페이스를 표준화하도록 했다. MES는 동적인 정보시스템으로 정확한 현장정보를 활용해서 제조현장에서 발생하는 다양한 이벤트에 대해 지시 및 통제하는 기능을 수행한다. 또한 생산지시 시점에서 완제품이 생산입고되는 시점까지의 생산 활동을 관리하며 기업 및 공급망 전반의 영역과 양방향으로 정보를 교환하면서 생산 활동에 대한 주요정보를 제공하게 된다. 비즈니스 경쟁력의 향상을 위해 ERP 시스템에

집중해도 실제적으로 제조현장의 정확한 실시간 정보 제공이 뒷받침되지 않으면 실질적인 성과를 거두기 어렵다고 말할 수 있다. 최근에는 개방형 플랫폼과 EAI 솔루션, SOA(Service Oriented Architecture) 등과 같은 기술을 접목해서 통합의 문제를 해결해나가고 있으며 MES에 기반을 둔 실시간 기업의 구현을 위해 다양한 분야의 기능 및 기술발전이 진행되고 있다.

■ **MES 패키지 발전방향**: 국내 시장에서도 하이테크 분야인 반도체, LCD 부품 및 휴대폰 등 완성품 산업에서의 지속적인 투자와 제약회사 등에서의 수요확대로 사업은 증가되고 있어 S(社), A(社), M(社), L(社) 등 규모적인 면은 성장하고 있다. 그러나 2010년대까지 국내의 독보적인 MES 솔루션은 출현하지 않았고 반도체, 전자, 화학, 철강, 항공 등의 산업에서 확보한 경쟁력을 기반으로 자체 개발되어 운영되고 있는 상황이다. MES 내 핵심 기능의 개선방향에 대해 알아보면 첫째, 자체 생산계획 기능을 보강해야 한다. 현재까지는 ERP에서 MP(Master Plan)정보를 근간으로 SCM의 FP (Factory Plan)을 통해 자원별 계획을 수립하고 있으나 설비, Cell별, S/T 등을 고려해 정확한 스케줄과 실적에 근거한 재생산계획이 유기적으로 어렵다. 확정구간의 물량계획은 변동이 없으나 ERP는 자원의 계획을 수립할 때, 무한자원을 이용한 생산계획을 수립하고, 실시간 생산, 재공, 인력별·설비별 생산성을 고려하지 못하고 있다. 따라서 모델의 M-BOM, 기준정보, 생산 라우팅 정보, 잔여 오더를 유기적으로 연계해 최적의 일정계획을 확정 및 다시 수립하도록 해야 한다. 현재까지는 ERP에서 계획된 P/O 변경에 민첩하게 대응이 안 되어 자재입고, 반제품 재공, 완제품 재고, 생산능력을 고려해 모의테스트를 강화하려고 하고 있다. 둘째, 공정 생애주기 및 제품의 생애주기 관리에 초점이 맞춰져야 한다. 다시 말해 기업의 시스템의 수직적인 통합과 수평적인 연계가 되어야 하며 이에 따라 생산원가 절감, 생산수요의 변동에 따라 시장변동 및 제품의 사양이 수시로 변동하므로 제조업체는 연구개발, 시제품생산, 설비엔지니어링, 공정관리 영역을 통합하는 통합구조로 발전되어야 한다. 즉 제품의 생애주기 관리(PLM:

Product Lifecycle Management) 및 시장품질, 설비 및 인력생산성, 생산성분석, 설비지능화에 따른 유기적으로 연계된 방향을 발전할 것이다. 셋째, 생산현장의 정보를 통해 실시간 의사결정이 가능한 수준으로의 지능화된 기반 MBI(Manufacturing Business Intelligence)의 운영이다. 4M에 근거한 설비, 자재, 인력, 방법과 품질, 원가 등에 대한 정보를 통합하고 세분화해 데이터를 효과적인 분석과 의사결정에 사용될 수 있도록 조기 분석기능을 강화해서 데이터 마이닝, 모델링, 시뮬레이션, 조기경보, KPI를 통한 상향화로 진행되어야 한다. 실시간 생산, 품질, 설비, 인력, 계획 달성률의 모니터링이나 DW, DM 구축을 통해 다양한 분석, 지능화된 분석을 통해 투명성과 가시성을 향상시켜야 한다. 넷째, 생산 KPI, 제조 KPI, 노동생산성 분석, 설비생산성 분석, ST분석, 유실 분석을 통한 조기경보 및 실시간 생산성 분석 및 원가 측정에 중요성이 증가되고 있다. 이러한 성과관리를 통해 생산성을 배가시킬 수 있다. 다섯째, 기준정보의 통합관리이다. 전사 기준정보를 통합해 하나의 데이터로 관리해 여러 사업장에 분산된 정보의 일치성, 유일성, 중복배제를 위해 표준화해서 통합함으로써 궁극적으로는 기업에서 하나의 인스턴스 운영체계를 실현할 수 있다. 마지막으로 최신 IT 기술을 통합해 관리하는 방향으로 발전할 것이라 생각한다. 이를 위해 글로벌 운영관점에서의 각각의 역할에 충실한 연방구조 아키텍처, 계층적 아키텍처 그리고 미래형 공장을 위해서는 Wireless/Mobile과 RFID, 웹서비스, SOA(Service Oriented Architecture), 워크 플로(Workflow)를 통해 실시간 공정을 프로세스화할 수 있는 BPMS(Business Process Management System)나 BRMS(Business Rule Management System), 운영상황과 KPI를 실시간으로 판단하기 위한 BAM(Business Activity Monitoring)을 고려해야 한다.

■ MESA에서 MES 구축 전후를 비교한 결과에 따르면 MES의 효과는 실시간 프로세스 처리와 품질 향상으로 생산주기가 평균 45% 단축되며, 재공품은 24% 감소, 생산 수율 증대, 생산성 향상, 납기는 27%까지 단축, 불량품은 18% 이상 감소하는 공정 개선 효과, 작업시간이 평균 75% 이상 단축

[표 2-2] MES 구축 전후 효과

운영측면 구축효과	기업측면 MES 구축효과
• 공정 리드타임 감소 • 세부공정별 재공재고(WIP) 감소 • 사이클 타임 감소로 생산성 증가 • 생산 효율 증가 및 다능공 인력 양성 • 정의된 프로세스와 룰 준수율 향상 • 신규/변경 프로세스의 신속한 적용 • 문서작업, 각종 보고양식 감소 및 정보누락 방지 • 데이터 입력시간 감소 등 자동화된 관리 • 중요정보 사전 알람 등 의사결정 정보 제공	• 실시간 전사적 자산관리 가능 • IT 및 자동화 부문 ROI 향상 • 제품진행, 납기, 품질정보 등 고객서비스 강화 • 관리인력 감소로 낮은 운영비용 및 총 TCO 감소 • 제품품질추적 가능, 사고 시 신뢰성 증가 (PL법 대응) • 신제품 출시 등 각종 의사결정 정보제공 • 납기확답, 가시성 강화로 고객의 신뢰성 증가 • 낮은 재고운영비용 및 이자비용 감소 • 수요와 동기화된 생산체계 수립

되어 무정지 가동시스템 구현, 생산현장 내 문서가 61%까지 줄어드는 효과가 발생한다.

MES 발전과정을 통한 MES 2.0의 방향

■ MES 발전과정: 우리는 미래를 예측할 때 과거를 이해하고 현재 진행방향을 인식하고 있으면 미래를 예측할 수 있다. 1980년대 MRP(Material Resource Planning)을 기반으로 계획부문에 IT 인프라가 도입된 후 단위업무의 PM&C(Production Monitoring Control)가 활성화되었고, 1990년대 들어서 ERP와 생산현장 간 실시간 연동을 위한 MES가 등장하게 된다. 또한 2000년대는 인터넷 발달과 더불어 전사/협업 중심의 BPM 개념의 e-Manufacturing 모델의 등장(e-CMES)이 전반에 걸쳐서 사업화되고, 현재는 ERP, SCM과 통합을 지향하는 글로벌 협업 중심의 CMM(Collaboration Mfg. Mgmt.)으로 발전하고 있다고 볼 수 있다. 결론적으로 단순 자재조달 지원을 위해 운영되었던 제조업의 정보시스템은 ERP, MES, SCM으로 분리되었으나 현재 핵심경쟁력 중심의 협업이 강조되면서 통합을 지향하는 형태로 발전하고 있다. 미국 보스턴 대학교의 벤카타르만(Venkatarman) 교수가 "IT is a critical enabler of performance change(IT는 기업의 성과개선의 핵

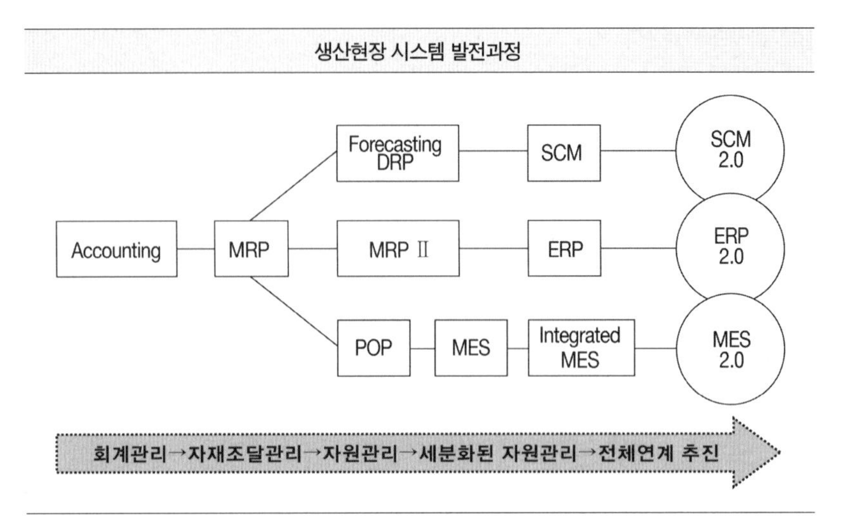

[그림 2-2] MES 및 ERP 발전과정

심적인 역할자이다)"라고 말한 것처럼 현재 획기적인 IT 기술과 성능의 발전으로 제조산업에서 프로세스 변화는 더 빠르게 획기적인 변화를 맞이하고 있다.

■ MES는 제조공정의 자동화와 생산관리시스템의 발전과정에서 등장했다. 1970년대에 자재소요량계획(MRP: Material Requirement Planning)이 등장하고, 1980년대에 제조자원계획(MRP II: Manufacturing Resource Planning)이 소개되면서 제조현장 상황의 감시를 위한 PM&C, SFC(Shop Floor Control) 기능과의 정보통합에 대한 필요성이 제기되기 시작했고, 1990년대에는 ERP와 제조현장의 통합방안으로 MES의 필요성이 더 증대하게 되었다. 시스템 기반하의 제조운영이 발전하는 가운데, 생산현장의 설비 및 물류 자동화와 정보통신기술을 통한 운영방식은 지시/확인의 순환을 넘어서 더 신속하고 지능화된 제조운영을 요구하게 되었다. 또한 정보기술을 활용한 실시간 기업(RTE: Real-Time Enterprise) 모형의 구현이 기업의 핵심 경쟁력 확보로 이어진다는 인식과 더불어 MES 시스템을 매개로 한 전사시스템(ERP, SCM, PLM, CRM 등)과 제조현장을 통합하고자 하는 노력의 필요성이

강조되고 있다.

■ **제조기업의 경영 트렌드**: 2011년 이후 제조업의 비즈니스 상황은 다양한 시장수요의 충족, 원가경쟁에서의 우위 확보, 여러 법적 규제에 대한 유연한 대응을 위해 발전하고 있는데 구체적으로 보면 다음과 같다. 첫째, '수요가 다양화되고 있다.' 외부환경은 제품기호, 고객계층이 다양화되고 수요변화 주기는 짧아지고 있으며 이를 지원하기 위한 IT 지원은 멀티제품, 멀티고객, 멀티라인, 빠른 램프 업(Ramp-Up), 계획 수립의 정확도 지원을 요구하고 있다. 둘째, '원가경쟁이 심화되고 있다.' 기업 입장에서는 유가 급등에 의해 인건비/자재비가 상승하고 물류비, 설비도입 및 유지비용이 지속적으로 증가하고 있어 IT 입장에서는 글로벌 생산 지원을 위해 멀티사업장, 멀티벤더, 원가절감, 협업 등이 유기적으로 지원되어야 한다. 셋째, '법적 규제가 강화되고 있다.' 탄소규제, 윤리경영, 제조물책임법에 대해 대응하기 위해 IT는 가시성 향상, 품질보증, 제품에 대한 트래킹(Tracking) 및 트레이싱(Tracing) 가능, 법적 규제에 대한 실시간 조기경보를 지원해야 한다. 이러한 3가지 내·외부 환경 변화에 따라 MES 1.0도 MES 2.0으로의 진화를 요구받고 있다.

■ **제조업의 IT 트렌드**: 제조업의 수요의 다양화, 원가경쟁심화, 법적규제 강화의 내외 경영환경 변화에 따라 IT는 프로세스 및 프레임워크 표준화 및 통합으로 효율화, 고장 및 라인, 프로세스, 설비, 레시피(Recipe)의 표준화된 설계와 모듈화, 계층화를 통한 라인변경에 유연성 및 확장성 강화로 설비 다운타임을 줄이고 효율성을 극대화할 필요가 있다. 표준화는 첫째, 프로세스적인 측면에서 SOP(Standard Operation Procedure) 기반으로 프로세스 표준화, 성과측정기준(Performance Metrics: 설비생산성, 인당공수, Standard Time, 유실지수)을 표준화하고, 둘째, 글로벌 스탠더드에 맞는 MES 참조모델 적용, 레거시(Legacy) 간 인터페이스 표준을 제시하며, 셋째, IT 프레임워크 측면에서 업계 표준플랫폼 적용을 통한 표준화, 모듈화, 슬림화

를 목표로 메시지 기반 I/F Hub 기반 정보의 통합, 단일 기준정보 관리체계를 통한 통제강화, J2EE/SOA 기반 IT 플랫폼 통합, 계층적 아키텍처 적용, 사용자가 다양한 현장변화에 룰(Rule) 기반으로 프로세스 적용을 통한 BRMS를 고려해야 한다.

■ **MES 2.0의 지향점**: MES 2.0은 기업의 가치사슬, 핵심 비즈니스, 고객, 제품 및 서비스, 기술에 중점을 두어 첫째, 전 세계 사업장을 하나의 가상공장(One Factory Single View)을 구축해 글로벌 운영이 가능하도록 기준정보 및 표준 룰의 통합을 통한 단일운영, 품질보증, 관리(Single Operation, Qualification, Management)가 가능한 연방제(Federated) MES에 의한 글로벌 협업생산체계 구축이다. 여기에서 설비데이터는 설비업체, 외주생산성정보는 주생산업체와 고객까지 상세한 단위를 재공, 트랙킹 데이터의 투명성을 보장해야 한다. 둘째, 부문별로 상이한 플랫폼을 통합하고 지식경영을 통한 글로벌 스탠더드 MES 플랫폼을 통한 제조경쟁력을 횡전개해야 한다. 과거 개발자와 운영자 간에 역할을 룰 기반으로 운영방식을 개선해서 오류를 감소시키고 생산성을 향상시켜야 한다. 셋째, 제조의 3대 영역인 생산운영, 생산설비 자동화, 생산플랫폼을 통합해서 전체 총괄 공급을 통한 기업의 신규사업 진출시간을 단축시키고 에너지 절감까지 고려한 설비상태모델을 관리해야 한다. 넷째, 혁신적인 IT 기술의 도입으로 대량의 데이터를 이벤트 단위로 실시간 정확히 분석해 새로운 정보로 지능화하고, 장비 및 라인 최적화를 이루려는 시뮬레이션 강화를 위한 3D, 디지털 가상공장의 가상현실과 공장건설과 관련된 5D를 통한 사용자 인터페이스(UI: User Interface) 강화와 같은 신규 인프라와 비즈니스 전략에 따른 유연한 MES 구축을 목표로 해야 한다.

제조업의 IT 패러다임 변화 [MESA 2000자료]

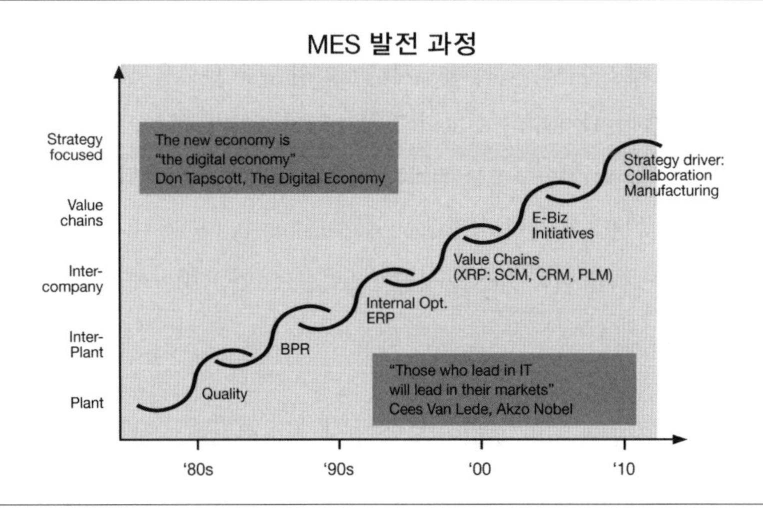

[그림 2-3] 제조업의 IT 패러다임의 변화

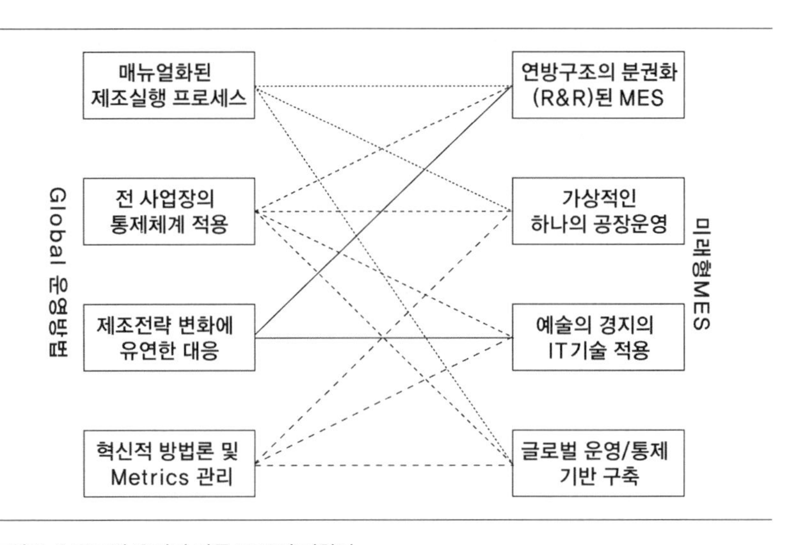

[그림 2-4] 글로벌 운영에 따른 MES의 지향점

세계시장 석권을 위한 미래형 공장의 이해

■ 완제품을 제조하는 기업과 반도체나 LCD와 같은 부품을 생산하는 회사가 글로벌 톱이 되기 위해 최고의 경쟁력을 갖추려면, 현재의 생산방식의 기초 위에 최신의 기술구조를 첨가하여 미래에 변경이 예상되는 생산방식을 활용해 차세대 미래형 공장(Next Generation Factory)을 유지해야 하는데, 여기서는 이를 위해 MES를 상향표준화할 수 있는 방안에 대해 설명하고자 한다.

■ 하이테크 산업과 일반 조립업 등 업종에 따라 다르기는 하지만 현재 진화되어가고 있는 생산방식을 보면 첫째, '무인 자동화를 기반으로 효율을 최적화'한 완제품 생산업체는 인력에 의한 작업이 강하나 반도체 등은 생산물량의 증가와 원가절감을 위해 무인 자동화시스템 구축 이후 지속적인 개선활동을 수행하고 있으며 시뮬레이션을 이용한 물류최적화를 수행해 자동화의 효율을 향상시키려고 노력하고 있다. 둘째, '협업의 강화'이다. 경쟁사회에서 우위를 점하기 위해서 동종업계와 수평적인 협업을 하고, 설계부문은 독립화하는 반도체 수탁생산체제 등은 수직적으로 협업을 강화시키는 운영체계를 구축·운영하고 있다. 셋째, '생산성 극대화를 위한 지속적인 개선'이다. 동일 라인, 설비에 여러 개의 제품을 생산할 수 있는 방식으로 설비를 배치하고 단위공정을 챔버 설비 등을 통해 연속공정으로 자동화하고 있다. 넷째, '설비 효율을 최대화'하고 있다. 설비에 의한 작업 의존도가 증가하면서 작업자 위주의 장치 수준의 설비에서 능동적으로 예측이 가능한 수준으로 가변적인 설비의 운영전략 변동 등 새로운 역할 및 관리수준의 고도화를 강조하고 있다. 그러면 미래형 공장은 어떤 식으로 발전할 것인가? 완제품에서는 첫째, '라인 간에 유연하게 교차생산이 가능하고 변화비용이 최소화되는 구조'로 변화할 것이다. 현재는 냉장고를 제작하는 라인에서는 세탁기를 제작하기 어려운 컨베어형 공장이 대세이나 이제 개인형 셀, 블록형 셀방식이 확산되면서 하나의 라인에 여러 개 제품

이 동시에 생산할 수 있는 방식, 반도체가 300mm에서 450mm로 개선되더라도 현재 시스템과 인프라의 변화는 최소화하는 방향으로 이루어질 것이다. 둘째, '자원효율을 최대화'하게 될 것이다. 외부환경의 변화로 에너지 등 자원을 절감하면서도 생산량을 증가시키는 방향으로 발전이 필요하다. 실제 반도체 300mm에서 450mm로 개선하면 크기는 2.35배 크기이지만 에너지, 물, 자원은 55%가 감소되며 장비가 대기(Idle) 상태이면 기반장비도 전체가 Idle 상태로 유지될 수 있는 자원효율화 방향으로 개선될 것이다. 셋째, '관리단위가 더욱 세밀화'될 것이다. 과거 LCD를 생산할 때 Lot의 개념이 한 묶음 단위에서 생산의 유연성을 극대화하기 위해서 개별 유리원판(Glass)까지 로트(Lot)화해서 관리하는 수준으로 변화하고 있다. 이를 구현하기 위해서는 MES의 제조업계 표준화를 수용하고 설비 및 생산방식에 유연한 대응이 가능한 표준 플랫폼을 정의하며 글로벌 운영이 가능한 내부, 외부와 유기적인 협업체계 및 무정지 PM과 실시간 정보를 연계할 수 있는 공통부문은 솔루션으로 제공해 예측적 지능을 활용할 수 있는 차세대 제조실행 시스템을 개발해야 한다.

프로세스 기반의 글로벌 표준 MES 모델

■ 내가 방문한 10여 개의 제조기업 MES 모듈 분류체계는 보통 10개 이상이 대부분이어서 혼용 및 중복기능이 사용되기도 하고, 조직 간 중복기능, 업무의 중복이 발생되기도 한다. 국제표준과 경험상 비추어 보면 5개 정도의 모듈이 직관적으로 관리하기 제일 좋다고 말할 수 있다. 분류체계를 정의하는 방법은 프로세스와 기능을 고려할 수 있으며 이와 관련한 내용을 살펴보자.

■ 앞서 이야기한 것과 같이 대부분 기업의 MES 모듈은 분류기준이 경험에 의존하고 모호해서 어떤 모듈은 기능 위주, 프로세스 위주나 실무자의 직

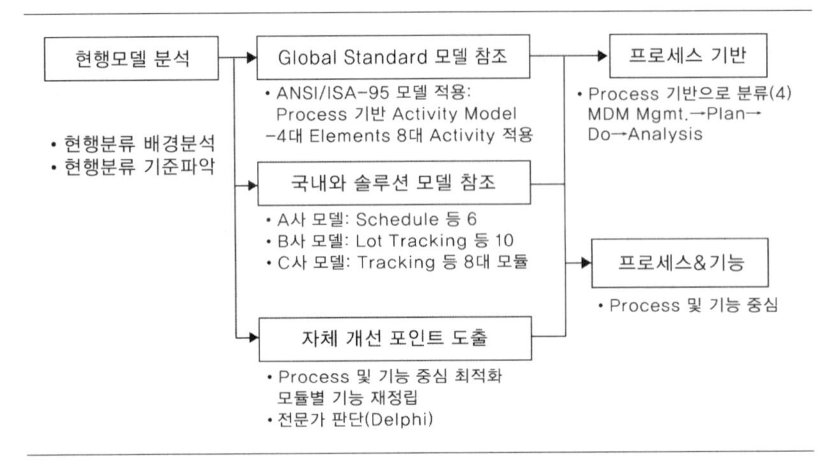

[그림 2-5] MES 분류체계 작성방안

관적인 경험에 의해 정의되는 경우가 많아 모듈이 지속적으로 증가하며 경험상 13개까지 분류된 경우가 있어 사용자 접근성이 어렵고 혼란스러운 것이 현실이다. ANSI/ISA-95기반 표준분류체계가 글로벌 표준이라 할 수 있는데 여기에는 4가지 MOM(Manufacturing Operations Management) 또는 기능요소(Production, Maintenance, Quality, Inventory)를 지네릭 액티비티 모델(Generic Activity Model)의 8가지 카테고리(Definition Mgt., Resource Mgt., Detailed Scheduling, Dispatching, Execution Mgt., Data Collection, Tracking, Production Analysis)로 활동을 정의하고 있다.

■ 표준모듈의 분류 원칙은 여러 가지 방안에서 선택해야 하는데 크게 기능 중심과 프로세스 중심으로 나눌 수 있다. 분류의 원칙은 프로세스 혁신 및 통합이라는 목표에 적합성을 맞춰야 하며, 업무 누락이나 중복 없이 포괄적인 내용을 포함해야 하고, 유사업무는 통합하는 분류의 일관성과 균등성이 유지되어야 한다. [표 2-3]의 개념은 ANSI/ISA-95 기반으로 정의된 요소를 기준정보를 입력, 계획, 실행, 분석하는 프로세스 기반으로 분류한 것이다. 예를 들어 Production이 ① MDM Mgmt: 모델, BOM, 라우팅, S/T 정보를 입력받아 ② Plan: 생산계획 수립, 작업지시를 통해 ③ Do: 설비별,

[표 2-3] ANSI/ISA-95를 활용한 프로세스 기반 모듈 정의 방법

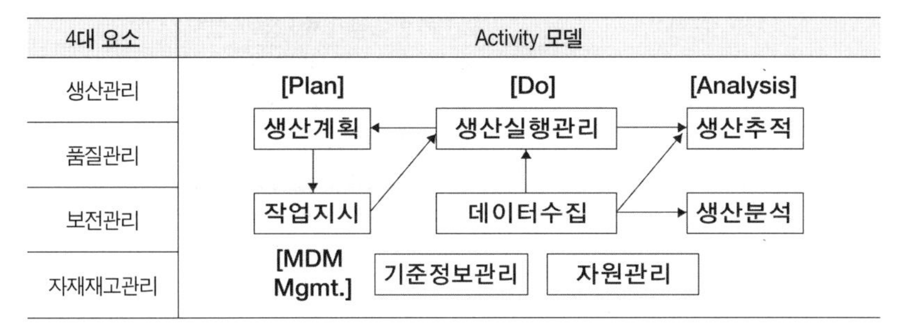

4대 요소	Activity 모델
생산관리	
품질관리	
보전관리	
자재재고관리	

[표 2-4] 제조운영관리 주요 액티비티 및 태스크 (※ 참조 ANSI/ISA-95)

요소	액티비티	태스크
생산	제품 기준정보 관리	Recipe, BOM 변경관리 등 10가지
	생산자원 관리	인력, 자재, 설비의 기준정보 제공 등 11가지
	상세 생산 계획	상세 생산일정 수립 및 관리 등 5가지
	생산 지시	Work Order 발행 등 10가지
	생산 실행 관리	작업실행 지시, 작업종료 지시 등 8가지
	생산 데이터 수집	생산현황정보 수집 등 7가지
	생산 추적	시간별, 공정별 자재경로 추적 등 7가지
	생산 성과 분석	생산실적 보고, 비교분석 등 11가지
품질	품질검사 기준정보 관리	검사 기준정보 변경 관리 등 7가지
	품질검사자원 관리	검사장비 보전정보 제공 등 10가지
	상세 품질검사 계획	상세 검사일정 생성/관리 등 3가지
	품질검사 지시	품질검사 Work Order 발행
	품질검사 실행관리	검사 수행, 절차 및 표준준수 확인 등 3가지
	품질검사 데이터 수집	품질검사 결과의 수집 및 가공 등 2가지
	품질검사 추적	품질추적정보 제공/경영자 정보 제공 등 3가지
	품질성과 분석	중요품질지표에 대한 생산정보 분석 등 5가지
설비 보전	설비보전 기준정보 관리	문서관리, 유지보수 KPI 정의 등 9가지
	설비보전자원 관리	보전인력 정보관리 등 6가지
	상세 설비보전 일정	보전요청에 대한 검토/확정 등 5가지
	설비보전 지시	유지보수 Work Order 발행 등 2가지
	설비보전 실행관리	유지보수 상황/결과에 대한 문서화 등 7가지
	설비보전 데이터 수집	유지보수 상태/자원/작업시간 등의 정보수집
	설비보전 추적	유지보수 시 사용자원정보 추적 등 2가지
	설비보전 분석	유지보수 대상선정을 위한 분석 등 12가지

재고	재고 기준정보 관리	재고이송에 대한 기준정보 관리 등 7가지
	재고 자원관리	재고관리 인력/설비/자재 정보수집 등 11가지
	상세 재고 계획	세부 재고운영 일정 수립 등 7가지
	재고 지시	재고 Work Order 발행
	재고 실행 관리	입출고 작업절차 및 기준준수 확인 등 8가지
	재고 데이터 수집	제품 추적 정보의 유지관리 등 3가지
	재고 추적	재고이송추적정보 관리 등 2가지
	재고 분석	재고효율 및 자원사용 분석 등 3가지

Cell별 실적을 수집하고 ④ Analysis: 인당, 설비별, 생산성을 분석하고 시장 불량 발생 시 데이터를 추적할 수 있다. Quality의 경우도 ① MDM Mgmt: 불량/수리코드, 원인코드, 조치코드, 모델별 출하검사 종류, AQL 등의 기준정보를 입력받아 ② Plan: 자재입고 검사, 공정검사, 출하검사를 계획을 수립하고 ③ Do: 입고, 공정, 출하검사를 실시하며 ④ Analysis: 출하 Lot 불합격률, 시료불량률, 시장불량률, 총불량률을 분석해서 개선 포인트를 찾는다. 설비보전과 재고관리도 마찬가지의 프로세스를 가지게 된다.

생산 작업지시와 스케줄링의 이해

■ 생산시스템에서 작업을 지시하는 유형은 주문생산(MTO: Make To Order), 재고생산(MTS: Make To Stock), 조립생산(ATO: Assemble To Order), 프로젝트 형태생산(ETO: Engineering To Order) 형태가 있다. 주문생산은 고객 주문에 근거해 원자재 수입 및 가공과 반제품 생산 후 완제품을 생산하는 형태로 대형기계나 공업용 차량 등이 여기에 속하며, 반면에 재고생산은 생산자가 자체 생산계획에 의해 완제품을 생산하고 고객의 주문에 맞추어 판매하는 형태로 일반적인 소비재가 여기에 속한다. 또한 조립생산은 리드타임이 길거나 판매예측을 통해 수요가 예상되면 반제품 형태로 재고를 가지며 고객의 주문에 따라 조립 후 공급하는 유형으로 반도체의 웨이퍼 가공은 자체 생산 후 메모리 패키지는 MTO를 기반으로 공급하는 것이

다. 마지막으로 프로젝트 생산은 고객에게 수주 후 설계부터 자재조달, 생산, 조립을 실행해 조달하는 형태로 항공기, 선박 등이 여기에 속한다.

■ **상세 스케줄링:** 다품종 소량생산체계 변화에 따라 자동화 생산체계가 증가하고 있으며, 긴급 오더 발생, 수요목표 달성을 위한 생산계획과 설비 및 자원운영계획이 실시간 연계를 위해서 설비 및 라인의 능력과 공정 특성을 반영한 계획과 스케줄링(Planning & Scheduling) 시스템의 순차적인 개발, 적용 및 확산이 필요하며 이때 핵심 공정 중심으로 기준정보 관리체계 확보를 통해 진행한다.

[표 2-5] 투입대기 물류를 설비에 할당하는 룰의 형태

룰	정의	설명
SRPT (Shortest Remaining Processing Time)	다음 공정 설비의 프로세스 처리 시간이 가장 적게 남은 Lot 먼저 처리	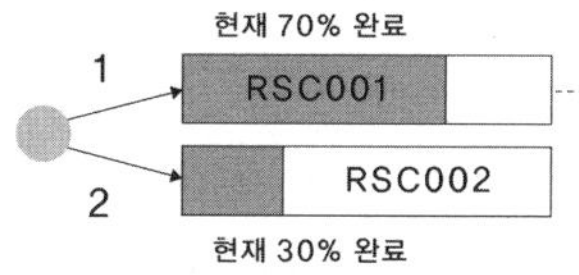 현재 70% 완료 1 RSC001 2 RSC002 현재 30% 완료 • 남은 작업 시간이 짧은 리소스에 우선투입 • Queue를 단축해서 공정 중 WIP 최소화
FIFO (Fist In First Out)	여러 공정에서 합류하여 다음 공정설비로 투입 시 먼저 도착한 Lot 순서대로 처리	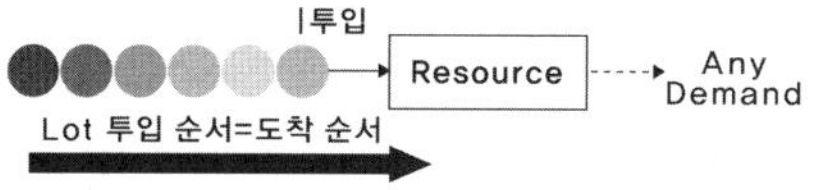 투입 Resource Any Demand Lot 투입 순서=도착 순서 • 한 Lot이 동일 설비를 사용하는 공정은 부적합
DP (Demand Preference)	여러 공정에서 합류하여 다음 공정설비로 투입 시 먼저 필요로 하는 로직을 적용한 순서대로 처리	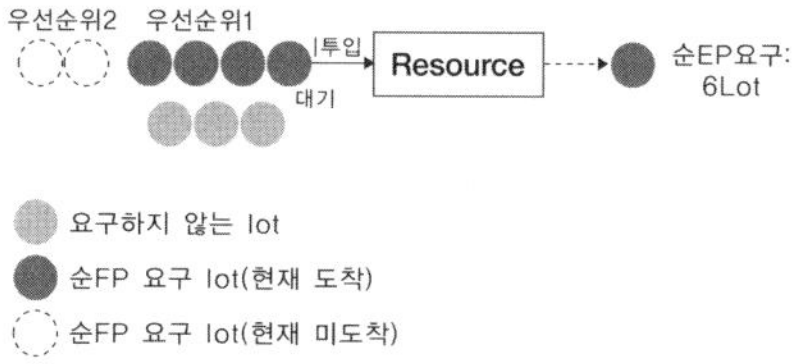 우선순위2 우선순위1 투입 대기 Resource 순EP요구: 6Lot 요구하지 않는 lot 순FP 요구 lot(현재 도착) 순FP 요구 lot(현재 미도착) • Demand에 충실한 투입 • Demand 없는 Lot의 WIP Queue가 과다
SNINQ/M (Smallest Number In Next Queue Per Machine)	다음 공정에 동일한 장비가 많을 경우 대기가 적은 Lot 순서대로 처리해서 전체 효율을 향상시키는 방식	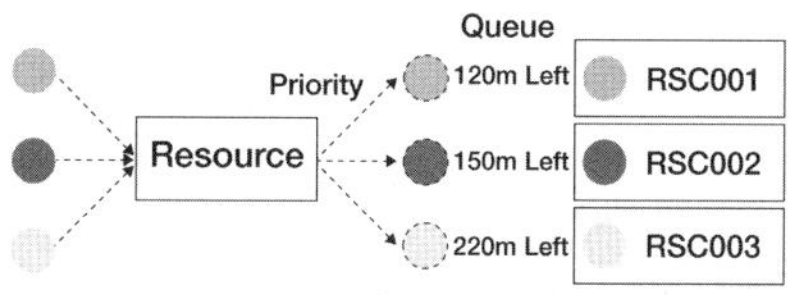 Queue Priority Resource 120m Left RSC001 150m Left RSC002 220m Left RSC003 • Lot의 경로상 다음에 도착할 공정의 Queue 길이 비교 후 짧은 Lot 우선 투입

■ **작업할당(Dispatching)**: 작업할당은 공정의 작업대기 중인 Lot을 우선순위에 따라 다음 설비에 할당하고 작업이 완료된 Lot의 다음 작업이 이루어질 워크 센터(Work Center)를 지정해 Lot을 이동시키는 기능으로 첫째, 완제품 제작업체에서 주로 수행하는 수작업 작업할당은 MES화면을 통해 대기 중인 목록에서 Lot을 선택해서 작업수행하고 작업 우선순위는 작업자가 판단하는 것이며 둘째, 반도체 업계에서 적용된 자동 작업할당(RTD: Real Time Dispatching)은 자동화된 공정에서는 RTS(Real Time Scheduler)를 통해 작업의 우선순위를 결정하고 MCS(Material Control System)을 통해 물류이동을 제어하는 형태이다. 여기서 스케줄러(Scheduler)와 디스패처(Dispatcher)의 개념의 차이를 이해하면 스케줄러는 ERP 등으로부터 발행된 PO를 근거로 실적정보 및 공정별 현재 진척사항을 반영해서 작업오더(Work Order)별 최적 투입계획을 일 단위 또는 필요 시 수립하는 것인데, 반면에 디스패처는 설비로부터 발생된 이벤트에 대해 라인 및 설비 밸런스 및 디스패칭 룰을 적용해서 최적의 Lot 및 후행 반송설비를 선택 및 실행하는 것으로 실시간으로 진행된다.

■ **오투입 방지(Fool Proof)**: 실수 방지 기법 중 하나로 작업 지시 때 정의된 생산 기준정보를 이용해서 공정투입 및 이동 오류, Recipe 오류(RMS: Recipe Management System 도입 시 Lot과 Recipe 연계), 바코드나 RFID를 활용한 자재투입 오류를 시스템으로 체크하고 오류 발생 시 경고 및 라인스톱을 통해 품질 사고를 미연에 방지하는 기능형태이다.

설비관리의 역할의 변화

■ 1995년 처음 SI 프로젝트를 할 때 설비관리 업무를 시작했는데 설비보전 관점은 그때나 지금이나 크게 변화가 없지만 설비생애관리, 설비상태관리, 신뢰성 기반의 보전관점에서는 많은 진화가 있었던 것 같다. 설비관리

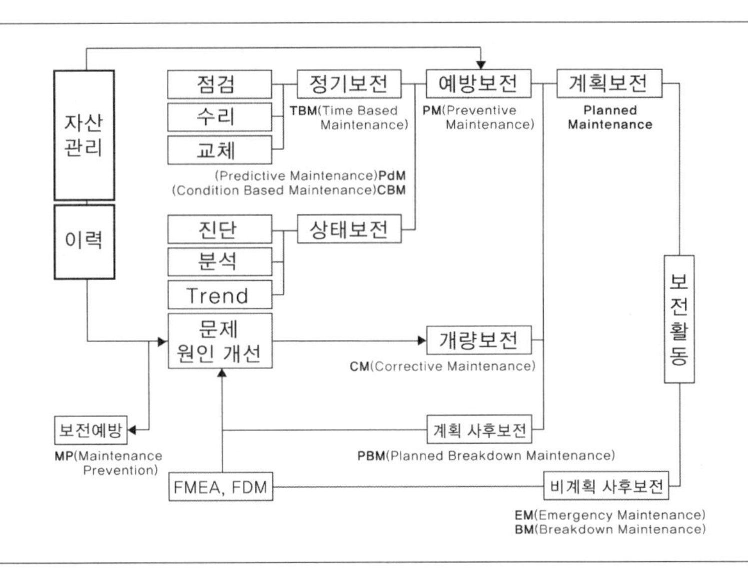

[그림 2-6] 설비보전 활동 프로세스

는 크게 잠재적으로 고장이 발생되고 있는지, 고장이 발생할 것인지에 대한 예지보전(Predictive Maintenance), 예방보전(Preventive Maintenance), 정기보전(Time Based Maintenance), 상태보전(Condition Based Maintenance), 사용량기반 보전(Usage Based Maintenance)으로 나뉜다.

■ 설비상태를 고려한 예지보전을 통해서 반드시 필요한 보전작업을 할 수 있으며, 정비작업의 필요성을 인식하고, 적은 사전보전비용으로 생산에 영향을 주는 대형고장을 예방할 수 있다. 그러나 설비의 고장 메커니즘을 예측 가능하고 신뢰성이 있는 충분한 데이터가 수집되고 운영되어야 한다. 예방보전을 통해서 고장 발생 후 사후작업보다 40%까지 비용을 절감할 수 있으나 부품의 정확한 수명관리를 위한 DB화, 실시간 기록관리 등이 선행되어야 하며 평균수명보다 긴 정보를 관리해 예지정비를 극대화할 수 있도록 해야 한다.

■ **설비보전전략의 최적화**: RCM(Reliability Centered Maintenance), 즉 신뢰성

기반 설비보전작업을 하기 위해서는 설비 및 설비 BOM에 해당하는 부품의 특성에 따른 보전전략을 결정해야 하고, 예방 보전 주기의 최적화, 예지보전의 예측기술의 개선, 사후보전은 고장을 예측할 수 있도록 지속적인 개선이 이루어져야 한다. 예방보전의 경우 설비고장과 비용을 고려해 작업주기, 점검에 대한 최적화를 진행해야 하며, 예지보전의 경우 고장발생 예측기능을 개선하는 알고리즘과 기술개발을 통해 설비 고장과 비용을 고려해 상태 모니터링 주기를 최적화하고, 사후보전의 경우는 정비작업 항목을 더 세분화하고 고장예측이 가능한 예비품(Spare Parts) 수준으로 세분화해서 고장 예측이 불가능한 부품 및 설비는 재설계해 고장이 발생하지 않도록 하고, 복구를 위한 문제추적트리(Trouble Shooting Tree)를 작성하고 대기설비 또는 예비품의 적정보유량을 산정하기 위해 자재의 리드타임과 안전재고를 이용해 ROP(Re Order Point)를 계산하는 데 현재 설치된 예비품 수량을 파악하므로 신설비의 ROP를 정확하게 산출해서 보유하고 CBM을 적용할 수 있도록 개선해야 한다.

■ **인터락(Inter-lock) 관리**: 운전 중 설비 이상 및 품질 이상이 발생하면 자동으로 알람을 발생시키고 알람의 등급에 따라 상세점검, 생산중지 등 운전 여부를 판단해서 설비가 정상화될 때까지 자동으로 설비를 제어하는 것으로 설비문제일 경우 FDC에서 설비관리시스템으로 이상발생신호를 전송하며 운전정지가 필요하면 인터락 신호를 PLC로 실시간 전송해서 앞 공정의 제품 투입을 방지하도록 하며 인터락을 위해서는 보전 설비 작업자의 PLC 프로그램의 일부 변경이 필요하다.

■ **FDC(Fault Detection and Classification)**: 생산설비의 각종 파라미터(온도, 압력, 유량 등)를 실시간으로 수집하는 시스템으로, 각 모듈에서 감지된 값으로 이상발생 시 설비에 인터락을 할 것인지를 판단할 수 있으므로 불량감소, MTTR 감소, 설비정상운영 소요시간(Equipment Process Ramp Time) 절감 및 설비 내부의 상황 등을 그림형태(Graphical)로 표현함으로써 공장

내의 설비를 실시간으로 감시해서 불량을 최소화하고 생산성을 극대화하는 진보된(Advanced) 진단 및 공정관리 기능을 제공하는 시스템이다.

하이테크 산업에서의 설비종합 효율 극대화

■ 대한민국의 제조업은 크게 장비위주의 부품생산을 하는 하이테크 산업(반도체, LCD, 모니터 등)과 조립산업(휴대폰, TV, MP3, 카메라 등 가전제품)으로 나뉘는데 하이테크 산업에서의 생산성 향상 지표로 중요한 항목 중에 하나가 설비종합효율, 즉 OEE(Overall Equipment Effectiveness)이다. 내가 겪어본 반도체, 휴대폰 등 제조업체의 고민 중 하나는 효율적으로 가동되는 공장에 굳이 새로운 투자를 하고자 할 때 많은 효과를 얻기가 어렵고, 생산비용감소의 사유로 현재 설비를 운영하면서 더 많이 생산해야 하는 요구가 많으며, 성능개선을 위해 지속적인 투자가 필요하고, 과거에 비해 더욱 복잡해지는 공정에 대해 전체효과를 이해하면서 어느 부분을 개선해야 할지 결정이 필요할 때가 많다. 즉 많은 장비들은 각각의 공정이 앞 뒤 공

[표 2-6] 설비종합효율 산출 방식

구분	설명
계산식	OEE(%) = 가용성(%) × 생산성(%) × 직행율(%)
가용성	설비 또는 프로세스가 원래 가동되어야 하는 시간에 비해 실제 얼마 동안 가동되었는지 측정값 Availability(%) = 실 가동시간 / 가능한 가동시간 ※ 가용성이 크면 더 많이 가동해서 생산을 많이 할 수 있으며 비정기 다운시간을 줄여야 가용성이 향상될 수 있음
생산성	설비가 얼마만큼 생산 했는지에 대한 측정값 Productivity(%) = 실 생산량 / 최적 생산량
직행율	완제품을 생산하기 위해 중간에 재작업 없이 한 번에 생산된 품질검사를 통과한 제품의 백분율 측정값 Quality(%) = (생산된 제품 – 손실과 재작업) / 생산된 제품
World Class OEE	가용성 > 90%, 생산성 > 95%, 직행율 > 99%, OEE > 85%

자료: Seiichi Nakajima.

정의 효율에 영향을 미치고 있다. 여기서 항상 고민되는 것은 '프로세스가 얼마나 효율적인가' 하는 것이다. 다시 말해 OEE는 프로세스의 유용성과 생산성 그리고 생산 결과물의 품질을 결합해 전체의 능률을 측정하는 지표이다.

■ 설비고장의 원인을 제거해 설비종합효율, 즉 OEE(Overall Equipment Efficiency)를 향상시키기 위해서 제조업체들은 MES보다 더욱 상세한 데이터에 기반을 둔 분석이 필요하다. 여기에는 설비건강상태 모니터링(Equipment Health Monitoring), FDC(Fault Detection Classification), R2R(Run To Run), 실시간 제어(Real-Time Control), 예지정비(Predictive maintenance) 등이 포함되는데, 이들은 모두 공정 설비로부터의 상세한 데이터가 필수적이다. 설비종합효율 도입의 효과는 목표로 하는 가동 범위에 적절한 프로세스의 안정 상태와 신뢰성을 평가할 수 있게 되며, TPM의 창시자인 나카지마 세이치(Seiichi Nakajima)에 따르면, 설비종합효율은 고객이 요구하는 제품의 품질과 공급자의 요구사항을 만족시키기 위해 장비와 인력을 포함한 자원을 어떻게 잘 활용하는가의 지표로 활용된다.

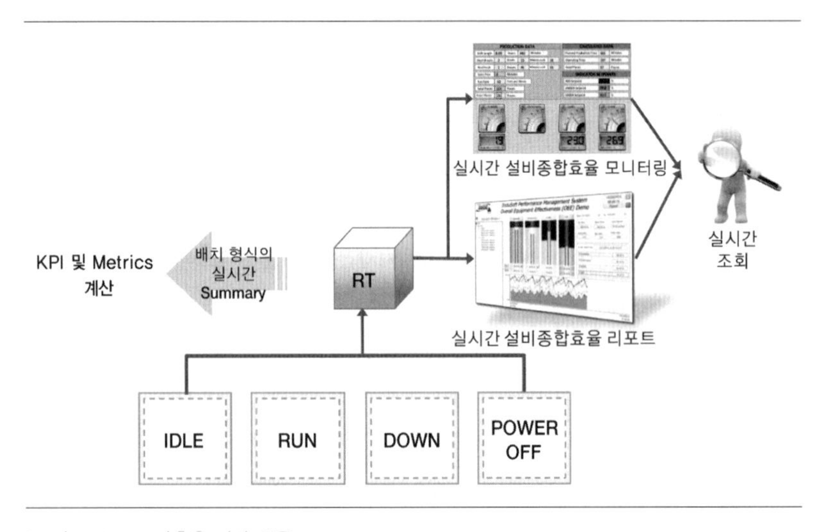

[그림 2-7] OEE 산출을 위한 흐름도

■ 핵심은 '데이터를 어떻게 받아올 것인가'이다. 설비종합효율 측면에서 측정되는 것은 무엇인가? 여기서는 ① 고장이나 설치, 손실의 조정 때문에 발생된 비가용 상태의 손실 ② 속도 감소, 공회전, 작은 고장으로 인해 최적으로 가동되지 않는 손실 ③ 결함이나 재작업 또는 가동시작으로 한 번의 가공으로 최고 등급의 제품을 생산하지 못하는 손실 등을 측정할 수 있다. 다음에서는 설비종합효율 계산방법에 대해 알아보자.

■ **눈으로, 지표로 보는 관리**: 설비종합효율은 목표로 하는 가동 범위에 적절한 프로세스 안정 상태와 신뢰성을 평가할 수 있으며, 생산성과 제품의 품질을 만족시키기 위해 장비를 어떻게 활용하는가를 보여준다. 다시 말해 설비효율을 최적화하기 위해 단순히 설비가 잘 돌아가도록 유지하는 것이 아니라 생산 작업자와 설비보전담당자 사이에 공동의 책임의식을 만드는 데 초점을 맞추어 장비효율 향상에 기여한다. 우리가 OEE를 적용하게 되면 표준화된 OEE 검증 시스템 구축을 통한 장비효율 향상에 지표로 사용될 수 있으며 설비의 실시간 모니터링을 통해 설비 오류에 신속히 대처할

[표 2-7] 설비역할별 상태

설비	설비상태	설명	상세설명
Primary	Idle	자재대기	Primary 상태적용: Signal Tower의 Lamp 변경 시 Lamp 상태가 적용됨 Secondary 상태적용: 모든 버튼이 Off 된 상태에서 Signal Tower의 램프가 변경될 경우 Lamp의 상태가 적용되며 버튼이 On된 상태에서 모두 Off될 경우 현재 Signal Tower의 Lamp 상태 적용
	Run	공정진행	
	Down	정비 및 수리	
	Power off	N/A	
Secondary	Idle	자재대기	Secondary 상태 적용: 버튼이 On될 경우에 On된 버튼 상태가 적용되며, 모든 버튼이 Off될 경우 현재 Signal Tower의 Lamp 상태가 적용됨
	Device Change	생산품 변경	
	Material Shortage	자재부족	
	Run	공정진행	
	Maintenance call	정비대기	
	Maintenance Down	테스터 정비수리	
	Handler Down	핸들러 정비수리	
	Power off	Power-off	

수 있으며 장비 오류에 대한 분석기능을 제공해서 장비에 동일한 오류가 발행하지 않도록 유지보수 계획을 수립할 수 있다.

■ 더욱 복잡해지는 공정에 대응하기 위해서 장비의 상태변경 시점에 실시간으로 장비의 OEE를 집계하고 실시간으로 OEE를 조회할 수 있도록 작업조별, 일별 장비상태(Idle, Run, Down, Power-off)를 사용해서 OEE를 계산하고 설비의 생산수량과 연계해 그로스 UPH(Gross UPH) 및 네트 UPH(Net UPH)를 계산하고, 장비 알람(Alarm)과 연계해서 MTBA를 계산하고 배치형식의 실시간 OEE를 집계해 모니터링하도록 한다.

품질관리 역할의 변화

■ BC 3500년경의 메소포타미아 문명에서는 관개시설과 관리를 위한 대수, 금세공품 등에 높은 수준의 품질관리기법이 사용되었으며, 품질관리는 이집트의 피라미드나 로마의 건축물에서도 적용되었지만, 체계적으로 정리되기 시작한 것은 산업혁명 후인 20세기에 접어들어서이다. 품질관리기법은 획기적으로 변화하기보다는 인류 문명과 함께 점진적으로 발전했다고 볼 수 있다. 20세기 이후에는 작업자에 의한 품질관리, 작업반장에 의한 관리, 검사에 의한 관리, 통계적 품질관리, 종합적 품질관리, 전사적 품질관리, 품질프로세스 관리로 진화했다.

■ 웹스터 사전(Webster's Dictionary)에서는 품질관리를 'Physical or non-physical characteristics that constitutes the basic nature of a thing(사물의 기본 특성을 구성하는 물리적이거나 비물리적인 특성)'이라고 정의한다. 제조부문에서 품질관리란 제조의 경쟁력을 높이기 위한 제반 활동이며, MES에서 품질관리란 생산과 관련된 제품과 설비의 이상여부를 감지하고 분석하는 활동으로 징의할 수 있다.

■ 품질관리 개념의 변화: 품질관리의 초기범위는 제조공정에서 제품의 불량을 제거하기 위한 검사의 의미로서 사용되었다. 그러나 검사는 품질관리 기능 가운데 부품이나 완제품의 품질을 확인하는 것으로 이미 완성된 제품의 품질개선이나 불량 예방에는 전혀 도움이 되지 못했고 점차 예방의 원리에 입각한 관리도를 비롯해 통계적 방법을 적용한 통계적 품질관리(SQC: Statistical Quality Control)로 발전하게 된다.

통계적 공정관리(SPC: Statistical Process Control) 역시 SQC의 한 부분이지만 통계적 품질관리도 검사부서나 품질관리부서 중심으로 통계적 방법만을 강조해서 그 한계성을 드러내게 됨에 따라 품질에 영향을 주는 기업의 모든 기능이 종합적으로 참여하는 품질관리를 추진해야 한다는 필요성이 부각되었고, 종합적 품질관리(TQC: Total Quality Control)가 등장하게 되면서 일본에서는 이를 CWQC(Company-Wide Quality Control)로 변형해서 불렀다. 우리나라에서는 1990년대 말 이후 기업환경의 변화에 따라 국가 간, 기업 간 가격, 비가격경쟁이 갈수록 치열해지고 제품의 품질보증, 신뢰성, 제품 책임 등의 문제가 더욱 강조되면서 품질문제는 기업의 중요한 전략과제가 되어 고객만족을 우선으로 하는 경영, 즉 품질 경영(QM) 체제로 발전하기 시작했다. 품질경영이란 최고경영자의 리더십하에 품질을 경영의 최우선 과제로 하는 것이 원칙이며, 고객만족을 통한 기업의 장기적인 성공은 물론 경영활동 전반에 걸쳐 모든 구성원의 참가와 총체적 수단을 활용하는 전사적·종합적인 경영관리체계이다. 따라서 품질경영은 최고경영자의 품질방침을 비롯해 고객을 만족시키는 모든 부문의 전사적 활동으로 품질방침 및 계획(QP: Quality Policy Planning), 품질관리를 위한 실시기법과 활동(QC: Quality Control), 품질보증(QA: Quality Assurance), 활동과 공정의 유효성을 증가시키는 활동(QI: Quality Improvement) 등으로 구분할 수 있으며, 여기서는 인스펙션과 SPC분석 중에 Q-Cost, 설비와 공정에서 발생되는 데이터를 이용 생산성을 높이기 위한 APC(Advanced Process Control) 기능에 대해 알아본다.

■ 우선 최근의 품질관리 용어를 정리해 보자. 첫째, 6시그마(Six Sigma)는 기업활동의 모든 요소를 고객의 관점에서 과학적인 기법으로 프로세스를 측정·분석·개선·관리해서 100만 개 중 3~4개의 결함만 허용하는 고수준의 품질을 확보하는 것이다. 제조·지원·관리 등 전 업무를 전사적으로 최적화해서 총체적 고객만족을 구현하는 기업경영혁신활동으로 100PPM (Part Per Million)은 100만 개 중 100개 불량을 목표로 한다. 둘째, TPM (Total Productive Maintenance)은 재해제로, 불량제로, 고장제로 등 효율을 저해하는 모든 낭비를 철저하게 배제해 생산효율을 극대화하는 전사적 생산혁신활동으로 미국의 생산보전(PM: Productive Maintenance)을 기초로 한 일본의 전사적 설비관리로 볼 수 있다. 셋째, TQM(Total Quality Management)은 고객만족을 위해 최고경영자의 적극적인 리더십하에 모든 구성원의 참여와 교육훈련, 조직체계를 갖추고 과학적 기법을 통한 품질향상으로 기업의 장기적 성장을 추구하는 지속적인 개선활동 또는 경영체계다.

■ **검사의 종류**: 검사는 수입검사, 공정검사, 최종검사, 출하검사로 나눌 수 있으며 개념은 다음과 같다. ① 수입검사는 제품/반제품을 생산하기 위한 구매 원자재나 외주 가공품에 대한 발주로 입고될 자재의 검사이다. ② 공정검사는 공장 내에서, 반제품을 어떤 공정에서 다음 공정으로 이동해도 좋은가를 판정하기 위한 중간검사라고도 한다. ③ 최종검사는 최종공정에서 생산실적이 완료된 후 창고에 입고하기 전에 제품에 대한 최종 품질보증 검사이다. ④ 출하검사는 고객의 수주에 대해 제품의 출하 전에 출하검사 품목에 대해 검사를 수행하는 활동으로 고객의 요청사항에 맞게 생산되었는지 확인하는 IBI(Interal Buyer Inspection)검사 등이 있다. 그 밖에도 필요에 따라 외관검사, 막검사, 관능검사, 자주검사 등의 용어가 사용된다.

■ **검사방법**: 검사방법은 첫째, Lot별 샘플링검사로 랜덤 샘플링과 둘째, 로트 선고(Lot Sentencing)로 나뉘는데 여기에는 절차 없이 Lot 전체를 합격처리하는 무검사, 전수검사, 샘플링검사가 있다. 샘플링검사는 파괴검사, 검

사비용 또는 소요시간이 과다한 경우, 업체에서 납품하는 제품의 품질이 우수한 경우에 실시한다.

■ **SPC(Statistical Process Control)란 무엇인가:** 통계적 공정관리는 끊임없는 공정의 개선추구 활동이며 고객이 만족하는 제품의 생산성을 높일 수 있도록 하는 제조현장의 관리기법이다. 그 자체가 모든 문제를 해결하고 공정능력을 향상시키는 것이 아니라 공정에서 불량원인을 쉽게 발견할 수 있도록 도와주며, 공정상태가 어떻게 변하는 것을 탐지해 주며, 품질개선을 위해 합리적인 대책을 결정하는 데 도움을 주는 과학적 관리기법이다. 여기의 개념은 ① 통계(Statistical): 적은 양의 데이터(표본)로 많은 양의 데이터(모집단)를 표현하는 데 사용되며 공정의 묘사에 이용해 시간의 경과에 따른 공정산포의 변화를 나타내고, 정해진 규격에서의 변동내역을 산출한다. 즉 통계적 자료와 분석기법의 도움을 받아 공정의 흐름을 이해하는 데 이용한다. ② 공정(Process): 공정은 원하는 산출물(제품, 서비스)을 얻기 위해 투입 요소들을 조합하는 것이며, 어떤 제품을 생산하는 공장 전체가 하나의 공정이면서, 부품을 가공하거나 검사하는 것도 하나의 공정이라 할 수 있다. 효과적인 개선을 위해서는 공정을 가능한 한 세분화하는 것이 바람직한 방법이며 해당 공정의 품질변동을 주는 원인과 공정능력 상태를 파악할 수 있다. ③ 관리(Control): 전통적인 관리 방법은 관측(측정), 비교, 조사, 변화의 4가지 행위로 구성되고, 제품관리와 공정관리의 2가지 방향으로 적용할 수 있다.

■ **SPC에서 사용되는 기법:** 관리도는 공정품질에 대한 변화를 그래프 형태로 나타낸 것으로 제조공정이 안정된 상태로 운영되는지 혹은 제조공정에서 이상요인이 발생했을 경우 가능한 한 빨리 이를 탐지해서 개선조치를 취함으로써 불량제품의 발생을 사전에 차단하고 억제하는 기능으로 통계적 공정관리에서 중요한 관리기법이다. 충분히 잘 설계되고 관리되는 공정이라 할지라도 동일한 품질의 제품을 생산하기란 현실적으로 불가능한

일이다. 왜냐하면, 제조공정에는 관리가 불가능한 수많은 요인들이 존재하며 이들 요인들에 의한 품질변동은 불가피하기 때문이다. 여기서 발생되는 품질변동 요인에는 2가지가 있는데 자연스런 품질변동 요인을 우연원인(Chance cause)이라 하며, 이와는 다른 품질변동 요인으로는 생산설비의 이상, 불량자재의 사용, 작업자의 실수 등이 있는데 품질변동 폭이 우연원인에 의한 경우보다 상대적으로 큰 우연 외의 변동을 이상원인(Assignable cause)이라 한다. 관리도란 이 이상 원인을 감지하는 데 그 목적이 있다. 관리도의 분류는 품질특성에 따라 통계량으로 분류된다. ① 계량형 관리도(Control charts for variables): 품질특성이 연속적으로 변하는 수치를 가질 때 사용하며, 공정의 평균 및 산포가 직접 공정품질에 영향을 미칠 때 사용한다. 여기에는 평균값 관리도(X 관리도), 범위관리도(R 관리도), 개별 측정값 관리도(X 관리도), 인접한 두 측정값의 차 관리도(Rs 관리도), 누적합 관리도(CUSUM관리도), 이동평균 관리도(MA 관리도), 지수가중 이동평균 관리도(EWMA 관리도), 다변량차트(MULTI-VARI 차트)가 있다. ② 계수형 관리도(control charts for attributes): 불량률 개수나 불량률과 같은 계수형태의 품질 특성치를 사용하는 것으로 불량률 관리도(P관리도), 불량개수 관리도(PN 관리도), 결점수 관리도(C 관리도), 단위당 결점수 관리도(U 관리도)가 있다.

■ **SPC에서 사용하는 공정능력**: 공정능력이란 제조공정이 얼마나 균일한 품질의 제품을 생산할 수 있는지를 반영하는 공정의 고유능력을 의미하며 그 척도로써 6σ를 사용한다. 또한 제품의 개발 및 제조단계에서 제조공정의 품질변동 정도를 측정하고 규격 혹은 관리선과 비교 분석해서 변동의 폭을 감소시키기 위해 제반 통계적 방법들을 이용하는 것을 공정능력 분석이라 한다. 공정능력을 정보로 활용하기 위해서 이를 양적으로 나타내는데 공정능력(6σ)과 규격의 폭과의 비율로써 공정능력이 규격에 맞는 제품을 생산할 능력을 가지고 있는지를 나타내는 지수로서 공정능력지수(Capability Process Index)가 있다. 공성능력지수는 단기일 경우 Cp와 Cpk로 나타내며

[표 2-8] 공정능력 지수에 대한 설명

CpK값	등급	개념	조치사항
Cpk	S	매우 우수	공정유지 방안 검토, 시료주기 및 크기 감소
1.67 < = Cpk	A	우수함	산포의 해석 및 개선조치 지속
1.33 < = Cpk	B	양호함	산포의 해석 및 개선조치 지속
1.00 < = Cpk	C	능력 있음	산포의 해석 및 개선조치 지속, 검출력 강화
0.67 < = Cpk	D	능력 부족	산포의 해석 및 개선조치 지속, 검출력 강화
Cpk	E	매우 부족	산포의 해석 및 개선조치 시급, 검출력 강화

아래와 같은 기준으로 산출한다. 양쪽 규격(규격상한선: SU, 규격하한선: SL)이 주어진 경우 공정능력 지수(Cp)는 $Cp=(SU-SL)/6\sigma$이다. 품질특성치의 분포가 양쪽 규격의 중앙에 위치하지 않고 한쪽으로 치우쳐 있는 경우에 치우침(K)의 정도를 고려한 공정능력지수(Cpk)가 사용된다. $K=(SU+SL)/2-M)/(SU-SL)/2$, $Cpk=(1-K)(SU-SL)/6\sigma=(1-K)Cp$

■ Q-Cost는 요구된 품질을 구현하기 위한 원가이다. 주란(J. M. Juran)이 1951년 품질관리 편람에 기술했고, 불량품과 관련되어 발생되는 코스트, 양품생산 비용은 제외한 불량품의 생산비, 불량 발견비, 개선대책비 등으로 정의하고 있으며 이는 경영자로 하여금 품질문제를 코스트로 이해시켜 적절한 대책을 마련케 하고, 품질의 문제가 어디에 있는지, 검사에 문제가 있는지 설계에 있는지 등을 제시함으로써 단위부서의 관리자로 하여금 효율적인 해결방안을 모색할 수 있게 해서 경영자를 포함한 모든 조직구성원에게 품질의 중요도와 영향도를 정확히 이해시킴으로써 품질문제의 개선

[표 2-9] 품질비용의 종류

<table>
<tr><th>구분</th><th>정의</th><th>상세내용</th><th>비용구분</th></tr>
<tr><td rowspan="5">품질비용
(COQ)</td><td>예방비용 (P-Cost)</td><td>교육비, 기술비용</td><td>적합비용</td></tr>
<tr><td>평가비용 (A-Cost)</td><td>검사 및 시험비용</td><td>적합비용</td></tr>
<tr><td rowspan="3">실패비용 (F-Cost)</td><td>Conceal 비용(H-Cost)</td><td>부적합비용</td></tr>
<tr><td>내부 실패비용(IF-Cost)</td><td>부적합비용</td></tr>
<tr><td>외부 실패비용(EF-Cost)</td><td>부적합비용</td></tr>
</table>

자료: GE사 W. JMasser.

우선순위를 기업의 목적과 연관한 결정을 명쾌하게 해서 개선의 효과를 화폐단위로 측정, 평가함으로써 품질에 대한 인식을 새롭게 해서, 종업원의 자발적·적극적 참여를 유도할 수 있는 척도로 활용될 수 있다.

■ APC(Advanced Process Control)는 최근 들어 반도체 기업들에게 수율과 생산성의 향상으로 각광을 받고 있는 기술로 생산 중에 발생하는 손실을 줄여 제품생산의 효율성을 증대, 최대의 이익을 얻는 것과 철저한 제품관리로 최고 품질의 제품을 생산하는 것이다. APC는 R2R(Run-to-Run Control), FDC(Fault Detection and Classification)의 2가지 기능을 한다. 먼저 R2R은 공정 진행 런(Run)의 제어 전략이다. 반도체에서의 런은 하나의 Lot, 배치로 구성된 Lot들, 또는 각각의 Wafer가 될 수 있다. R2R상에서 진행되는 런들은 측정 데이터 또는 평균값을 가지고 있고, 이 값을 이용해서 공정 상태 조정이 이루어진다. 일반적으로 R2R을 이용하면, 생산 장비 내의 처음 부분의 결과데이터가 다음 생산 단계에 전달되어(feed-forward), 진행된 런의 변형치를 맞추어 제품을 생산할 수 있다. 이와 반대로, 데이터를 마지막 생산 단계로 전달해서(feed-back), 생산방법 및 파라미터를 변경할 수 있다. FDC는 공정의 문제점을 찾아내고 리포트할 수 있는 공정제어 전략이다. FDC는 기존의 SPC를 이용해서 구현될 수 있다. 일반적으로 FDC는 장비에서 수집되는 데이터를 이용해서 분석하고, 문제점을 찾을 뿐만 아니라 데이터를 분류해 문제를 일으킬 수 있는 경향을 찾아낼 수 있다.

반도체기반 설비 온라인에 대한 이해

■ 제조현장에서 설비의 역할: 생산라인에서는 공정관리와 더불어 하나의 축이 설비제어 및 관리로 작업자에 의해 이뤄지는 부분과 원격제어나 자동화 시스템에 의해서 작업지시가 이루어지는 생산설비, 계측설비, 물류설비로 나눠져 있으며, MC(Machine Controller), EC(Equipment Controller), BC

(Block Controller), TC(Tool Controller) 등으로 표현되어 MES의 작업지시에 의해 설비제어수행 역할을 담당한다.

■ 공정제어설비는 설비가 제조공정 수행을 위해 MES로부터 작업지시를 받거나 설비의 가동상태나 공정 조건 등의 파라미터 데이터를 MES로 전송하고 분석할 수 있도록 하며 효율적으로 장비를 관리해 ① 안정적인 통신 프로토콜 지원을 위해 그래픽 기반의 직관적인 장비 모델링, 인라인 복합 설비에 대한 관리 기능을 제공하고 ② 용이한 시스템 통합을 위해 확장성 제공, 플러그인 개념의 서비스 컴포넌트 등록을 통한 기능을 추가하고 다양한 외부 프로토콜을 지원(RMI, CORBA, TIB/RV, JMS 등)할 수 있어야 하며 ③ 흔들리지 않는 지속 가능한 시스템 제공을 위해 병렬 수행을 기반으로 한 대량의 트랜젝션 처리, 강력한 예외 처리 기능을 갖추어야 한다.

■ **자동반송설비**: 반도체의 예를 들면, 과거에 작업자 반복이동 작업과 관련해서 300mm 웨이퍼 캐리어, 즉 FOUPs(front-opening unified pods) 중량이 국제기관에서 규정하고 있는 권장 한계치를 벗어나 일부 파일럿 생산라인에서 작업자가 직접 FOUPs을 핸들링하는 과정에서 다친 사례들이 보고된 적이 있는데, AMHS(Automated Material Handling System, 자동반송)란 작업자(Operator)에 의해 매뉴얼(Manual)로 운반되는 Lot(Carrier, Box, FOUP 등)을 사람의 손을 거치지 않고 이송장치에 의해 자동으로 목적지까지 운반하는 것을 말한다. 이런 자동반송에는 공정 간 반송시스템(inter-bay system) 및 공정 내 반송시스템(intra-bay system)이 있으며, 공정 간 반송시스템(inter-bay system)은 스토커(Stoker)와 OHS(Over Head Shuttle)가 있고, 공정 내 반송시스템(intra-bay system)에는 AGV(Automated Guided Vehicle), RGV(Rail Guided Vehicle), OHT(Overhead Hoist Transport) 등이 있다. MCS(Material Control System)은 ① MES로부터 받은 반송명령에 대해 반송 Route 설정 및 반송 장비를 관리하고 ② FAB 내 상황 변화에 효과적으로 대처해 라인 상황에 따른 효율적인 동적 경로 설정(Dynamic Routing)을 하며 ③

AMHS 장비 및 Carrier에 대한 실시간 모니터링을 제공하고 ④ 최적의 반송 경로 탐색(Shortest Path) 알고리즘을 적용해 호스트와 AMHS(Automated Material Handling System, 자동반송) 간의 편리한 인터페이스를 제공한다.

에너지 절감을 통한 녹색기업의 구현

■ 2011년 가을, 국내 S/W회사에서 춘천에 IDC를 건설하는데, 장소선정, 설계, 시공, 구축, 운영에 이르는 전 과정을 국제적으로 인정받는 녹색건물 인증제도인 'LEED' 중 최고 등급인 플래티넘을 목표로 하고 있다고 한다. 최근에는 제조업부터 IT 장비 회사 등 모든 분야에 환경안전이 중요한 패러다임으로 잡혀가고 있다. LEED(Leadership In Energy and Environmental Design)는 미국의 건물의 설계에서 운영에까지 부여하는 녹색 인증제도이다. 그린건축위원회(USGBC)에서 적용해 자연친화적 빌딩 및 건축물에 부여하기 위해 개발된 국제적 친환경 공인 인증으로 인증(40~49점), 실버(50~59점), 골드(60~79점), 플래티넘(80점 이상)으로 구성된다.

■ 생산성 향상을 위한 최적화가 목표였던 시절에 비해 깨끗한 지구를 위해서 ESH(Environment, Safety, Health)는 국제적으로 지속적으로 강화되는 에너지 절감을 통한 저탄소 녹색기업 구현을 위한 환경안전 관련 법규와 규제를 관리해 대기, 수질 등 환경과 가스, 소방감지 등 안정시설물을 모니터링해서 이상발생 시 신속한 조치를 취할 수 있도록 지원한다. 에너지 소비에 대한 개선활동을 지원하기 위한 비용, 품질, 과제관리와 임직원의 건강검진 관리를 통한 건강지수 등 환경안전보건 활동을 연속적으로 관리하고 개선할 수 있도록 해야 한다. 중국의 경우를 보면 매년 봄에 발생하는 황사가 우리나라에까지 영향을 미치고 국가 에너지의 75%를 화석연료인 석탄으로 충당하여 전 세계 석탄소비량의 1/3을 차지하며 세계 2위의 석유소비국으로 국토의 16%에 사막화가 진행 중이다. 또한 유엔의 환경계획보고

서에 따르면 세계 10대 대기오염 도시 중 9곳이 중국이라고 한다. 후대에 깨끗한 지구를 물려주기 위해서는 기업들이 생산효율화에서 환경안전과 관련된 많은 노력을 해야 한다.

■ EHS의 범위를 보면 다음과 같은 내용으로 구성된다. ① 환경문제: 기업의 경영방침 및 환경교육 관리와 대기 방출상태에 대한 실시간 모니터링과 각종 화학물질을 DB화해서 에너지, 폐기물 등 각종 환경지표를 관리한다. ② 보건문제: 임직원의 검진결과 관리 및 건강증진을 위한 건강지수관리 및 지속적인 치료 및 예방관리가 여기에 속한다. ③ 안전문제: 가스안전, 소방시설의 모니터링과 안전교육, 시설점검을 통한 시설물의 체계적 관리가 여기에 속하며 환경안전시스템의 세부구분은 GMIS(Green Mgt. Information System), SMCS(Safety Monitoring Controller System), FMS(Facility Mgt. System), HMS(Health Mgt. System), TMS(Telemetering System), EMS(Energy Mgt. System)로 나눌 수 있다. 항목별로 좀 더 알아보면 첫째, GMIS는 국내외의 반도체, 화학, 자동차, 석유/정제, 펄프/제지, 금속, 제약 등 전반적인 제조 사업장에 EHS 적용이 보편화하고 제조업의 환경, 안전, 보건업무를 통합관리하는 환경안전경영정보시스템으로 대내외 환경인증 관리 및 운영, 각종 법적 대응을 체계적으로 지원, 지구환경문제, 환경경영 이론 및 사례, 그린조직, ISO14000, 관련 법률 정보를 제공한다. 둘째, TMS는 수질처리 및 소각로 SCADA에 적용되는 시스템으로 대기 및 수질 오염물질의 항목별 배출상태, 공장 가동상태 등을 실시간대로 원격으로 파악할 수 있는 시스템으로 사업장에서는 긴급사태 예측, 사고의 신속대처 및 공정관리 등에 적극 활용하는 등 많은 효과가 있다. 온라인 자동감시체제가 구축될 경우 과학적인 상시 감시를 통해 대기오염으로 인한 주민 건강피해를 미연에 방지할 수 있을 뿐만 아니라 총량 규제실시, 배출권 거래제 도입 등과 같은 오염물질 총량관리를 위한 사전적 관리가 가능하다. 셋째, HMS는 임직원의 건강을 관리하기 위해 직원들의 검진결과를 체계적으로 관리하고, 검진결과에 대한 통계 정보를 활용함으로써 직원들의 건강을 증진시

키며, 직원들의 건강에 대한 상담을 실시해서 만족도를 상향시키는 데 그 목적이 있다. 넷째, SMCS는 가스, 소방 등 감지기의 데이터를 실시간으로 받아 모니터링하는 시스템으로, 감지기에서 이벤트가 발생할 경우 모니터링 화면, SMS 및 메일과 연계해 각 담당자에게 이벤트 상황을 전파해서 가스 및 소방 사고를 미연에 방지하며, 신속하게 처리할 수 있도록 지원해주는 시스템이다. 감지기 이벤트 발생 시 CCTV와 연계해서 이벤트 발생 지역을 정확히 모니터링할 수 있도록 지원하기도 한다. 다섯째, FMS는 시설관리시스템으로 모바일장비를 활용한 환경안전과 관련된 점검, 개선, 유지보수 활동결과에 대한 데이터를 체계적으로 관리하고 누적된 정보를 활용한 보고서 작성 및 통계/분석을 시스템에서 활용할 수 있도록 지원하며 소방 및 가스감지시설 등 제조시설에 대한 관리를 목적으로 한다. 여섯째, 에너지는 에너지 시설을 사용하는 모든 사업장에 해당하며 고유가에 따른 에너지 비용 상승과 에너지 관리 업무를 자동화하고 지속적으로 관리할 수 있는 시스템을 구축해서 에너지를 중심으로 이루어지는 개선활동을 지원하기 위해 활동의 근간이 되는 에너지 비용관리, 원단위 관리, 품질관리, 효율관리, 과제관리 등의 기능을 제공하는 에너지 관리시스템이다.

생산 건강도 체크 드릴다운 원인분석 체계

■ 병원에 가서 건강검진을 하면 개인의 전체 상황을 쉽게 파악해 어떤 부문을 개선하고 생활습관을 바꿔야 할지 개인별로 가이드를 해주는데 공장의 생산 라인도 마찬가지로 생산현황의 건강도를 체크해 역할자(공장장, 생산담당 총괄, 품질담당 총괄, 공정별 관리자, 작업자)에게 정확한 정보를 제공해야 한다. 이를 위해 계층 체계를 가져가야 한다.

■ 소프트웨어 공학에서는 '문 옆에 보이는 늑대를 먼저 잡아라'라는 표현이 있는데 눈에 보이는 것부터 하나씩 처리하면 모든 문제를 해결할 수 있다

[표 2-10] 생산 건강도 체크를 위한 역할자별 관리 범위

구분	영역	역할자
경영지표 현황	주요 KPI 제조기상도(맑음, 흐림, 눈/비)	경영진
사업장 전체 현황	사업장 전체 배치 및 생산, 불량, 이상상태 (계획수, 현시간 목표, 현시간 달성, 불량)	경영진
주요 공정별 현황	전체 조립라인 모니터링 개별 공정별 라인 현황 모니터링 외주현황 모니터링	생산담당 총괄 품질담당 총괄
라인별 현황	제품 생산라인별 요약	생산관리자 품질관리자 출하관리자
라인 설비현황	주요라인 유실 및 정상현황 개별 설비 상태(정상, 유실, 정지, PM 등)	생산담당 총괄 설비보전 총괄 주요관리자
생산현황 모니터링	생산/불량/유실실적, 목표대비 달성실적	작업자

는 말이다. 처음에는 흐릿하지만 하나씩 문제를 풀다 보면 원인과 조치법이 나오는 일종의 '단계별 점점 명확해지는 방법(Fozzy Into Focus), 드릴다운(Drill Down) 원인분석법'인 것이다. 따라서 역할자에 맞게 원하는 정보를 요약해서 정보를 제공하고 문제를 파악하고 조치할 수 있도록 해야 한다. 그렇다면 어떤 내용을 모니터링에 표현할 것인지를 정리해보자.

(1) 공장 전체의 제조기상도 등 시각적 표현으로 모니터링 효과를 증대시킬 수 있는 분야
(2) 공정효율화를 위해 생산라인 변경, 신규제품 모델 생산 등 현장 변경이 수시로 일어나는 경우 쉽게 적용할 수 있는 분야
(3) 공정별, 제품별 계획, 실적, 달성률, 미달성, 자재부족 등 중요한 모니터링을 통해 의사결정이 필요한 분야
(4) 하이테크 산업에서 설비 가용성 향상이 필요한 공정에 대해 설비상태 등 특정 공정 문제로 이후 전체에 영향을 주는 분야
(5) 제조, 설비 등 조기경보를 통해 역할자가 신속히 의사결정을 할 수 있는 분야

■ 경영진에게는 사업장 현황을 한 번에 분석할 수 있는 주요정보를 제공하고 초기화면에서 각 세부데이터 항목을 선택하면 기존에 개발된 세부항목을 분석할 수 있는 체계로 한다. 예를 들어 생산 경영지표, 즉 당일에 KPI 정보로써 생산계획, 실적, 불량, 정량생산율, 정시생산율, Lot 마무리 현황, 출하합격률, 출하검사 합격률, 인당생산수, 유실 및 불량수를 주요 제품별로 조회할 수 있도록 한다. 여기에는 제조기상도를 표현해서 제품별로 계획대비 PO 준수율, 불량률에 대해 맑음, 흐림, 눈, 비를 직관적으로 표현함으로써 조치할 수 있도록 한다.

■ 현장 모니터링 방법: 모니터링 화면의 경우 원거리 인식, 내용의 전달성 등을 고려해서 글꼴의 크기, 주변 환경을 고려한 색상, 사용자의 직관성을 고려한 배치 등을 디자인해야 한다. 현장작업을 효율화하기 위해 작업자 및 관리자를 위한 주요항목은 자재현황(라인별, PO, 모델, 계획수량, 실적수량, 잔량작업시간을 조회하고 각각 선택 시 자재현황을 아이템별, 자재코드, 필요수, 공급가능수, 라인 내 WIP수, 키팅 WIP수를 표현), 생산진도현황(라인별, 계획, 현시간 목표, 현시간 생산량, 달성률), 공정별·라인별 생산현황(라인, 작업조, PO, 모델별 계획, 현시간 목표, 실적, 차이, 불량, 불량률, PO 종료예정시간, 작

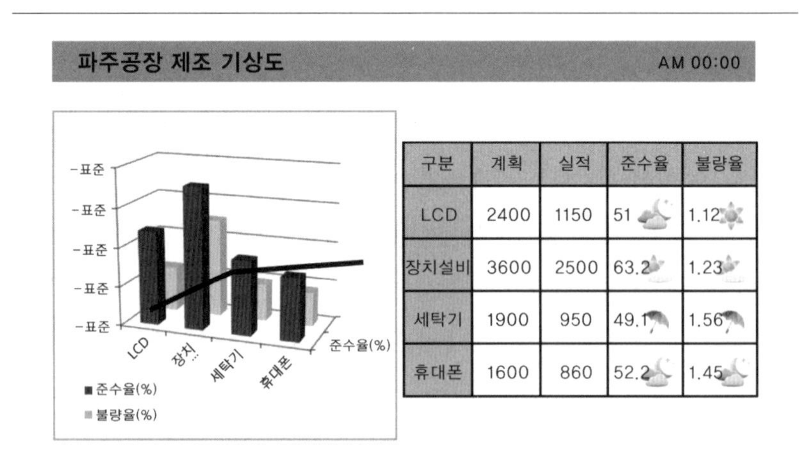

구분	계획	실적	준수율	불량율
LCD	2400	1150	51	1.12
장치설비	3600	2500	63.2	1.23
세탁기	1900	950	49.1	1.56
휴대폰	1600	860	52.2	1.45

[그림 2-8] 제조공장의 제조기상도

업조 종료 시간을 표현하고, 정상, 지연, 종료, 이상상황을 색상으로 표현), 라인별·셀별 생산 현황(라인별, 계획, 현시간 목표, 실적, 차이, 불량, 생산모델, 상태: 자재부족수, 및 달성률을 그래프 및 차트로 표현), 정시 및 정량 생산현황 모니터링(라인, ERP계획수, 생산수, 정시생산수, 정시생산비율, 예외상태: 사전작업완료수 및 사후작업 완료수), 라인별 유실현황 모니터링, 불량 발생현황(라인별 불량유형을 보여주고 불량 유형 칼럼에 불량수 표현), 수리대기 재공현황(라인/셀/작업자별 수리유형을 표현하고 수리유형 칼럼에 수향을 표현하고, 누적현황 표현), 일별 실시간 요약(모델별, 계획, 현시간 목표, 실적, 출하 및 비율과 생산에 대한 요약 그래프, 라인별 달성상태에 대한 요약), 일별 총괄 요약현황(사업장별 요약정보 표현), 공정별 불량현황(작업부서별 불량 원인, 불량수, 비율 및 요약 그래프)을 현장 상황에 맞게 표현한다.

방공 시스템과 생산현장의 조기경보체계

■ 공군에서는 레이더나 통신장비를 통해 적의 항공기나 미사일 등의 진로와 속도를 알아내고 통신소에 통보해서 군에서 적절한 방공조치를 취할 수 있도록 보장한다. 가깝게는 1990년대 IMF 이후에 우리는 시스템에 의한 업무처리, 룰과 기준에 의한 업무라는 표현을 많이 거론해왔다. 생산현장으로 다시 돌아가서 시스템에 의한 사전예방, 예측예방에 따른 사전공지 및 알림을 발생 즉시 효과적으로 담당자에게 통보하고 품질이탈, 라인중단, 이상발생에 대한 대응체계 구축과 사후 조치 결과를 추적해 재발방지를 위한 도구로 활용할 수 있도록 한다.

■ 조기경보의 구현방향은 자재입고, 원자재 품질검사 등 생산준비에서, 그리고 실 공정라인에서 품질이상 발생으로 인한 이탈, 라인중단 현상, 유실발생, 설비 및 작업자의 이상발생에 대한 조기경보 및 신속한 대응체계를 구축하는 것으로 ① 조기경보 항목 및 상세 업무규칙 정의 ② 규정에 따른

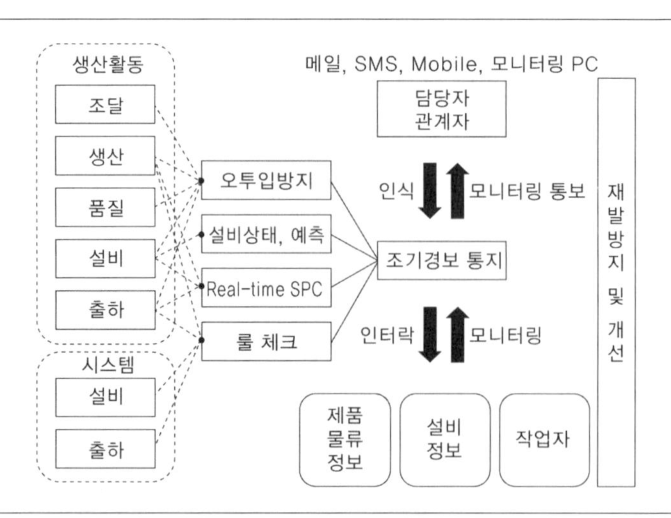

[그림 2-9] 조기경보체계도

모니터링 및 조기감지 ③ 이상발생 시 공지 및 설비정지 또는 라인정지 실행 등 인터락 실행 ④ 지속적인 개선 및 피드백의 프로세스가 진행되어 개선하는 체계로 반복한다.

(1) 조기경보 항목 및 상세 업무규칙 정의: 첫째, 프로세스 부문은 자재, 생산, 품질, 설비, 제조실행, 출하별 중요관리 대상 항목 선정 및 선정항목의 이상감지 룰 정의 및 모니터링 조건을 정의한다. 둘째, 시스템 부문은 조기경보 항목 정의 기능 구현, 비즈니스 및 모니터링 룰 정의 기능 구현 및 알림 기능을 구현한다.

(2) 규정에 따른 모니터링 및 조기 감지: 첫째, 프로세스 부문은 조기경보 유형, 원인, 등급, 발생빈도 등 분석체계 정의 및 모니터링과 조기감지를 정의한다. 둘째, 시스템 부문은 조기경보 모니터링과 추적이력관리, 통계적 접근법에 의한 유형, 원인, 등급, 발생빈도에 따른 분석기능 및 알림 기능을 구현한다.

(3) 이상발생 시 공지 및 설비정지 등 인터락 실행: 첫째, 프로세스 부문은 조기경보 발생 항목 등급에 따른 공지방법의 정의, 인터락 대상 항목 선정

과 수준을 정의한다. 둘째, 시스템 부문은 조기경보 공지 정의 기능 구현, 인터락 정의 및 실행기능을 구현한다.

(4) 지속적인 개선 및 피드백: 첫째, 프로세스 부문은 조기경보 재발방지 및 개선대책 프로세스 정의, 조기경보 모니터링과 추적방식 및 룰 조정을 개선한다. 둘째, 시스템 부문은 조기경보 재발방지 및 개선대책 수립 프로세스 기능을 구현하고 배포한다.

■ 조기경보 변화 모습: 라인에서 오투입 방지 등 이상발생 시점 및 이상발생 후 대응체계를 관리자 메일송신, SMS, 작업자 화면 즉각 공지, 스피커공지, 경광등 실행을 운영하고 핵심 기준정보에 대해서 발생시점 통지 기능을 제공하고 결과 중심적인 수동적 공정관리와 이상에 대한 대책 수립시간이 과다 소요되지 않도록 해야 하고 재고부족, 품질 설비 이상 등 전체적인 이상발생 조기감지 및 대응체계 미흡으로 기회손실이 발생하는 경우라면, ① 데이터 수집: 오투입 방지, 설비의 예방보전, CBM, UBM, 품질 정량 및 정성정보, 물류와 관련된 재공, 재고 및 이동지시정보, 기준정보 ② 모니터링: 실시간 조기경보 규칙 점검, 공지, 모니터링 등 ③ 사전예방 및 예측예방: 실시간 사전 예방 및 예측예방 조기경보체계 구축을 통한 이상상황 발생을 사전에 차단해서 안정적 공정을 운영, 이상발생의 신속한 판단, 조치 및 재발방지 대응체계를 구축한다.

■ 조기경보 레벨의 정의: 대상항목 사전발생 가능 감지 시 경고 레벨에 따른 알림 방법은 ① 정보공지: 단순상태정보를 모니터링하고 사용자화면에 제공한다. ② 경고: 시스템 경고 상태, 라인정지는 발생하지 않는 상태로 모니터링, 사용자화면, 메일, 모바일을 통해 통보한다. ③ 긴급: 즉시 조치하지 않으면 라인 및 설비 정지 발생 가능 및 중대한 시스템 경고가 발생하는 경우로 모니터링, 사용자화면, 메일, 모바일, SMS, 인터락을 통한 라인스톱 정보제공에 대응체계가 이뤄져야 한다.

[표 2-11] 제조기업에서의 조기경보 레벨관리 수준

레벨	구현 수준	핵심 기능
표준 운영	표준정보에 의한 자동운전 및 반송 구현 수율 예측한 레시피 가변 대응 레시피 및 생산표준 자동 튜닝 Advanced Process Control을 통한 실시간 공정조건 튜닝	표준화된 자동화
조기 경보	생산 및 설비 운영계획, 실행 동기화 제품물류, 생산라인, 생산설비 인터락 운영 라인 밸런스 관리	조기경보와 인터락
데이터 분석	시스템에 의한 제조실행 운영 데이터 마이닝 및 정형 및 비정형 분석을 통한 고급통계분석 이상원인 다차원 통합분석	정보분석
데이터 수집	실시간 생산실적 및 추적관리 생산/검사설비 발생 정보 자동 집계 변경점 관리 시작	실시간 데이터 수집
수작업 입력/분석	수작업 집계 및 사후 정보분석	N/A

[표 2-12] 설비 인터락 종류 및 설명

대상	방법	설명
원자재, 반제품 등 물류	작업중지	작업중지된 물류는 MES에서 공정이동, 완성, 수리, 출하 등 수행불가
	작업중지해제	작업중지된 물류 해제
설비 또는 라인정지	작업투입금지	로딩금지
	작업 중 즉시 작업중지	즉시 중지 인터락은 챔버 설비 등 재사용 가능 여부 등 특성을 감안한 운영 필요
	현재 작업 완료 후 작업중지	현재 작업 완료 후 작업중지
작업자	작업자 작업 중지	작업자용 화면을 통한 작업중지 명령 통지 및 관리자 호출

■ 인터락 정의: 대상이 물류, 다시 말해 원자재, 반제품, 완제품과 설비, 작업에 따라 구분되며 인터락 구현 방법은 [표 2-12]와 같다. 인터락을 적용하게 되면 시스템 안정화까지 빈번한 설비, 라인 중지 발생이 가능하고 안정화 이후에는 룰의 약한 적용으로 설비, 라인정지에 실효성이 감소될 수 있으므로 관리자의 강한 의지가 있어야 하며, 설비 컨트롤러와 연계 방법에 대한 사진조사 및 연계 가능성에 대한 협의가 선행되어야 한다.

■ **조기경보 대상 항목**: 첫째, 기준정보와 관련된 내용은 신규 생산 모델 T/T 산출근거 누락, S/T 번호 누락, 작업자 정보가 다른 정보, T/T 미등록 모델, BOM 연계누락 모델, 키팅 미구성 모델, 자재 생산 소요시간 누락, 작업지시서 미생성 모델이 있다. 둘째, 생산부문은 생산 작업일에 작업 캘린더가 없거나, 라인 또는 설비별 실제 인력정보 누락, 입고자재 부족, 검사 공정의 작업표준 없음, 검사 데이터 누락, 불량 기준 초과, 주요자재 공급누락, 자재공급 차질 예시, 설비이상 정보 발생, Lot 마무리 지연, 정시 및 정량 생산차질 내용, 출하검사 불합격 Lot 재작업 결과 누락 등이 조기경보 대상 항목에 속한다. 셋째, 주요 상태 공지 정보는 설비자재 예비품 안전재고현황, 계측기 검교정 일정, 설비 PM 및 오버홀 일정, 수명이 초과된 사출 및 프레스 금형정보, 라인과 공정 내에 장기 재공 및 재고품현황, SCM 등과 연계된 자재공급차질 예상정보와 ROP(ReOrder Point)를 고려한 최소잔량 불충분현황, 완료되지 않은 생산오더 현황정보와 ERP의 Delivery Order의 진행조달정보와 일별 상차현황 그리고 일별 출하검사 미마무리 현황정보 등이 여기에 속한다.

※ 쉬어 가며: 기업에서의 양성평등, 익숙하지 않다고 다를 수는 없다

■ '기업에서 유리천장을 뚫었다'라는 말을 인사철에 보고는 한다. 남녀평등, 여남평등 이보다 더 자연스러운 말은 양성평등이다. 고대부터 오랜 시간 남자와 여자의 역할이 달랐지만 이것은 어디까지나 양성 간 역할 차이이며 현대의 세계화 사회에서 개인의 능력과 역량발휘의 근간이 다른 것은 아니다. 베트남에서 남성의 정년은 65세이고 여성의 정년은 60세인데 그 이유는 무엇일까? 본래 우리나라는 과거부터 양성 간 차이가 없었다고 한다. 심지어 신라의 선덕여왕은 아주 존경받는 왕이었으나 조선의 근간인 유교이념에서 양성 간 차이에 대한 이념화와 독특한 신분제 등이 양성 간 차이에 많은 영향을 준 것으로 알려져 있다. 최근에 사관학교의 입학생과 졸업 우수생, 사법시험 등의 합격자 가운데 여자가 많다는 신문기사를 보면서 상호 공개경쟁에서의 능력발휘를 통한 객관적인 판단이 중요하다는 것은 누구나 알고 있다. 나는 양성평등의 필요성을 동서양의 용어 차이와 사회생활에서의 대우에 대한 사례 등 2가지 관점에서 이야기하고자 한다.

■ 동서양 모두 용어상 양성 불평등에 얼마나 익숙한지 몇 가지 사례로 알아보면, 의장이라는 의미의 'chairman', 인류라는 의미의 'mankind', 배려의 의미로 사용되고는 하는 'lady first'가 있다. 'ladies and gentleman'은 '신사 숙녀 여러분'이라고 옮긴다. 남자는 결혼 전과 후에도 동일하게 'Mr. OOO'이라고 하지만 여자는 'Miss. OOO' 또는 'Mrs. OOO'이라고 한다. 이런 용어들은 양성평등에 위배되는 말들로, 의장은 여자도 될 수 있으므로 'chair person'으로, 인류는 남자와 여자가 함께 존재한다는 의미로 'human-kind'가 사용되어야 한다. 미국에서는 양성평등 노력의 결과로 결혼 여부와 상관없이 여성을 'Ms. OOO'이라고 표현한다. 우리말에서는 부모(父母)님처럼 아버지(父)가 먼저 나온다. 초등학교 교과서에 종종 등장하는 '철수와 영희'도 남자를 먼저 기록하고 있는 것을 다시 한 번 생각해 봐야 할 것이다.

■ 둘째로 사회생활에서의 양성 간 대우 차이를 알아보면, 옛날에는 일부다처체가 있었고 이에 따라 소생의 아들로 태어나면 『홍길동전』에서처럼 '아버지를 아버지로 부르지 못하…'는 사회문제가 발생했다. 현대사회는 초저출산, 고령화 사회로 바뀌고 있으며 가족의 개념 또한 달라지고 있다. 그러나 아직도 여성은 결혼 후 출산, 육아, 집안 살림의 주요 역할자로 인식되고 있다. 초저출산, 고령화 사회의 문제점을 해결하기 위해서는 고학력 여성이 일과 가정에서 양립할 수 있도록 가정 내 여성인력을 발굴하고 신규로 사회에 진출하는 고학력 여성인력이 적재적소에 배치될 수 있게 하는 다양한 제도가 필요할 것이다. 또한 취업 후에는 남녀가 동일하게 능력을 발휘할 수 있도록 해야 하며, 여성의 육아휴직이 승진에 불리한 영향을 끼친다면 여성 개인뿐 아니라 결국에는 기업과 사회에도 손해가 된다는 인식이 자리 잡아야 할 것이다. 물론 여성이 사회적으로 약자이거나 특정 분야에서 강하다는 것을 강조함으로써 이것이 이익 집단화되거나 일시적 우대로 이어져 남성이 상대적으로 역차별을 받지 않도록 배려해야 한다. 심지어 양성평등 차원에서 남자만 군대에 가게 되어 있는 이스라엘의 제도를 보고 한국에서도 여자가 군대에 가야 한다는 발언이 나오는 것은 충분한 검토 없는 상호 투정으로 비칠 수 있다. 또한, 초등학교에 여자 선생님이 많아지면서 남자 학생의 애로사항을 들어 주는 것이 경우에 따라서는 한계가 있는 상황이 발생할 수도 있다. 따라서 특정 제도를 도입할 때 양성 간 우대제도를 실시하는 데는 좀 더 신중하게 접근해야 할 것이다.

■ 앞서 이야기한 것처럼 언어나 단어 하나를 바꾼다고 해서 양성평등 사회가 구현된다고 볼 수는 없다. 남녀공학의 학교명을 양성공학으로 바꾼다거나, 부모(父母)를 모부(母父)로 바꾸는 것보다는 서로 상대 이성을 존중하고 동일한 인격체로서 배려하고 대다수의 사람이 여성을 미래 성장의 새로운 동력이라고 생각할 때만 영국의 마가릿 대처, 신라의 선덕여왕과 같은 훌륭한 리더가 더 많아지는 부강한 나라로 발전할 것이다.

제3장

새롭게 혁신하는 제조현장 컨설팅

이 장에서는 IT 총비용의 개념과 현업이 직접 수행하는 컨설팅 방법론을 이해하고 기업의 MES 수준을 진단하는 방법에 대해 알아본다.

■ 흔히 컨설턴트는 냉철한 전략가로서 기업의 문제점을 해결하는 방법론이나 비전을 제시해주고, 사회전반에 걸친 통찰력과 지식, 전문분야에 깊은 경험과 식견을 바탕으로 고민을 해결해주는 역할을 하는 것으로 알려져 있다. 2000년대 중반 프랑스에 있는 유명한 컨설팅 회사에서 기업의 비즈니스 업종의 변화(Transformation)에 대해 글로벌 컨설턴트들과 같이 교육을 받았는데 이때 문화적으로 많은 차이를 느꼈다. 첫째는 우리 회사라는 표현을 하지 않고 'C사는 ~ 등'으로 표현하는 것에 의아했다. 우리 컨설팅 환경과 다른 또 한 가지는 우리는 현업사용자가 너무 똑똑해서 스스로 혁신하려는 의지와 노력이 강해 웬만한 고민과 개선 포인트를 알고 있으나 내부조직의 다른 의견 등으로 사업추진이 어려울 때 외부 조직의 힘에 의해 형식적으로 뭔가 혁신을 추진하고자 컨설팅회사에 의뢰를 하는 데 반해 외국회사의 CIO나 기업인들은 모든 개선사항은 당연히 외부에 의뢰하고 거기서 나온 결과를 아무 이견 없이 적용하는 것이다. 즉 문화적으로 이미 '컨설팅은 외부 전문가가 하는 것이다'라고 생각하고 있었다. 물론 스티브 잡스는 생전에 디자인, 컬러, 기능 등 모든 것을 본인이 직접 결정했다고 하는데 주변에서 이러한 사람을 보는 것은 정말 어려운 일이다. 더욱이, 내가 알고 있기에는 제조 분야의 많은 고민을 한 번에 해결해주는 실버블렛(Silver Bullet, 늑대인간을 영원히 죽일 수 있다는 유일한 총)은 없다고 생각한다. 따라서 대부분의 컨설턴트는 문제를 바로 파악해 좋은 솔루션을 주기보다는 종합적으로 판단할 수 있는 역량이 중요한 것 같다. 여기서는 신규 투자할 때 CIO가 고민하는 IT 총비용의 개념과 경영자의 고민을 이해하고 제조실행 분야 컨설팅을 위한 개념적인 모델링 방법과 제조실행 분야에 기업의 MES 수준을 진단하는 방법에 대한 국제표준을 기반으로 설명한다. 또한 프로세스와 프로그램을 하나로 연계해서 변화관리하는 방법과 선진사례를 벤치마킹하는 템플릿과 솔루션 선정방법에 대해 알아본다.

기업의 IT 총비용과 경영자의 고민

■ 제안을 하다 보면 대부분의 CIO가 '생각했던 것보다 투자비용이 너무 많다'는 이야기를 한다. 이는 비용에 비해 서비스나 IT 제약사항이 불만족스럽고 부가가치 창출의 한계와 재무적인 성과가 부족하다고 느끼기 때문일 것이다. 우리는 투자비용을 경영자에게 보고할 때 외부투자비용에 대한 상세분석과 ROI를 주로 이야기하는데, 정작 경영자는 기업의 내부비용과 유지보수비용, 히든 코스트 및 향후 5년간 재투자할 비용 등 전체비용에 대해 이야기를 한다. 시작이 반이 아닌 시스템 투자 이후 적용하게 되는 '투자완료 시점인 끝이 이제 반'이라는 것이다. 미국의 딜로이트 컨설팅에서 ERP투자가 한창이던 2000년대 초반에 '제2의 물결(Second Wave)'이라는 용어를 쓰면서 시스템 구축 후 컨설턴트나 개발자가 다 철수한 이후 새로운 물결이 온다고 했는데, 이 물결에 대해 투자를 기안하는 사람이라면 항상 예측을 하고 총비용에 대해 정확히 산정하고 일시적으로 일어나는 '절망의 계곡'을 극복해서 저효율 고비용 과제를 효율화하고 기업의 경영효과를 극대화시켜야 한다.

■ IT TCO(Total Cost of Ownership)는 IT 자산을 보유하고 운영하는 데 필요한 투자비용과 운영비용을 포함한 모든 IT 비용을 말한다. 여기서 IT 투자비용은 H/W 및 S/W 투자비용, SI 프로젝트 비용, 컨설팅 비용, 감리 및 부분 자문을 포함한다. IT 운영비용은 H/W 및 S/W 운영 및 유지보수비용과 ITO 서비스료 및 내부 IT 인력 인건비를 포함한다. 즉 기업의 본사에서 관리되고 배부되는 비용 및 국내외 사업장에서 발생하는 모든 IT 비용을 포함한다. 그러나 가트너에서 주장하는 TCO 개념에 포함되는 장애비용, 품질 실패비용, IT 자산의 감가상각비는 일반적으로 제외하고 계량화한다.

IT 총비용 = IT 투자비용(Invest Cost) + IT 운영비용(Operation Cost)

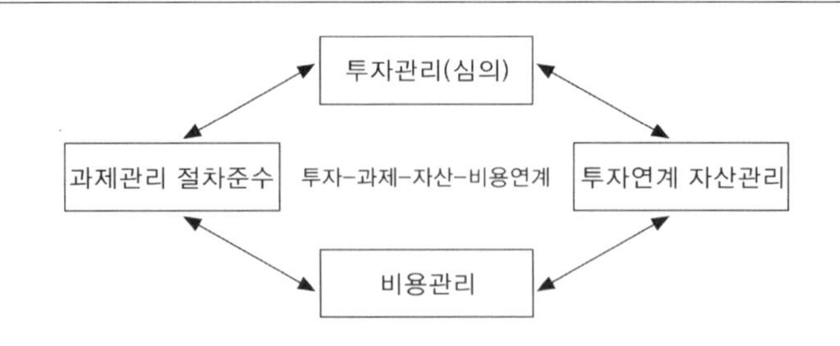

	전략단계	구현단계	운영단계
비즈니스	비즈니스 전략 컨설팅 • PI/BPR		비즈니스 업무 아웃소싱
정보시스템	IT컨설팅 • 솔루션기반 컨설팅 • 정보화 수준진단 • ISP • EA • 투자성과평가 • 아키텍트 컨설팅	Application 개발 • PLM, Eng.(CAD/CAM/CAE) • MES, 설비자동화, 공장자동화, 창고자동화 • SRM, CRM, • APS(DP/MP/FP/DF) • ERP • 경영관리(EP, KM, BI) • 기준정보(MDM)	IT아웃소싱 • 정보시스템 운영 • SW License 비용
IT인프라		IT인프라구축 • H/W, S/W,N/W, Consolidation, • 보안(방화벽, Viruswall) • EAI(B2Bi,EDI) • 기계실부대시설	데이터센터아웃소싱 • H/W 종량제 • N/W 인프라 • DR & BRS
기타	OA / 통신비 / 건물임대료 / IT교육 / 인력양성 / 공사		

[그림 3-1] IT 총비용관리 체계 흐름도 및 범위

■ 기업의 IT 비용은 통상 '가트너 IT 총비용 항목'을 기본 관리 항목으로 정의하며, 정보시스템 생명주기단계(경영계획 - 투자심의 - 개발 - 운영 - 폐기)별 발생비용에 대한 계획 및 실적을 관리, 분석, 효율화 추진 범위로 하고 통상적으로 생산과 관련된 CAD/CAM 등 엔지니어링 비용이나 통신비, 건물임대료는 제외하나 궁극적으로는 포함을 시켜야 하며, IT 총비용은 투자비용에 속하는 정보화 과제, 컨설팅, H/W, S/W 구매비용과 비용에 속하는 H/W, S/W 사용료 및 유지보수 비용, 운영비용이 속한다.

■ 기업은 '왜 IT 비용을 관리하는가'라는 질문의 답은 정보시스템 라이프

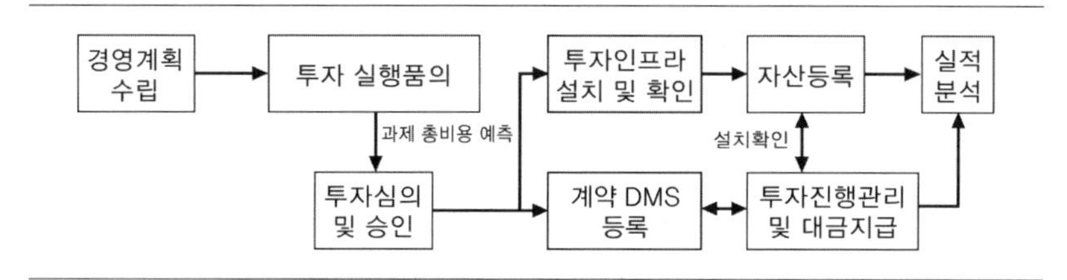

[그림 3-2] IT 투자비용 관리 프로세스

사이클 관리를 통한 투자대비 경영성과를 명확히 하고 전사적 차원에서 효율적인 관리를 위해 정보화 과제관리, 투자, 자산, 비용 및 인력관리의 프로세스를 정의하고 규정된 룰과 프로세스에 따라 업무를 처리하도록 해서 일하는 방법을 변화시켜 궁극적으로 정보자원의 효율적 활용 및 경영성과와 연계시키는 것이다. IT 자원관리를 통해 적절한 투자를 하고, 불필요하거나 저활용 과제, 유사과제 및 중복자원을 통폐합해 운영비용을 절감하기 위해 IT 계획, 개발, 운영, 폐기의 정보관리체계를 운영해야 한다는 것이다.

■ **투자비용 관리 방안**: 첫째, '매년 경영계획을 수립할 때 필요에 따른 아래로부터의 개선혁신 과제발굴'이다. 투자과제를 수행하기 위해서는 사업장별로 매년 8월 차년도 투자계획과 본사 횡전개 과제 및 사업장 자체과제를 수립하고 이에 따라 투자비용 경영계획을 수립한다. 둘째, 해당년도 투자과제 수행을 위해서는 투자품의를 프로세스에 따라 시행하고 매년 투자품의를 진행할 때 등록된 자산 정보 및 운영인력정보를 기반으로 투자비용과 향후 5년간 발생될 예상 운영비용을 통해 총비용을 예측해서 투자과제에 대한 의사결정을 진행한다. 셋째, 투자과제를 통해 발생되는 계약사항 및 자산은 투자 승인 후 계약관리 및 자산관리에 등록하고 단계별 선행 프로세스가 완료되면 진행할 수 있도록 한다.

■ **운영비용 관리방안**: 국내외 분산된 IT 운영비용을 통합관리함으로써 IT

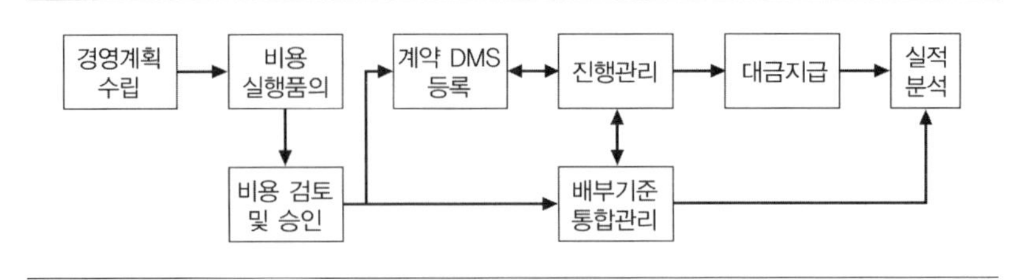

[그림 3-3] IT 비용 관리 흐름도

운영비용 관리 및 통제 창구를 일원화하고, 원활한 IT 운영비용 집행을 위해서는 해당 사업장의 운영비용 경영계획을 전년도에 우선 수립하도록 한다. 경영계획은 매년 8~9월에 차년도 계획을 수립하며 모든 운영비용 항목에 대한 계획을 수립하도록 하는데 여기에 속하는 내용은 H/W 리스비용, S/W 유지보수료, ITO(업무/시설), 네트워크 비용 등이 속하며, IT 운영비용 처리의 근거를 명확히 하고, 모든 IT 운영비용 처리 프로세스를 전사 관점에서 시스템화해서 관리해야 불필요한 중복투자를 막을 수 있다. 또한 ITO 계약 및 기타 IT 계약에 따른 청구 금액 자동 산출을 통한 ITO 비용을 청구할 수 있도록 하고 운영비용에 대한 사업장별 배부기준을 통합관리해 등록된 배부기준에 따라 관련 비용의 자동 산출 및 활용을 할 수 있도록 한다.

■ 위와 같은 IT 총비용관리를 통해서 경영층에서 얻을 수 있는 효과는 ① IT TCO 현황관리가 자동집계되고 분석이 가능해지며 세부 항목단위의 IT 총비용관리가 과제, 프로세스, 조직별 분석이 가능하고 IT 투자 및 운영비용 절감항목 등 세부 분석이 가능해지고, ② 룰에 의한 IT TCO관리를 통해 중복투자 및 낭비요인을 제거하고 투자단계부터 비용발생에 대한 원류관리 및 불필요한 과제는 통폐합해서 운영비용을 절감할 수 있으며, ③ 투자 및 운영비용 프로세스를 연계해 효율화 및 재무성과 효율화가 가능해질 수 있다.

혼자 배우는 컨설팅 방법론과 프로세스 모델링

■ 아들이 유치원을 졸업하고 초등학교에 입학한 해 3월에 있었던 일이다. 담임선생님으로부터 아들이 수업시간인데 친구에게 가서 뭔가를 속삭인다는 연락을 받았고 이해할 수 없는 행동에 아들을 불러 이야기해보니 그 친구에게 할 말이 있는데 다른 친구들이 수업을 듣는 것을 방해하지 않으려고 직접 친구에게 가서 이야기했고 선생님에게 지적을 받았다는 것이었다. 사실 아들의 말도 일리가 있었다. 비유가 적절하지 않다고 할 수 있으나 뭔가 프로세스가 정확하지 않거나 정해진 프로세스대로 행동하지 않기 때문에 발생하는 현상일 것이다.

■ 기업에서의 PI(Process Innovation)란 무엇인가? 이는 경영혁신활동이라고 할 수 있는데, 기업의 경쟁력을 향상시키는 활동으로 기업이 연속적으로 진행하는 '경영 자체가 혁신의 연속이다'라고 할 수 있다. 경영혁신은 크게 3가지 분야로 이뤄지는데 첫째, 제품과 사업구조, 둘째, 일하는 방법, 셋째, 조직과 일하는 문화이다. 즉 3P(Product, Process, People)가 이에 해당된다. 이 책에서는 PI를 경영컨설팅보다는 IT업계에서 실행하는 기업의 생산성, 품질, 서비스, 시장출하 스피드, 비용과 같이 경영성과지표를 향상시킬 수 있도록 업무처리방식, 조직 및 일하는 방식, IT 인프라 등 정보기술을 망라해 프로세스를 재설계하는 것으로 정의한다. IT 기업에서 수행하는 혁신활동을 요약하면 기업의 전략, 비즈니스 프로세스, 조직구조, IT 인프라 등 통합관점에서 변화를 지향하고 기존의 As-Is 업무를 유지하기보다는 새로운 프로세스의 변화와 부문별 단절된 업무를 연결, 통합하는 활동을 지속함으로써 개선이라기보다는 혁신적인 관점에서 변화를 추구한다.

■ 1990년대 이후 PI는 BPR(Business Process Reengineering)부터 시작했다. 1990년대 미국의 마이클 해머(Michal Hammer) 등이 제조생산성이 일본의 자동차, 전자 기업에 비해 현격하게 떨어지는 것을 만회하기 위한 혁신적

[표 3-1] 프로세스 혁신의 개념

	프로세스 혁신		혁신범위
[입력] 기업활동을 할 수 있는 각종 경영자원	정형업무 • 실시간 정보의 공유 • 각 부서, 프로세스 오너별 책임과 권한 정의 및 실행 • 고객, 공급자 등 접점에서의 의사결정	[출력] 시장선도, 고객만족 (좋은 품질, 혁신적 제품 및 서비스 제공)	프로세스 전략 정보 시스템 조직
	비정형업무 • 부적합 관행 발굴 및 개선 • 부가가치 없는 업무 개선 • 무분별한 관리 업무 개선 • 프로세스 표준화 및 단순화 • 룰 기반, 시스템 기반, 표준업무매뉴얼 기반		

인 경쟁력 제고를 위해 도입하게 된 개념으로 국내의 경우 대기업 위주로 BPR과 ERP를 적용해 기업의 경영을 위해 영업, 제품개발, 생산, 판매, 인사, 회계, 재무, 원가, 고정자산, 구매 등의 프로세스를 재설계하고 정보기술로 구현해 하나의 통합시스템으로 재구축해서 생산성과 경쟁력을 높이는 데 적용하게 되었다. 이후 경영 컨설팅 회사에서 BPR 적용을 통해 프로세스 구조, 조직, IT 시스템의 통합혁신 방법으로 발전해 오면서 PI로 적용하게 되었다.

■ **PI의 진행원칙은 무엇일까?** 첫째, 기업의 전략과 연계하는 혁신활동이 이뤄져야 한다. 생산, 판매, 마케팅 등 기업경쟁력 확보를 위해서는 사업전략을 이해하고 프로세스, 조직, IT를 망라하는 혁신활동이 진행되어야 하며 이러한 변화를 고려해 사업의 전략과 일치되는 방향으로 설계되어야 한다. 둘째, IT 시스템 도입을 전제로 진행해야 한다. 발굴된 프로세스 혁신적 내용을 생산현장 등에 적용하기 위해서는 시스템 도입을 전제로 프로세스를 정착시킬 수 있도록 수행해야 한다. 셋째, PI는 위로부터의 혁신활동이다. 성과를 내기 위해 기업의 경영전략에 기초해서 목표 및 성과지표를 정하고, 이 목표를 달성하기 위해 경영층의 강력한 의지에 기반을 둔 하향

식(Top Down) 방식으로 접근해야 한다. 마지막으로 재설계된 프로세스에 대한 변화관리 방안을 수립하고 현업에게 변화에 대한 저항을 줄이기 위해 지속적인 교육, 재설계, 등을 반복하는 변화관리를 실시해야 한다.

■ **프로세스란 무엇인가?** 토머스 H. 대븐포트(Thomas H. Davenport)가 쓴 프로세스 혁신(Process Innovation)에 따르면 '정형화된 업무기능의 집합으로 고객과 시장을 위해 특정 결과를 만드는 것'이라 정의하는데 광의의 개념에서 보면 프로세스는 특정 정보를 입력받아서 그 정보를 원하는 대상에 맞게 제공하기 위한 모든 활동이고, 작게 보면 '기업에서 수행하는 업무의 흐름, 일하는 방식'을 말한다. 실생활을 살펴보면 많은 조직의 업무가 한 부서 내에서 처리되지 않고, 2개 이상의 부서에서 처리되는 교차작용(Cross Functional)의 흐름을 갖고 있다. 이러한 프로세스의 특징을 살펴보면 ① 일정하게 정형화된 구조가 있고 ② 과거의 현상을 토대로 예측이 가능한 반복적인 작업활동의 연속이며 ③ 정보를 입력하는 공급자와 정보를 활용하는 고객이 존재하면서 이에 맞게 시작과 끝이 존재한다. ④ 프로세스는 목표가 있고, 오너가 있어 지속적인 변화관리가 가능하다. 이러한 특징을 갖는 프로세스가 정확하게 수립되지 않으면 문제가 발생했을 때 원인분석, 책임소재, 개선사항 도출이 어려워 조직 간 갈등이 생길 수 있고 이러한 문제점으로 협조체제 부실, 생산차질, 서비스 질 저하로 납기 증가 등 기업의 총체적인 경쟁력이 저하된다.

■ **기능(Function)은 무엇인가?** 프로세스는 기능별로 수행되는 태스크(Task) 간의 상호작용을 통해서 진행된다. 기능은 타기능과의 상호작용 없이는 그 자체만으로 고객에게 가치를 제공할 수 없으며 태스크가 완료되는 것에 중점을 두고 진행된다. 예를 들어 고객에게 제품 출하 프로세스에서 공정의 품질부서는 고객에게 상품을 출하하기 이전에 출하검사를 실시하지만 상품을 만들기 위한 부품을 조달하고, 서비스센터에 출하하며, 고객에게 배송하는 인터페이스가 없으면 고객에게 제품을 배달할 수 없다.

■ 내가 많은 프로젝트를 진행하면서 항상 고민하는 것은 '프로세스를 어떤 기준으로 나눌 것인가?', '국제표준은 있는가?', '업계에 디펙토(Defecto)가 별도로 존재하는가?', '프로세스의 분할은 어떤 기준으로 진행해야 하는가?' 등이다. 먼저 표준 프로세스 분류체계는 다음의 4가지 원칙에 따라 진행되어야 한다.

(1) 목표 적합성(Effectiveness): 앞서 이야기한 프로세스의 혁신, BPR이라는 목표와 향후 기업의 전사적 측면을 포함할 수 있는 구조를 정의해야 한다. 특히 프로세스 설계와 시스템 추가사항 분석의 관점을 고려한 복합 구조 정의가 필요하다.
(2) 업무 포괄성(Completeness): 모든 조직과, 각종 정보시스템에서 실행하는 업무가 누락되거나 중복되지 않도록 구조를 정의한다. 빠짐없이 그러나 중복됨이 없이, 즉 MECE의 기본 사상이다. 이때 시나리오 중심의 구조는 하위구조가 많으므로 표준분류체계는 기능중심으로 정의 후 시나리오 체계를 통해 흐름을 분석한다.
(3) 분류 일관성(Homogeneity): 유사한 업무는 동일한 분류영역으로 통합하고 경계업무는 명확히 정의한다. 상위레벨은 비즈니스 및 조직관점에서 하위레벨은 데이터 공통성 및 시스템 상관성을 중심으로 연결한다.
(4) 단계 균등성(Granularity): 분류한 프로세스 단계의 수직적인 단위는 동일한 원칙에 따라 분류하고 상대성이 일치하도록 한다. 프로세스의 복잡도와 상관없이 단일한 단계로 정의하고 단계수가 많은 경우에는 프로세스 구조를 반영할 수 있도록 한다.

■ 기업의 표준 프로세스 분류체계는 처음과 끝(End To End) 시나리오 중심 구조와 기능 중심 구조를 분리해서 단계 1~3은 E2E 관점에서 통합 프로세스 설계를 위한 시나리오를 정의하고, 단위 프로세스와 시스템 기능 정의가 용이하도록 하는 기능 중심 분류는 단계 1~5를 분리해서 정의한다. 통상적으로 표준 프로세스 단계 1~5는 시나리오가 아닌 기능 중심으로 정의

해야 한다.

■ 표준 프로세스 분류체계는 분류기준에 따라 구분하며 프로세스 특성에 따라 중복이 최소화되도록 한다. 프로세스의 분할은 프로세스의 관리 및 운영을 효과적으로 하기 위한 과정으로 5단계로 분할해서 구성한다.

(1) 메이저 프로세스(Major Process): 기업 및 고객가치를 창출하고 기업의 목표를 달성하기 위한한 가치 사슬(Value Chain)을 구성하며 지속적으로 관리해야 할 주요업무 기능의 최상위로, 제조업에서는 연구개발, 마케팅, 영업, 생산실행, 출하, 서비스 등 8대 프로세스가 포함된다.
(2) 메인 프로세스(Main Process): 계획, 실행, 통제, 지원의 관점(Plan, Do, See, Support)에서 상세화한 내용으로 생산계획 수립, 출하관리, 수입물류 등이 속한다. 이 단계는 혁신대상이 되는 최소한의 단위이다,
(3) 프로세스 카테고리(Process Category): 메인 프로세스를 좀 더 구체적인 프로세스 유형이나 서브 기능으로 세분화하기 위한 분류 단계로 제품

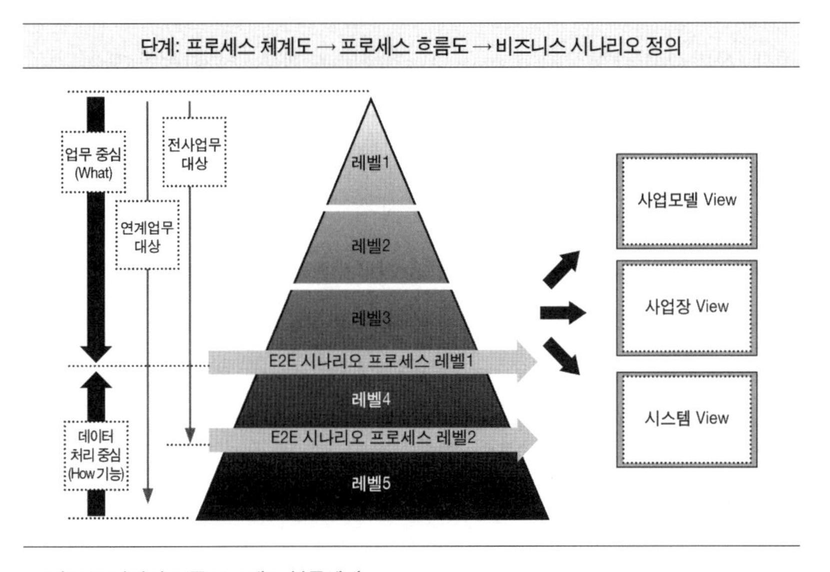

[그림 3-4] 기업의 표준 프로세스 분류체계

및 자재특성, 운영형태, 고객 구분 등의 형태로 분류한 형태가 속한다.

(4) 단위 프로세스(Unit Process): 비즈니스 측면에서 의미가 있고 독립적인 산출물을 생성하는 단위로, 프로세스 내에서 동일한 목적으로 연속적으로 수행하는 작업으로써 고객에 의해 입력을 받아 업무가 시작되고 구체적인 처리절차와 주기를 가지는 레벨로 보전계획 수립 및 작업지시 확정, 납입지시 등이 속한다. 즉 액티비티 연결을 위해 최하단의 프로세스이다.

(5) 액티비티(Activity): 업무의 흐름상 더 이상 나눌 필요가 없는 최소단위의 업무활동으로 1명의 작업자, 시스템, 작업그룹에 의해 동일한 장소에서 처리되며 시작하게 되면 중단 없이 진행하고 종료되는 단계로 납입지시 생성, W/O 생성 등이 여기에 속하며 표준 액티비티는 실행, 검증, 작성, 공지 등이 속한다.

■ 프로세스 분할 방식은 첫째, 자원의 수명주기 접근방식(Resource Life Cycle Approach)을 많이 사용하는데 여기서 주기는 자원계획, 획득, 사용, 폐기 및 모니터링의 단계로 이뤄지며 기업에서 리소스는 고객, 제품, 인력, 자금, 설비 등으로 구분한다. 설비프로세스의 예를 들면 [표 3-2]와 같다. 둘째, 상향식 접근방식(Bottom Up Approach)은 세부 업무활동을 묶어 최하위 프로세스를 정의하고 이를 다시 묶어 상위 프로세스를 정의하는 것으로, 즉 마스터플랜 수립으로 구성된다. 이런 분할 단계 작업은 한 번에 완료되는 것이 아니라 지속적인 반복적 과정(Stepwise, Iterative Methodology)을 통해 성숙도가 높아지며, 국제표준이나 Best Practice가 존재하지 않는 경우는 현업과의 인터뷰를 통해 상향식 방식으로 프로세스를 묶는 작업이

[표 3-2] 자원 수명주기 접근방식 프로세스 분할

수명주기	계획	획득	사용	폐기	관리
분할프로세스	설비투자계획	설비구매	설비보전 S/P 구매	설비 폐기	설비상태 모니터링

진행될 수 있다. 따라서 2가지 방식 모두를 고려해야 하며 앞서 이야기한 처음 시작할 때는 혁신 대상이 되는 메이저 프로세스를 먼저 선정하고 위로 묶는 상향식 접근방법을 상용하고, 고객과 인터뷰나 실행 중에는 하위 프로세스를 분할하는 자원 수명주기 방식을 사용하도록 한다.

■ 프로젝트를 하다 보면 업무 이해도가 높은 현업 인력이 프로세스를 직접 재설계하게 되는 경우가 많은데 여기서 명심할 것은 프로세스 모델링 교육을 반드시 사전에 받아야 한다는 것이다. 먼저, 프로세스 명을 정의하는 방법에 대해 알아보면 ① 명사+명사형 동사는 업무행위를 나타내는 동사의 명사형으로 정의한다. '설비조달계획 수립'은 좋은 예이고, '설비조달계획'은 개선이 필요하며 하위 레벨에 '관리'와 같은 표현은 배제한다. ② 2개 이상의 업무의 조합은 '및'으로 표현하며 3개 이상의 업무는 표현하지 않고 프로세스를 나눠서 진행한다. ③ 외래어는 배제하고 표준용어나 약어를 사용하며 영어와 한글 등의 중복표현은 하지 않는다.

■ 프로세스맵(Process Map)은 크게 기업의 메가 프로세스 간의 연관관계를 도식화한 전사프로세스 맵, 메가 프로세스 내의 메이저 프로세스 간의 연관관계나 타 메가 프로세스와의 연관관계를 정의한 메가 프로세스맵, 메이저 프로세스맵, 단위 프로세스맵으로 구성되며 액티비티를 시간적·논리적인 순서에 따라 선후행 관계를 파악하는 것이 효율적이다. 또한 프로세스의 작성원칙은 육하원칙에 따라 정의한다. ① Who: 프로세스를 수행하는 역할자를 명시하고 ② When: 프로세스가 발생되는 시점을 기술 ③ Where: 특정 시스템, 작업이 이뤄지는 장소 등 ④ What: 출력산출물, 시스템 입력 등 ⑤ Why: 프로세스를 통해 무엇을 얻으려고 하는가의 목표를 명시 ⑥ How: 관점과 수행 시 참고해야 할 정보, 사규, 표준 업무매뉴얼, 지켜야 할 제약조건을 기술한다.

■ PI 절차를 통해서 비즈니스 프로세스, 시스템, 조직에서의 개선활동을

찾을 수 있고 이를 통해 신규 비즈니스 모델을 시스템화 및 룰화해서 변화관리함으로써 혁신활동이 구현되는데 그 단계는 첫째, 프로세스 진단 및 평가, 둘째, 프로세스 비전 설정, 셋째, 미래모형 정의, 넷째, 실행계획, 즉 마스터플랜 수립으로 구성된다.

■ 위에서 표현한 정보전략 수립 절차를 다시 정리해보면 기업, 경쟁자, 고객, 내·외부 환경에 대한 경영환경 분석 → 인터뷰 및 분석을 통한 현행프로세스 분석 → AA, DA, SA, TA의 설문 및 인터뷰를 통한 현행 정보시스템 분석 → 프로세스와 데이터의 상관 정보모델 개발 → IT 원칙, 전략 등 정보구조 개발 → 사업전략과 프로젝트 중장기 추진계획을 수립하는 마스터플랜 수립단계를 거친다. 여기서 정의한 환경분석 및 현황분석을 통한 프로세스진단을 위해서는 많은 PI 분석기법이 사용되어야 하며 외부환경을 분석하는 방법에는 거시적인 환경을 분석하는 PEST 분석, 산업환경 분석 기법에는 5Forces 분석, 3C 분석이 있고, 내부역량을 분석하는 방법에는 BCG 매트릭스, 가치사슬 분석, 7S 분석이 있으며, 전략수립 기법에는 3C 분석을 통한 전략수립과 SWOT 분석을 통한 전략수립방법이 있다. 주요한 기법은 다음과 같다.

(1) **전략수립을 위한 3C 분석**: 경쟁사(Competitor), 자사(Company), 고객(Customer) 분석을 통해 고객에게 경쟁사보다 더 좋은 제품, 서비스, 가치를 제안하는 기법으로 비즈니스 개선기회를 도출하기 위해 경쟁사의 움직임, 강점, 약점 등을 파악해서 자사의 지속적인 경쟁우위를 지켜나가기 위한 현상 분석의 한 방법으로 해당 기업이나 조직의 경쟁 환경을 분석하기 위한 도구로서, 다양한 산업 환경에서의 산업구조와 경쟁자 분석에 강조점을 둔 기법으로 5Forces 모델과 유사하다. 또한 5 Forces 모델의 산업 매력도를 결정하는 5가지 경쟁 요인 중 3가지 요인을 중심으로 분석하는 체계적인 기법으로, 고객 및 시장을 세분화해서 분석하는 것이 바람직하다.

[표 3-3] PI 프로젝트 단계별 실행 항목

단계		평가내용
PI 단계	계획 수립	진단 및 평가 방법론, 비전설정 전략, 실행계획 수립
	프로세스 진단	현행업무 분석 및 방법론&Tool 기반 평가 • 환경분석: 경영환경, 사업환경, 경영전략 분석 • 핵심성공요소(CSF: Critical Success Factor)분석 • 현황분석: 조직현황, 업무프로세스, 시스템 현황 • 요구사항 분석: 현업요구사항 분석, VOC, VOB • 결과 분석: 이슈도출 및 원인분석, 혁신기회 도출 • 선진 및 동종업계 벤치마킹 준비
	프로세스 비전 설정	프로세스 혁신을 위한 프로세스 향후 비전 설정 • 방향정의: 혁신방향정의, 혁신프로세스 정의, B/M • GAP분석: 글로벌 사례와 차이분석, 경향 분석 • 비전설정: 혁신목표 정의, 혁신 프로세스 비전설정 • 과제선정: 단기과제, 중/장기 과제선정, 실행계획 수립
	미래모형 정의	비전 달성을 위한 미래모형 정립 • 설계: 혁신프로세스 체계도 정의, 프로세스 설계, 혁신프로세스 통합, 일반 프로세스 정의 혁신&일반 프로세스 통합 • 미래모형정의: 미래 프로세스 확정, 미래 조직정의, 미래 시스템 구조저의, 미래 모델 통합
	실행계획 수립	미래모형 구현을 위한 실행계획 수립 • 과제정의: 단기, 중장기과제 정의 • 실행과제 우선순위 정의 • 상세 실행계획 수립, 마스터계획 수립
구축 단계	정보시스템 설계	마스터플랜을 기반으로 실행과제 상세설계
	정보시스템 구현	실행과제 시스템 구축
	변화관리	프로세스, 조직, IT 변화관리 및 개선활동

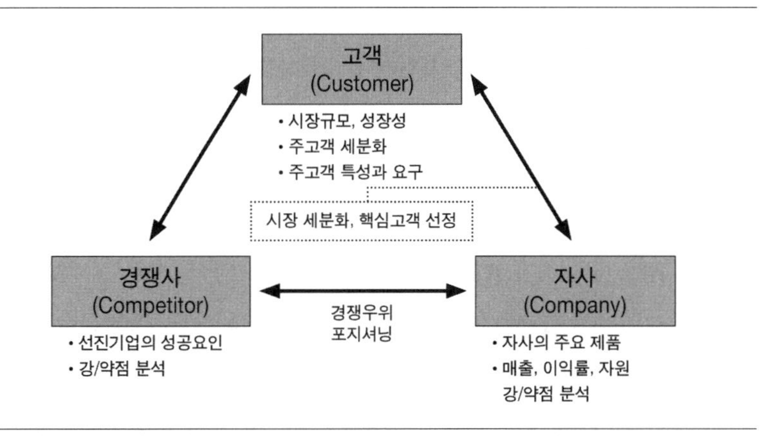

[그림 3-5] 3C 분석 방법의 개요

(2) 5Force분석은 포터(Michael Porter)가 정의한 것으로 산업의 구조적 분석을 위해 사용되는 기법으로 고객, 경쟁자, 공급자를 포함하는 산업의 구조적 특성을 이해하는 데 도움이 되는 것으로 첫째, 규모의 경제성, 정책, 거래상태변경의 비용분석 등 잠재적 경쟁자 또는 기업분석, 둘째, 상대적 가격, 성능, 선호도 분석 및 변환 비용을 고려한 대체품분석, 셋째, 사업구도, 신용 및 제품의 차이 등을 분석하는 기존기업 간 경쟁, 넷째, 기술공급업체의 차별화 정도 및 대체재의 출현과 구매량의 비중을 분석하는 공급자분석, 다섯째, 구매자의 경영환경, 기술변화, 대체품의 유무 등 산업의 구조적 특성 및 기업구조의 가치 등 외부환경을 분석하는 기법이다.

(3) 7S 분석: 토머스 피터슨(Thomas Peters)이 제시한 기업의 7가지 요소에서 제시한 기업 내부 분석 도구로, 기업전체를 진단하고 전략을 수립, 실행, 평가하는 구조적 사고의 틀을 제공하는 것으로 맥킨지 등에서 조직의 역량을 파악하기 위한 방법론으로 활용된다. 기업문화의 중요성에 대한 인식을 강조하고 기업조직의 변화대처 능력에 영향을 미치는 7가지 경영요소가 거미줄처럼 상호 연결되어 있어 전략 수립, 실행, 평가에 전체적인 시각에서 고려해야 한다는 관점을 강조하며 여기에는 Style(경영자의 기업문화), Strategy(경쟁우위 확보방법), Structure(업무 전문화 및 권한부여), System(조직을 관리하기 위한 제도, 규정, 관리체계), Skill(기술력, 업무능력), Staff(인력양성, 확보 등 사회화), Shared Values(조직의 행동원칙 등 공유가치) 간 원활한 소통을 중요시해 전체적인 시각에서 기업의 변화 대처 능력에 영향을 미치는 7가지 경영요소 분석을 통한 내부역량을 분석한다.

(4) TBB(Technical Building Block): 정보기술 적용가능성 검토로 정보시스템 구성 기술요소를 체계적으로 그룹핑해서 6개 블록, 즉 어플리케이션 서비스, 개발환경, 어플리케이션 지원서비스, 데이터서비스, 시스템 플랫폼, 네트워크, 보안체계로 구성된다. 쉽게 말하면 아키텍트가 주로 활용하는 분석법으로 OSI 7 Layer(개방형 시스템 상호연결 7계층)에 근거

한 어플리케이션과 데이터를 지원하는 기술구조(H/W, S/W, N/W 등)를 상호관련성을 고려해서 논리적으로 블록(Block)화한 개념으로 상층, 좌우측, 하층으로 분류해 어플리케이션(Application), 데이터(Data), 네트워크(Network) 등 기반구조를 표현한 것이며, 각 기술영역에 대한 운용을 위해 상호 관련된 기술 요소들을 집단화·평면화해서 정보시스템의 기술구조를 정의하는 방법이다. 사용자인터페이스(User Interface: CUI, GUI, MUI, HCI), 사무환경(Office: OA 도구, Personal DBMS, Web Browser), 어플리케이션 서비스(Application Service: ERP, EP, SCM, SEM, MES), 어플리케이션 지원 서비스(Application Support System: Middleware), 데이터서비스(Data Service: DBMS, Data Warehouse, OLAP, Data Mining), 개발환경(Development Environment: CASE Tool, UML, 방법론, C/S 및 Web 개발 툴), 시스템플랫폼(System Platform: O/S, Open System, HA), 네트워크(Network: LAN, WAN, Intranet/Extranet), 보안(Security: VPN, 정보보호, Firewall, IDS) 및 시스템관리(System Management: NMS / SMS, Back-up BRS, XML/EDI), 외부접속환경(External Interface: E-mail/FTP, TCP, B2Bi, EDI, XML/EDI)의 10가지로 구성된다. 이를 통해 정보기술 적용가능성을 기술성숙도, 표준화, 실제 현장 검증사례, 개발 및 운영의 편의성, 투자비용 등을 고려해 실시한다.

(5) CSF/CIR: CSF는 무엇인가? CIR(Critical Information Required)은 경영환경을 분석한 후 중장기전략을 달성하기 위한 핵심 성공요소를 기준선으로 정보화 측면에서 향후 지향해야 할 정보화 추진방향을 설정하고 이에 대한 정보화 요구사항을 도출한다. 핵심성공요소(Critical Success Factor)로써 MIT의 존 락카트(John Rockart)는 '한 조직이 성공하기 위해서 취해야 하는 핵심적인 활동'이라고 정의했으며, 개인, 부서, 조직에게 성공적인 결과를 달성할 수 있는 경쟁력 있는 업무 수행을 보장해 줄 수 있는 것이며 조직의 성패, 성과 목표달성에 가장 큰 영향을 미치는 요인들을 기업의 임원들과의 VOB 인터뷰, 설문, 델파이 기법 등을 이용해 도출하게 된다. 기업의 전략 및 해당기업이 속한 산업 및 경제

의 전반적 구조에 의존적이며 이 방법을 사용하면 주요 경영진은 가장 중요한 활동에 집중할 수 있으나 비구조적이고 비포괄적 접근방법이라는 약점이 있다. 반면에 CIR은 CSF를 달성하기 위해 필요한 요소 등 주요 정보화 요구사항, 임원요구를 과제별로 준비해야 한다.

(6) 핵심역량(Core Competency): 핵심역량은 기업 내부의 조직구성원이 보유하고 있는 총체적인 기술, 지식, 문화 등 기업의 핵심을 이루는 능력으로 기존의 대기업은 다양한 기술을 총망라해서 육성하는 경향이었으나, 최근에는 첨단 기술, 제품에 집중 및 투자자금 동원에 문제가 있어 회사 전체적으로 보아 선별 육성하는 것이 경쟁력 확보에 유리하다고 판단하고 있으며 급격한 환경의 변화에 따라 시장 예측이 날로 어려워지면서 기존의 외부적 환경에 중점을 두었던 경영방식보다는 기업 내부에서 성공 원천을 찾으려는 노력으로, 1999년 런던 비즈니스 스쿨의 게리 하멜(Gary Hamel) 교수와 미시간 대학 비즈니스 스쿨의 프라할라드(C. K. Prahalad) 교수에 의해 제창되었으며, 특정 기업이 보유하고 있는 독자적이고 우월적인 내부역량으로 타 경쟁사에 비해 우위를 지니는 능력의 집합으로 다른 회사가 모방, 복제, 대체하기 어려운 해당기업의 특유자원과 능력을 의미한다. 핵심역량을 파악해서 이를 통합관리함으로써 기업의 성장과 발전을 이루는 것이 핵심역량 경영이며 기업경쟁의 중추적 역할을 담당하는 핵심역량을 발견하고 이것을 제품화해서 타사와의 경쟁에 이용할 뿐만 아니라, 더 나아가 이 역량을 더욱 발전시키거나 기존 핵심역량에 새로운 기술이나 서비스 등을 연계시켜 새로운 성장분야로 다각화하는 것이 중요하게 여겨지고 있다.

(7) 원인결과 다이어그램(Cause and Effect Diagram): 6시그마에 많이 사용하는 분석방법으로 결과에 영향을 미치는 문제에 대해 그 특성에 영향을 주고 있는 원인의 관련성과 요인 사이의 상호 관계를 계통적으로 단계적으로 깊게 들어가 근본 원인을 파악해 눈으로 보고 이해할 수 있게 도식화한 것이다. 모양이 생선뼈와 비슷해서 '피쉬본 다이어그램(Fish-bone Diagram)'이라고도 하고, 일본의 품질관리 전문가였던 이시가와

가오루(Kaoru Ishikawa) 박사가 고안했기 때문에 '이시가와 다이어그램(Ishikawa Diagram)'이라고 부르기도 한다. 결과에 대한 요인을 파악할 때 여러 사람의 의견을 통해 정의하는 것이 효과적이므로 관련된 사람들이 모두 한자리에 모여 브레인스토밍 등을 이용해서 중요한 요인을 모두 찾아낼 수 있고 이 과정에서 문제에 관한 토론이 진행되면 문제해결의 실마리를 찾는 데 도움을 준다. 개선해야 할 문제가 되는 특성을 결정 → 특성과 등뼈를 기록 → 큰 뼈를 기록 → 둘째 뼈, 셋째 뼈, 넷째 뼈 기록 → 원인확인 단계를 거친다.

(8) 델파이: 미래를 예측하는 방법의 하나로 전문가 집단의 의견을 조정하거나 통합, 개선시키기 위해 해당 분야의 전문가들의 의견이나 판단을 효과적으로 종합하기 위한 기법으로 1단계에서는 주제를 구체화해서 질문지를 통해 관련 전문가들의 의견을 조사하고, 2단계는 1차 응답 내용을 정리해 최초의 응답자들에게 알려주는 후속질문지를 작성하고 배포하는 조사를 반복한다. 3단계는 2단계에 걸친 결과와 각종 통계 기법들을 활용해 최종적으로 정리하고 결과를 해석하는 것이다. 예를 들어 MES의 모듈을 10개에서 5개로 줄일 때 프로세스 및 기능의 경험이 있는 전문가 판단에 의해 적용할 수 있다.

(9) 파레토: 이탈리아의 경제학자 알프레드 파레토(Alfred Pareto)의 이름을 딴 파레토 차트(Pareto Chart)에 근거해 조셉 M. 주란(Joseph M. Juran)은 "이탈리아 인구의 20%가 이탈리아 전체 부의 80%를 가지고 있다"고 주장했으며 이는 품질관리 분야에 적용되어 제조업이나 서비스업의 경우 문제를 발생시키는 원인이 많아 보이더라도 대부분의 문제는 소수의 원인 때문에 발생한다고 한다. 이처럼 문제의 원인은 '사소한 다수(trivial many)'와 '중요한 소수(vital few)'로 분류할 수 있다. 중요한 20%의 원인이 전체 문제의 80%를 발생시키기 때문에 이것을 특히 '20:80의 법칙'이라고도 할 수 있다. 파레토 차트는 이러한 중요한 요소를 구별하기 위한 일종의 막대그래프(Bar Chart)이다. 막대는 크기가 큰 것부터 왼쪽에서 오른쪽으로 배열한다. 현재 조사 중인 문제에 어떤 인자가 큰

영향을 미치는지 알아보기 쉽도록 그래프의 위쪽에 누적 백분율을 나타내는 꺾은선 그래프가 나오며, 파레토 차트는 작성하기 쉽고 효과도 뛰어나므로 품질 개선팀에서 사용하는 가장 유용한 기법 중의 하나다.

(10) MECE(Mutually Exclusive Collectively Exhaustive): 어떤 사항과 개념을 중복 없이, 그리고 전체적으로 봤을 때 누락되는 부분이 없도록 개별의 합이 전체가 되는 요소의 집합으로 부분집합을 파악하는 것으로 정형화된 기법, '논리적 사고의 기본적인 틀'이라고 볼 수 있다. 3C, 7S 등 분석기법은 MECE 사고를 위한 정형화된 분류 기준의 하나로 볼 수 있으며 WBS(Work Breakdown Structure)를 개발할 때, 상품을 기획할 때, 새로운 아이디어를 내거나 필요한 정보가 무엇인지 파악할 때, 이미 있는 정보를 그룹핑시킬 때, 동일 레벨의 문제인지 확인할 때 사용할 수 있다. 누락과 중복이 없고 동일 레벨인 분류 기준의 설정이 제일 중요하며, 복잡한 문제를 판단이 가능한 요소로 나누어 생각하거나 중복에 의한 비효율이 생기는 것을 방지하고, 분해된 각 요소를 보면서 일의 중요도와 우선순위를 판단하기 위해 적용하며, 요약해보면 모든 항목들이 배타적이면서 다 모였을 때는 완전히 전체를 이룬다는 것이다.

글로벌 템플릿을 이용한 기업의 MES 수준 진단

■ 앞서 이야기한 것처럼 PI 진행을 위해서는 현업업무 분석을 통한 글로벌 표준에 적합한 방법론이나 툴을 기반으로 현수준에 대해 평가를 해야 한다. 이에 따라 경영환경, 사업환경, 경영전략 분석 등 환경분석 및 기술현황을 분석하고 현수준 진단을 통해 핵심성공요소를 도출해야 한다. 제조업의 제조현장관련 수준을 진단하는 모델은 여러 가지가 있는데 MESA의 MMP(MESA Maturity Profile)와 ANSI/ISA-95 Model, PRM(Purdue Reference Model) 등이 대표적인 제조실행 진단 모델이다. ANSI/ISA-95 모델은 ASNI/

[표 3-4] PMM(Process Maturity Model) 정의

레벨	개선점	반복작업
1레벨	프로젝트 반복 연습	자체 수행
2레벨	프로세스 상시 조직화	기본적인 프로젝트 관리
3레벨	예측 가능한 프로세스	프로젝트는 정의된 수준
4레벨	지속적인 프로세스 개선	프로세스가 측정가능한 수준
5레벨	최적화된 운영단계	프로세스 통제가 가능한 수준

ISA-95 Enterprise Control System Integration의 내용 중 MOM(Manufacturing Operations Management)의 Activity Model을 적용해서 진행하는 것이다.

■ MMP(MESA MES Maturity Profile): 프로세스 성숙도 모델(Process Maturity Model)을 응용한 모델로 현재의 프로세스 수준을 진단하고 개선점을 도출하는 모델로써 프로세스의 성숙도를 현행 업무 프로세스를 5단계로 나눠진 모형과 개별적으로 비교해 진단하고 이슈를 도출하는 방법이다. 이를 통해 ANSI/ISA-95 모델에 선행해 핵심 비즈니스 이슈를 사전에 도출하고 세부 진단범위를 선정할 수 있으며, 전체 수준을 평가할 수 있다. 프로세스 성숙도 모델은 카네기멜론대학의 SEI(Software Engineering Institution)의 찰스 베버(Charles Webber) 박사가 창시한 CMM(Capability Maturity Model), Comtech Services의 IPMM(Information Process Maturity Model)의 비즈니스 성숙도 모델 등이 있는데 PMM(Process Maturity Model)은 기업의 프로세스 수준을 평가하기 위해 업종별·Value Chain별 프로세스 성숙도 단계를 분류한 모델로 높은 수준의 단계로 갈수록 프로세스 운영방식이 체계화되어 있으며 기업별로 특정 프로세스의 목표 수준이 다르기 때문에 목표수준에 맞출 수 있는 근간을 측정하는 것이다.

■ 성숙도 1레벨(Poor): 없음에 해당하는, 프로세스를 거의 관리하지 않는 상황으로 일반적으로 프로세스가 즉흥적이거나 혼란스럽고, 조직 내에서 안정적인 환경이 제공되지 않으며, 개인의 역량에 따라서 업무의 완성도가

달라지는 수준이다. 따라서 시간이 없어서 프로세스 관리를 포기하고 업무를 한번은 성공해도 다시 성공한다는 보장이 지속적으로 없어 성과목표를 달성할 수 없는 단계이다.

■ **성숙도 2레벨(Basic):** 1단계를 거쳐 프로세스 관리를 계획, 수행, 측정, 통제하는 상태이고 문서화된 계획에 따라 프로세스 관리를 수행하고 요구사항, 프로세스, 산출물을 관리할 수 있는 프로세스 관리에 대한 정책(계획, 측정, 통제, 검토)이 확립 및 운영되고 있어 프로세스 관리 툴을 사용하기 시작하고 있으나 1단계와 마찬가지로 조직 내에서 안정적인 환경이 제공되지 않고 개인의 능력에 따라 업무가 완수 되는 단계이다.

■ **성숙도 3레벨(Effective):** 2단계를 거쳐서 프로세스를 충분히 이해하고 특성을 표준, 절차, 도구 등으로 표현하는 단계로 프로세스를 정의, 문서화하고 조직원들이 책임과 역할을 알고 있으므로 프로세스, 산출물 등을 관리해서 프로세스 자산과 개선정보를 관리한다. 조직은 표준 프로세스를 기초로 업무를 관리하고 표준 프로세스에 입각해 수행할 프로세스의 적정한 목표를 수립해서 표준화된 운영 프로세스가 확실하게 전개되는 단계이다.

■ **성숙도 4레벨(Best Practice):** 3단계를 거쳐 프로세스의 품질 및 프로세스 성과와 목표를 수립하고 통제하는 단계로 서브 프로세스를 선정해서 프로세스 성과를 통제하며 정량적 목표를 수립하고 통계적 방법을 활용한 관리를 통해 프로세스 변동의 이상요인을 추적해서 시정하는 단계이다. 조직은 통계적 방법을 활용해 프로세스를 관리하고, 품질 및 프로세스 성과의 측정치를 측정저장소에 등록하며, 통계적 방법을 활용해서 성과를 예측하고 프로세스를 통제할 수 있다.

■ **성숙도 5레벨(Emerging):** 정량적 해석을 통해 프로세스를 지속적으로 개선하는 단계로 점진적, 혁신적 기술개선을 통해 프로세스 성과를 개선하

[표 3-5] 제조현장 성숙도 모델

요소	정의	상세설명
제조전략	1레벨	제조전략이 없음. No manufacturing strategy
	2레벨	제조전략이 문서화되어 있고, 개발전략이 지속적이지 않아 기능단위로 구현되고 있음
	3레벨	지속적인 개발 및 정형화된 전략이 있고, 사업전략 및 기업 전반적인 전략과 연계되어 있음
	4레벨	제조전략비전이 서비스와 완전히 통합되어 있고, 제조전략이 e-Biz를 지원함
	5레벨	제조경쟁력이 높고, 제조전략이 Extended기업(SCM, CRM)을 지원해 성과를 도출함
제조품질	1레벨	기준이 혼란스러울 정도로 많아 문서진척관리가 안 됨 교육이 어렵고 반복실수와 반복작업이 많음
	2레벨	품질프로세스가 문서화되어 있고, 간단한 툴을 효과적으로 사용하기 시작함(SPC, LIMS)
	3레벨	품질 프로세스가 생산, 설비 등과 통합되어 있고, 정교한 툴을 사용해 품질 수준이 향상됨
	4레벨	산업표준으로 간주되고, 품질리더, 생산과 프로세스 품질이 여러 프로그램을 통해서 측정되고 향상됨
	5레벨	6시그마 프로세스가 준수되고 있고, 품질레벨이 새로운 제품 생산과 신규 사업 성장이 가능한 수준으로 증가됨
공급망 연계	1레벨	KPI&인센티브가 상호 조정되지 않으며, 단위기능위주 수행되고, 생산에 따라 많은 재고를 가져가고 있음
	2레벨	재고와 서비스 수준이 추적되고, 기본 프로세스가 이해되고 따라 하고 있음
	3레벨	강한 SOP프로세스가 있고, 사업과 공급체인이 연속적인 관계가 있어 생산방식이 유연함
	4레벨	제조 대응력 및 유연성이 높고, 제조가 SCM의 KPI를 지원하며, 원자재, WIP, FG을 위한 재고관리 수준이 높음
	5레벨	비전 있는 리더가 새로운 역량을 창출하며, 실시간 생산이 SCM을 주도해서 시간/일별 대응력이 측정됨
데이터 수집	1레벨	시스템과 수작업이 별도로 존재해서 많은 데이터 수집포인트가 있고, 작업자에게 최소정보가 제공됨
	2레벨	시스템이 통합되지 않았고 개별 정보만 제공함
	3레벨	다양한 조건을 맞추는 시스템이 중요한 부분의 생산을 담당하고 있고, 전 부문에 걸쳐 프로세스 수용력과 성과통계지표가 추적이 가능함
	4레벨	시스템이 사업장 간에 전체적으로 통합되어 있음
	5레벨	Internet/intranet/extranet이 공급자, 고객, 협력업체와 생산시스템, 제조물류, 고객정보가 서로 연계됨

고, 안정화된 프로세스 변동의 우연요인을 발굴하여 개선하며 개선에 대한 조직원의 역할인식과 참여가 활성화된 단계이다. 조직은 정량적 근거에 기초해 개선목표를 수립하고 개선을 수행하고 문서화된 계획에 따라 프로세스 관리를 수행한다.

■ MESA MMP는 제조 운영에 대한 6가지 평가대상 및 성숙도 레벨을 측정하는 기준선을 제시했는데, 제조전략(Manufacturing Strategy), 제조 품질(Manufacturing Quality), 공급망 관리(Supply Chain Alignment), 데이터 수집(Data Collection), 성과관리 및 향상(Performance Management and Improvement), 제조 인프라(Manufacturing Infrastructure)가 바로 그것이다.

■ 제조현장 성숙도 모델을 기반으로 한 설비관리 및 설비생애관리 분석 및 진단 프레임워크의 상위 개념 버전은 다음과 같으며 설비종합관리 고도화를 위해서는 설비운영비용 절감, 품질향상, 글로벌 조직역량을 확보하기 위해서 단계별로 접근해야 하는데 설비효율향상과 보전인력의 업무효율을 향상시키는 설비관리기반 조성단계, 설비 및 부품 투자효율화와 설비상향 일치화 기반을 마련하기 위한 설비생애관리단계, 설비운영비용 절감, 품질향상 및 글로벌 조직경쟁력 확보를 위한 종합설비관리 고도화단계로 성장하고자 아래와 같은 개념으로 부분별 성숙도 수준을 진단해서 개선 포인트를 찾을 수 있다.

(1) 전략부문: 중장기 설비운영 및 개선전략 수립, 설비관련 시스템 운영 및 개선전략 수립
(2) 관리조직: 설비관련 전사 KPI 운영, 설비 및 부품관련 조직체계
(3) 보전관리: TBM, CBM, UBM, RCM 등 보전전략수립, 보전표준관리, 보전계획관리, 스케줄링 및 할당, W/O관리, 예비품관리
(4) 부품관리: 구매, 재고, 물류, 협업, 품질관리
(5) 생애관리: 설치프로세스, 개조개선, 설비이력, 부품이력관리

(6) 비용관리: 예산관리, 취득, 운영, 보전, 폐기 비용관리 및 분석

(7) Best Of Best관리: 설비가용성 및 성능분석, 원자재 투입분석, 제품기반 분석

(8) 기준정보: 설비보전 BOM. 자원관리, 설비 및 부품 기준정보

(9) 설비문제 해결: 고장분류 BOM, 고장모드별 신뢰성 분석, 설비이상 처리 및 문제관리, 문제해결 지식관리, RCM 기반 보전전략 관리

(10) 성과분석: 보전, 부품, 설비 지표분석 및 실시간 비교분석

(11) 지식관리: 정형정보 및 비정형정보 인폼관리

(12) 설비엔지니어링 관리: FDC, R2R, RMM, APC, ECM 등.

프로세스와 프로그램은 하나로 관통하자

■ 20년 동안 IT 업종에 근무하면서 느낀 점 중 하나는 프로세스를 지키기 참으로 어렵다는 것이다. 생산에 직접적인 영향을 주는데, 프로세스와 프로그램 소스를 변경하고 전체에 적용하는 단계가 있는데 현업 키맨의 한마디로 다 바꿀 것인가? 아니면 프로세스대로 할 것인가? 여러 사업장을 통일해서 단일한 플랫폼을 유지하고 분산된 공장의 자원체계를 구축해야 글로벌한 사업장의 가시성, 유연성, 일관성, 연계성 강화를 달성할 수 있으며 여기서 본사에서의 기준정보, 프로세스, 운영기준 및 시스템통합의 거버넌스 확립을 통해 체계적인 분석을 강화할 수 있으며 각 사업장은 실행력을 강화시킬 수 있다.

제조기준 : 프로세스 : 프로그램 = 1 : 1 : 1

■ 글로벌한 기업에서의 글로벌 라이브러리는 무엇인가? 우리는 모든 프로그램을 라이브러리로 관리하고 특정 비즈니스를 개발하려면 이러한 라이브러리를 조합해서 대응을 하고, 추가 비즈니스 항목이 생기면 지속적으

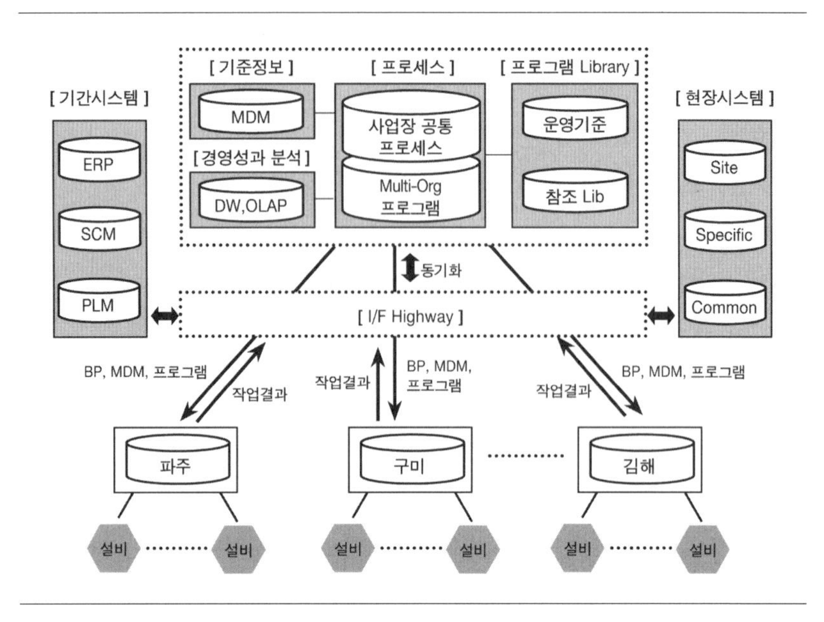

[그림 3-6] 글로벌 라이브러리 운영이미지

로 핵심 라이브러리를 개발해서 아키텍처 지향적인 개발이 진행되어야 한다. 여기에 라이브러리라 하면 ① 프로세스 분류체계: 비즈니스 유형별로 체계화되어 모든 사업장에 적용 가능한 업무 프로세스의 분류체계로 프로세스 L1 → L2 → L3 → L4 → 액티비티로 구성된다. ② 운영기준: 프로세스의 최하위 단위인 태스크를 실행하기 위한 업무 기준이며 태스크, 운영기준, 프로그램이 1 : 1 : 1의 관계를 가진다. ③ 단위 프로그램: 태스크 운영을 위한 UI, OI, BRMS, 배치(Batch), 인터페이스(Interface), 에이전트(Agent)에 대한 실행프로그램이다. 글로벌 기업에서는 제조업의 8대 메가 프로세스와 관련해 분류된 체계와 연계되어 태스크별 운영기준을 작성하고 변화관리를 해야 하며 라이브러리가 지속적으로 쌓일 수 있는 레파지토리가 구성되고, 운영기준부터 단위 프로그램 소스의 연계를 통해 정합성 유지를 통해 '프로세스가 변경되면 프로그램이 변경되고 프로그램이 변경되려면 반드시 프로세스가 변경된다'는 원칙을 유지할 수 있는 프로세스 및 권한 및 변화관리가 되어야 한다.

■ 이러한 시스템을 만들기 위해서는 컨설팅 단계부터 단계별로 접근을 해야 하는데 1단계 컨설팅 단계에서는 프로세스, 운영기준, 단위 프로그램 저장소를 만들기 위해 통합 프로세스 분류체계를 만들고 운영기준 정의, 태스크 정의를 통한 프로그램 정의, 버전관리 체계 수립이 선행되어야 한다. 2단계는 프로세스 표준 관리시스템 구축단계로 프로세스 분류체계와 운영기준, 프로그램 체계를 정립해 소스코드를 연계하고, 프로세스 포털 구축, 검색, 요구사항관리, 배포관리를 진행한다. 3단계는 비즈니스 프로세스 관리시스템 운영단계로 국내외 사업장별 별도 프로세스 정의 및 라이브러리 관리, 비즈니스 프로세스 기준, 기준정보, 프로그램 소스, 현장 셋업 환경, 분석환경을 정의하고 VOC 수집하고 관리할 수 있도록 한다.

■ K사에서 프로젝트를 진행할 때 고객사 경영층에서 '프로세스가 너무 많아 지금 하는 일의 방식이 잘하고 있는 것인지 모르겠으니 하나를 처음부터 끝까지 관통해 봐라'라고 지시한 적이 있었다. 이 때문에 우리는 며칠간의 고민을 거쳐서 전통적인 폭포수형 방법론에서 애자일 형태로 프로세스 모델링을 전환하기에 이르렀다. 3개월 후 국내 대기업인 P사를 방문해서 성공사례를 시연하는 자리가 있었는데 거기에서 관통결과라는 용어로 개선된 사례를 이야기하고 있는 게 아닌가? 아무리 생각해도 경영자의 경험과 말 한마디는 중요하고, 고민 끝에 나오는 결단과 말인 것 같다. 지금도 생각나는 고객 최고 책임자의 목표정의는 통합프로젝트에서 '화면을 000개로 줄여 8%로 만들어라', '인터페이스 수를 10%로 이하로 줄여라', '화면을 획기적으로 바꿔라', '데이터는 꼭 필요한 사람에게만 보여줘라' 등이다. 정말 쉽게 말하는 것 같지만 고뇌에 찬 발언인 것이라 생각한다.

■ 관통에 대해 다시 생각해보면 우리는 단계별로 접근하다 보면 현업과 소통이 단계별로 진행되면서 단계가 정리되어야만 고객과 소통의 기회가 생기는 단점을 극복하기 위해서 프로세스 단위로 소통의 기회를 더욱 잦게 하는 것이 관통이라 생각한다. 기업의 제조실행 프로세스가 300개라고 하

면 모듈별 대표 프로세스를 하나 선정해서 프로세스 활동에 해당하는 운영 기준, 화면, I/F 등 전반을 검증하고 전체 프로젝트에 관통프로세스를 확산할 수 있도록 프로세스 정의에서 통합운영까지 일관성 있는 설계 체제를 구축하는 것이다.

■ **관통단계**: 과제 상세화 → 프로세스 분류체계 상세화 및 BP대상 프로세스 선정 → 최하위 프로세스 정의 및 설계 → 액티비티 상세설계 → 운영화면 및 데이터 정의 → 기존 화면분석 → 기능목록 정의 → 논리, 물리 ERD작성 → 화면Biz, 룰 정의, 서버 프로그램 설계, 공통 API, VO설계, 클래스 다이어그램, 시퀀스 다이어그램, 상태전이 다이어그램 작성, 공정도작성, 공정별 중요관리데이터 정의, 오투입 검증 정의 → 인터페이스 정의 → E2E 시나리오 검증 → 사용자 검증 → 표준 프로세스매뉴얼 작성을 일관되게 진행하고 공통부문은 UX전략수립(메뉴, 검색조건, 내비게이션), DA 표준화, 인터페이스 표준화, 공통모델(Common Model) 프레임워크 설계가 있다.

■ 결과적으로 초기요구사항 수집 및 엄격한 변경관리가 중요한 단계별 폭포수형 모델보다는 지속적으로 보완하고 요구사항을 반영해서 경험과 실행 중심의 프로세스인 애자일 형태의 작업인 것이다.

문제해결을 위한 실무형 워크숍

■ 경험에 비추어보면 워크숍을 친목도모의 시간으로 가지는 경우가 있는데, 이와 더불어 프로젝트 진행 중에 문제가 있어 진도가 나가지 않거나, 조직간 통합이 잘 되지 않을 때는 워크숍이 필요한 시기라고 생각한다. 결론적으로 프로젝트에서 진행하는 워크숍은 특정 기술 또는 아이디어를 시험적으로 실시하면서 검토하는 세미나로서 모든 팀원이 참여하는 집단사고 집단 작업을 통해 문제를 제기하고 문제를 해결을 위한 브레인스토밍,

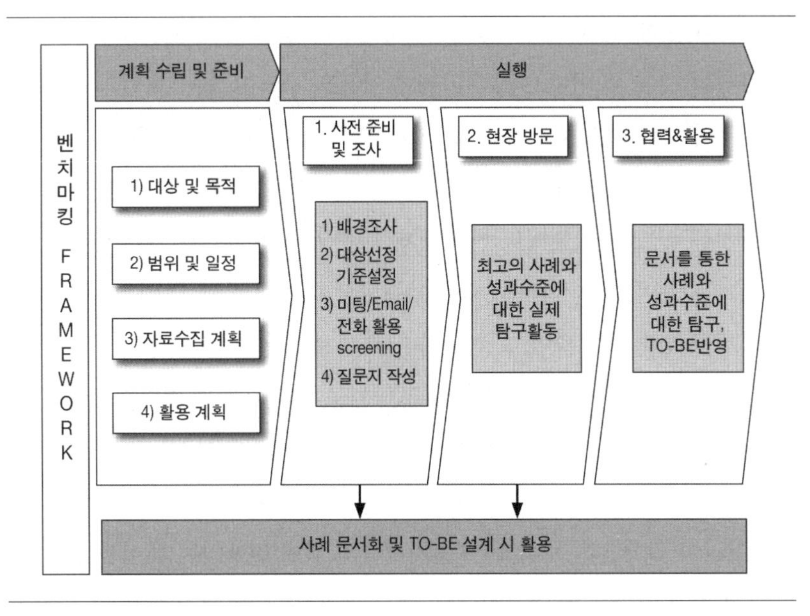

[그림 3-7] 벤치마킹 프레임워크

문제해결 방법을 도출해서 모두가 공감할 수 있는 최종 또는 중간단계 결론을 모으는 것이 그 목적이다.

■ 나는 프로젝트 계획단계에 착수 단계 전체 팀원이 프로젝트의 개요, 범위, 품질관리 수준, 방법론, 전체조직도 및 부문별 수행인력 소개, 목표방향, 계획, 인력별 R&R정의, 환경구축이슈 등 서로 다른 환경의 인력들이 한 방향으로 나갈 수 있도록 진행하는 착수 워크숍을 하는데 프로젝트의 성패를 가늠할 정도로 중요한 활동이며 내부 워크숍을 철저히 수행해 현업 실무자들과 협의 시 문제가 없도록 회의장소, 시간계획, 준비물, 참석자 별 역할, 목표 등을 상세하게 준비해야 한다.

■ 내가 생각하는 워크숍은 앞서 이야기한 것처럼, 프로젝트 진행 중에 문제해결이 잘 안되거나 이슈가 계속 쌓이거나, 서로 책임을 떠넘기거나, 주변조직에서 문제가 많다는 이야기가 들릴 때는 무조건 전체 인력이 참여하

는 워크숍을 해야 한다고 생각한다. 계획되지 않은 워크숍을 할 때는 일정에 차질이 생길 수 있으므로 개인에게 양해를 구하고 가급적 일과 외 시간이나, 주말에 진행하도록 하고, 목적을 명확히 해야 한다. 보통의 경우 프로젝트 현안을 사전 공유해 대안에 대해 준비하게 하고, 워크숍이 시작되면 사전에 반드시 프로젝트 진척상황, 현안과제 개선목표, 품질이슈에 대한 회의를 하며, 10명 이하의 세부 부문별로 나눠서 방안 및 타부문 요청사항을 개별 토론하게 하여 그 결과를 전체에게 공유할 수 있는 시간을 갖는다. 이때 추가 발생한 과제에 대해서는 세부 추진항목을 정의하고 지속적으로 수행될 수 있도록 변화관리를 해야 한다.

■ 아이디어 워크숍은 특정 업무를 기획하기 위해 진행하는데 이를 통해 미래의 변화 프로세스를 전체가 공유하게 하고, 일부에서 문제가 되는 기술적으로 크리티컬한 상황에 대한 토론 및 이해, 특정 방법론 등 정보를 공유해 대안을 만들어야 할 때 사용하는 기법인데 특정 사물에 대해 생각하는 도구로써 활용해야 한다.

■ 설계가 완료될 경우에는 수행 팀 내부의 워크숍을 통해서 경영진의 VOB 결과, 방문조사 및 조사결과, 설계된 결과의 디자인 리뷰결과, 개선과제를 통한 변화 모습, 세부추진항목, 과제의 우선순위 효과에 대해 협의를 하고 추가 세부실행과제를 도출할 수 있도록 한다.

컨설팅 효과를 배가시키는 벤치마킹

■ 벤치마킹은 무엇인가? 프로젝트에서는 항상 벤치마킹을 하게 되는데 작게 보면 이는 특정 분야에서 잘 하고 있는 곳을 방문해 차이를 찾아내어 그 차이를 극복할 수 있는 방식을 배우고, 개인 또는 기업의 혁신활동을 수행하는 방법이다. 크게 보면 국제표준 또는 그와 유사한 모델에 대한 정보기

술 구조, 조직운영방법, 최적화된 프로세스 모델, 사업을 위한 전략 수립 사례를 분석해 기업의 장단기 계획에 포함시켜 기업의 체질을 개선하는 활동이다. 따라서 자사에 대한 분석, 국제표준검증, 차이 분석, 원인분석, 후속과제 발굴 등을 반드시 수행해야 한다. 수행방식에 따른 분류는 직접 방문해 수행하는 방법과 문서검토나 경험자 초청을 통한 간접적인 방문이 있다.

■ 직접방문 벤치마킹은 계획 수립, 대상선정, 현장방문, 활용단계로 구성된다.

(1) **계획 수립**: 먼저 필요한 상세분야를 선정하고, 이에 따른 목표와 범위를 선정해야 한다. 여기서는 현업에서 자사의 수준을 명확히 평가·판단해 벤치마킹 대상의 유사성이 높은 곳을 선정할 수 있어야 한다. PI프로젝트의 경우 설계된 업무 프로세스와이를 지원하는 정보기술을 분석해서 정보화 전략, 업무 프로세스, 아키텍처 부문에서 타 부문 사례를 조사하고 PI하는 시스템의 개선점 및 발전방향을 점검하는 단계이다. ① **정보화 전략**: IT 중장기 발전계획(혁신 프로세스 지원 IT 전략, 상향평준화를 위한 전략), 신기술 IT 투자 현황, 외주관리 및 IT 자산, 유지보수 형태 등 정보시스템 운영 방안 ② **운영 프로세스**: 글로벌 운영현황(기준정보 동기화 현황, 고객과 협업현황), 전체 프로세스 요약, BP(Best Practice) 적용을 통한 제조혁신활동사례, 현장개선활동 등 ③ **아키텍처**: ITA구조 및 운영, 프로그램 변경관리 등 통합서비스(Shared Service) 기반의 글로벌 운영 솔루션, 중앙 및 분산형 아키텍처 및 5D(3D+Real Time, Intelligence), EIL(Equipment In Line), SNS 등 혁신적인 IT 사례가 여기에 속한다.

(2) **벤치마킹 대사업체 선정**: 유사한 사업 분야, 경쟁업체, 동일한 프로세스 및 아키텍처를 적용하는 타 사업 분야(예를 들어 제조업의 대용량 처리를 위해 증권업에서 처리하는 대용량 처리구조, 룰 기반 아키텍처 등)에서 최고의 효과를 내고 있는 대상을 검토하고 동종업계 또는 솔루션이 적용된 글로벌기업을 통해 벤치마킹에 대한 섭외를 실시하며 개인적인 인맥

등 보다는 공식적인 파트너 등 정보망을 구축해서 대상기업을 선정하고 섭외한다.

(3) 벤치마킹 일정, 장소, 참석자 확정: 예상일정, 방문회사, 장소, 협의내용, 고객사 담당연락처, 참석자, 사전준비 항목을 명확히 해서 사전에 협조를 구해야 하며 개인의 입장보다는 회사의 입장을 대변하고 변화관리를 수행할 담당 조직이 구성되어야 한다. 또한 개선의 효과를 극대화하기 위해 경영진 및 다양한 조직에서 참석해서 효율성을 극대화한다.

(4) 현장방문 및 개선점 도출: 현장 방문을 통해 차이점을 분석하고 팀원 등과 사례 요소를 결합해 추가과제를 만들고 개선사항을 발굴한다. 또한 기업의 전략, 특수한 업무수행방식, 제약사항 등을 명확하게 이해해 기업 간의 성과차이를 명확히 판단하고 현재 수준을 진단하고 미래 수준을 예측할 수 있어야 하며 절대비교보다는 상대비교를 해야 한다.

(5) 결과보고서 작성: 결과보고서는 여러 이해당사자에게 공유해야 하므로 벤치마킹의 주제, 범위 및 목적, 해당사업의 개요, 업체현황 요약, 주요내용 요약, 참석자 정보, 일정계획, 강점, 약점, 당사의 개선점 및 시사점 도출, 추가조사의 필요성 및 결론을 통한 변화관리를 진행할 수 있도록 한다.

(6) 활용단계: 개선점 도출에 근거한 목표설정, 개선과제별 세부 실행과제 도출, 적용 성공을 위한 주요 요소정의, 재평가를 통한 변화관리가 중요하며 목표달성을 위해 지속적으로 관리, 개선 후 변화 사항과 예상변화 사항을 비교 관리하고 모든 팀원에게 공유하고 전략에 반영할 수 있도록 해야 한다.

PoC와 BMT 방법론

■ 사전적인 의미로 PoC(Proof of Concept)는 특정 하드웨어, 시스템 소프트웨어 등 요소기술에 대한 솔루션과 프로세스의 차이를 분석하고 우리가 정

[표 3-6] PoC 진행 범위

평가항목		평가내용
기능	시나리오 구현	PoC 시나리오 구현 여부
	기능성	다양한 기능을 제공하면서 보고서 구현 여부
비기능	개발생산성	다양한 개발도구를 지원, 빠른 생산성 지원 여부
	성능	빠른 응답시간을 보여주는지의 여부
	기술표준	표준 기술을 지원하는지의 여부
	품질인증	국내외 품질인증을 확보하고 있는지의 여부
	기술지원	온라인, 상주 기술지원이 가능한지의 여부
	유지보수	유지보수 시 제품의 패치, 지원 등의 가능 여부
	인지도	많은 우수 레퍼런스 사이트의 다수 확보 여부

의한 개념이 실제 구현가능한지 개념증명을 하는 활동이고, BMT(Bench Marking Test)는 여러 경쟁제품을 동일한 조건하에서 특정 시나리오 기반으로 테스트를 실시해 우수한 성능을 가진 것에 대한 검증하는 활동이다. 여기서는 외부에서 의견이 철저히 배제될 수 있는 체계로 진행해야 하는 것이다. 다음은 경험에 근거해서 툴 선정과정에 대한 BMT가 어떤 내용과 어떤 절차로 진행되어야 하는지를 상세히 설명한다.

■ 개요

(1) 목적: 보고서 화면을 구축하는 데 빠른 생산성을 기반으로 효율성, 확장성 및 유지보수성을 지원하는 솔루션을 선정하고, 프로젝트의 특수 요구사항을 충분히 만족하는지 검증한다.

(2) 일정: 환경구성, 실시, 평가에 대한 내용을 기록한다.

(3) 준비항목: 발주처가 솔루션업체가 준비해야 할 내용을 정리한다.

(4) BMT 주요항목: 기능 및 비기능 항목, 대상 화면을 정의하고 기능평가는 실제 구현결과물로 평가를 진행한다.

(5) PoC 제품(대상업체): 특화업체 및 국내외 1, 2위 업체는 반드시 하나 이상 포함해야 한다.

(6) 진행인력: 주관자(Architect, SA), 지원인력(UX 부문 및 특화모듈 컨설턴트,

[표 3-7] 최적툴 선정을 위한 평가기준

구분	목표	평가 방법	평가 기준	평가항목 설명	평가 점수	가중치	필수 유무
기능	기능성	측정	서식import 기능 유무	Excel import 기능	배점범위(하): 1~5 •기능 제공 시: 3 •미흡: 1	5	필수
기능	기능성	측정	서식export 기능 유무	Excel,pdf, hwp, doc, ppt, gif, jpg, txt, csv, bmp, 훈민정음(optional), html	배점범위(하): 1~5 •기능 제공 시: 3 •미흡: 1	5	필수
기능	기능성	측정	런타임 시 쿼리변경 배포기능	쿼리변경 배포 시 리포트 화면 런타임으로 반영 가능 여부	배점범위(하): 1~5 •기능 제공 시: 3 •미흡: 1	10	필수
기능	기능성	측정	데이터 정렬	데이터 정렬 기능	배점범위(하): 1~5 •기능 제공 시: 3 •미흡: 1	5	필수
기능	기능성	측정	머리글/바닥글	머리글, 바닥글	배점범위(하): 1~5 •기능 제공 시: 3 •미흡: 1	5	필수
기능	기능성	측정	칸의 Auto Resize	칸의 Auto Resize	배점범위(하): 1~5 •기능 제공 시: 3 •미흡: 1	5	필수
기능	기능성	측정	글자회전	글자회전	배점범위(하): 1~5 •기능 제공 시: 3 •미흡: 1	5	선택
기능	기능성	측정	인쇄기능	미리보기, 화면출력 동시 인쇄, 확대/축소용지맞춤	배점범위(하): 1~5 •기능 제공 시: 3 •미흡: 1	5	필수
기능	기능성	측정	Sub Report 지원	여러 리포트 조합해 새로운 리포트 생성 기능	배점범위(하): 1~5 •기능 제공 시: 3 •미흡: 1	5	필수
기능	기능성	측정	Report 그룹핑	행렬 그룹 지정	배점범위(하): 1~5 •기능 제공 시: 3 •미흡: 1	5	필수
기능	기능성	측정	Barcode 인식기능	바코드, 2차원, 다차원, QR코드 지원 기능	배점범위(하): 1~5 •기능 제공 시: 3 •미흡: 1	5	필수
기능	기능성	측정	Crosstab 기능	Crosstab 기능 지원	배점범위(하): 1~5 •기능 제공 시: 3 •미흡: 1	10	필수
기능	기능성	측정	소계, 통계 기능	소계, 통계 기능	배점범위(하): 1~5 •기능 제공 시: 3 •미흡: 1	10	필수

기능	기능성	측정	Section Control 지원	업무에 특화된 컨트롤들 배치, 묶음을 섹션. 섹션 관리(생성, 편집), 삽입기능 제공 여부	배점범위(하): 1~5 •기능 제공 시: 3 •미흡: 1	5	필수
비기능	개발 생산성	측정	디버깅 환경 제공 여부	스크립트 런타임 디버깅이 가능	배점범위(하): 1~5 •기능 제공 시: 3 •미흡: 1	5	선택
비기능	개발 생산성	측정	리포트 디자인 템플릿 제공 여부	사이트 커스텀 템플릿 작성 및 활용 가능 여부	배점범위(하): 1~5 •기능 제공 시: 3 •미흡: 1	5	필수
비기능	개발 생산성	측정	제시된 보고서 양식에 부합 여부	구현된 보고서 양식이 제시된 보고서 양식과의 일치 여부	배점범위(하): 1~5 •기능 제공 시: 3 •미흡: 1	10	필수
비기능	개발 생산성	측정	PoC 요구 기능을 모두 구현했는가	PoC 시나리오 구현 여부	배점범위(하): 1~5 •모두 구현 시: 5 •70~100% 미만 구현 시: 3 •70% 미만: 1	20	필수
비기능	개발 생산성	측정	WYSIWYG 스타일의 리포팅 화면 개발환경 지원	컴포넌트 Drag&Drop 배치, 사용자 템플릿 지원, 툴바 제공, 무한 UNDO 지원	배점범위(하): 1~5- •기능 제공 시: 3 •미흡: 1	5	필수
비기능	성능	측정	대량 데이터의 배치 출력	1만 건의 데이터를 배치형태 출력 여부 평가	배점범위(하): 1~5 •기능 제공 시: 3 •미흡: 1	10	필수
비기능	성능	측정	대용량 리포트 네트워크 부하 처리	데이터 분할 전송 지원, 압축 전송 지원	배점범위(하): 1~5 •기능 제공 시: 3 •미흡: 1	5	필수
비기능	기술 표준	측정	다국어 지원 여부	유니코드 지원 여부, 메시지가 단일 바이트에서, 한글과 같은 다중 바이트로 변환 가능한 데이터 공간 확보 및 기술기반 유무 여부	배점범위(하): 1~5 •기능 제공 시: 3 •미흡: 1	5	필수
비기능	기술 표준	측정	범용 Internal Language 사용 가능 여부	웹 개발 범용 스크립트 언어 지원 여부(Java script, Java, JSP 등)	배점범위(하): 1~5 •기능 제공 시: 3 •미흡: 1	5	필수
비기능	기술 표준	질의	웹 구간 데이터 보안 보장	자체 보안 기능, 보안 솔루션 연계 여부	배점범위(하): 1~5 •기능 제공 시: 3 •미흡: 1	5	선택
비기능	품질 인증	질의	대외인증 취득 현황	주요 소프트웨어 인증 •Good Software(GS) •CMMI •이 외 국가공인 인증	배점범위(중): 3 ~ 7 •국가인증GS: +3 •CMMI 인증: +2 •기타인증: +1	5	선택
비기능	기술 지원	질의	적극적인 기술지원 여부	온라인, 전화 기술지원 •1일 내 피드백 여부 •온라인 원격지원 여부	배점범위(하): 1~5 •기능 제공 시: 3 •미흡: 1	10	선택

비기능	기술지원	질의	참고자료 제공 여부	참고자료 제공 방안 •매뉴얼(온라인, 교재) •샘플(혹은 템플릿) 제시 •Q&A 게시판 제시	배점범위(하): 1~5 •기능 제공 시: 3 •미흡: 1	10	필수
비기능	기술지원	질의	기술지원 요청 시 기술지원 가능 여부	기술인력 지원 여부 •온라인 기술 지원 •상주 기술 지원	배점범위(하): 1~5 •기능 제공 시: 3 •미흡: 1	10	필수
비기능	기술지원	질의	교육 과정 제공 여부	온라인 교육 여부, 현장 교육 가능 여부, 교육장의 존재 및 상시 교육 존재 여부	배점범위(하): 1~5 •기능 제공 시: 3 •미흡: 1	5	선택
비기능	유지보수	질의	제품 업그레이드 용이	제품 업그레이드 용이	배점범위(하): 1~5 •기능 제공 시: 3 •미흡: 1	5	필수
비기능	유지보수	질의	제품 패치 시 오류 없이 변이 용이	패치에 따른 변경사항 제시, 조치 가이드 제시	배점범위(하): 1~5 •기능 제공 시: 3 •미흡: 1	5	필수
비기능	유지보수	질의	지원 수준 정도	운영 시에 지원 수준 •제품 지원 정도 (현장 지원, Q&A 게시판, 전화 응대, 이메일 지원 등)	배점범위(하): 1~5 •기능 제공 시: 3 •미흡: 1	5	필수
비기능	인지도	질의	시장 점유율	현재 국내외 시장에서 점유하는 비율	배점 범위(중): 3~7 •점유율 30% 이상: 7 •점유율 20~29%: 6 •점유율 10~19%: 5 •점유율 5~10%: 4 •점유율 5% 미만: 3	10	선택

설계자), 현업: PMO 인력 및 해당분야 사용자이다.

(7) **평가방법**: 기능 부문, 비기능 부문 평가표작성 및 선정된 심사위원에 의한 평가를 진행한다.

(8) 기타사항으로 개발업체의 노트북 준비 및 PoC 진행을 위한 보안서약서 작성이 선행되어야 한다.

■ **조직도**: PoC 수행을 위한 조직도로 고객사 책임자 및 수행업체 책임자 및 참여업체의 명단, 대표자, 영업담당자의 연락처 등을 포함시킨다.

■ **구성도 및 환경**: WEB서버, WAS서버, 개발DB 및 OS 및 각 S/W 버전을 명확히 하고 인프라 S/W별로 공인 인증된 제품을 사용한다. 이때 환경적인 H/W 및 S/W의 사양과 내역을 구체적으로 표현해야 한다. PoC는 동일한 장소에서 해당업체가 함께 수행하도록 진행해서 공정성에 문제가 되지 않도록 해야 한다.

■ **PoC 항목 및 평가 방법**: 기능부문에 대해서는 중요기능을 검증하는데 리포트 중에서 제일 복잡도가 높은 품질 기능, 검사성적결과서(주요보고서 기능을 활용한 구현여부, 보고서 양식의 부합여부, 처리 속도 측정을 위한 1만 건 대용량 데이터 출력 측정), 분석을 위한 기능, 기간별 추이에 대해 기능적인 요소를 구현한다.

■ 데이터베이스의 대한 BMT를 실시할 때는 첫째 데이터 정합성 검증 ① 동기(Sync) 및 비동기(Async) DML 처리속도를 동일한 트랜젝션에서 비교해야 한다. ② 장애 시 데이터 검증은 Async 모드에서 대량의 데이터의 조작이 발생하면서 데이터베이스 셧다운을 수행했을 때 데이터 차이에 따른 손실을 검증한다. ③ 읽기전용(Read Only) 서버에 부하가 발생했을 때 주서버(Primary)와의 정합성이 유지되는지 검증한다. ④ 주서버 다운 후 정상화되었을 때 복구 여부를 검증한다. 둘째, 재해복구(DR: Disaster Recovery)와 같은 고가용성 지원테스트를 진행할 때는 ① 역할이 엑시티 & 스탠바이(Active & Standby) 변경 시 전환 소요시간 및 관리의 편의성을 검증한다. ② 장애발생 시 자동전환이 가능한지, 가능하면 몇 초가 소요되는지 검증한다. ③ 장애발생 시 대기DB로 인한 장애는 없는지 검증한다. 그 밖에도 DB 리스너(Listener) 장애 테스트, 네트워크 장애테스트, H/W 장애, 디스크(Disk) 장애(파일 삭제 시 전환)에 대한 검증을 진행한다. 셋째, 모니터링 지원과 레퍼런스 사이트에 대한 객관적인 평가를 진행해야 한다.

※ 쉬어 가며: 수학과 전산학 그리고 예술

■ 한국에서 세계 수학자 대회가 열릴 때 대통령이 우수 수학자에게 상을 수여하는 것을 보면서 '정보시스템 전문가인 나에게 수학이란 무엇일까?' 라는 물음을 가져본 적이 있다. 글로벌 기업들이 중요한 상용 소프트웨어를 만들 때 세계적인 수준의 수학 전문가, 알고리즘 전문가, 감성 터치를 위한 예술가 등 여러 계층의 사람들에게 실용성과 아름다움을 고려한 제품을 설계하여 기여하는 모습을 생각해 본 적이 있는데, 정보시스템 전문가에게는 수학과 알고리즘이 매우 중요한 과목이지만 디자이너에게는 다소 거리가 있는 생소했던 분야이었던 것 같다. 수학을 잘해야 주식을 잘하고, 돈을 잘 벌 수 있다고 하는데 『세상 모든 수학자의 수학 이야기』라는 책을 읽은 후에 수학의 실용적 정의에 대해 생각이 바뀌게 되었다. 수학은 '숫자와 공식을 복잡하게 계산하는 것이 아니라 어떠한 현상을 논리적인 표현으로 이해하는 것'이라고 점이다. 육각형 모양인 꿀벌의 집은 디자인적으로 보기 좋을 뿐만 아니라 공간을 최대한 활용하여 더 많은 꿀을 담을 수 있는 구조로 예술과 수학의 집합체라고 할 수 있다. 이를 정보시스템의 관점에서 생각해 본다면 '수학은 예술을 한층 더 가치 있게 만들어 주는 것이고, 예술은 수학의 기반 위에서 더욱 꽃필 수 있는 것으로서 전산학은 수학과 예술의 중간에 자리 잡은 실용적 언어'인 것이다. 이를 4가지 관점에서 설명하면 다음과 같다.

■ 첫째, 지렛대와 도르래의 원리를 응용해 투석기와 기중기를 만든 그리스의 수학자 아르키메데스는 목숨보다 도형을 더 중요하게 생각했는데 틈만 나면 도형을 그렸고 심지어 묘비에도 그의 바람대로 원기둥 안에 구와 원뿔을 그려넣었다고 한다. 아르키메데스는 수학과 물리에 관한 여러 저서를 남겼으며, 가장 유명한 것은 원과 구에 관한 연구이다. 그는 원에 내접하는 정96(=6·24)각형과 외접하는 정96각형을 써서 원주율의 소수 둘째 자리까지 정확히 구했다.

■ 둘째, 2,300년 전, 이집트의 나일 강이 보이는 알렉산드라 도서관에서 유클리드는 모든 학문의 기초가 되는 기하학의 '원론'을 완성했다. 기하학과 다차원의 개념은 수천 년이 넘도록 우리 생활에서 사용되고 있다. 미국 대학에서 3D 프린팅을 활용한 미술을 배우고 있는 아들은 점과 선으로 이루어진 1차원, 면적으로 이루어진 2차원, 그리고 공간의 개념을 가진 3차원을 이용해 작품을 디자인하면서 유클리드의 이론이 우리 생활 속에 깊숙이 들어와 있음을 알게 되었다고 한다. '점은 크기가 없고 위치만 있다. 선은 점의 움직임으로 길이만 있다. 면은 선의 움직임으로 길이와 폭이 있다'는 사고가 오늘날 3D 프린터를 활용해 물건, 심지어는 음식까지 만들 수 있게 한 근간이라는 생각이 든다. 또한, 수학과 과학을 크게 발전시킨 뉴턴도 '원론'을 학습하면서 커다란 건물을 짓는 건축학을 연구하고 형이상학적 예술에 폭넓게 적용할 수 있도록 진화시킨 것을 보면 2천 년도 전인 고대에 이런 학문을 체계적으로 만든 유클리드에게 존경심과 경외심이 느껴진다.

■ 셋째, 근대 철학의 아버지로 알려진 데카르트는 수학자이기도 했다. 몸이 약해 침대에 누워 지냈던 그는 천장에 붙은 파리의 움직임에서 영감을 받아 좌표평면을 떠올렸다고 한다. 이것은 그가 배웠던 기하학과 대수학을 하나로 이어 주는 것이었다. 파리가 여기서 저기로 움직이는 것을 좌표 (3, 4)에서 좌표 (5, 6)으로 움직인다고 생각한 것인데, 그는 유클리드의 기하학과 대수학을 연결하여 해석기하학을 만들게 된 것이다. 좌표평면을 이용해 세계 지도를 그리고, GPS로 차량에 내비게이션을 만들고, 예술에서는 원근법을 적용하는 기반이 마련되었다. 데카르트는 '나는 생각한다, 고로 존재한다'는 유명한 말을 남겼다. 학문과 예술은 모든 것에 대한 의심에서부터 시작되는 것인 듯하다.

■ 넷째, 여성 수학자 소피 제르맹은 본인 이름이 아니라 다른 사람의 이름으로 논문을 제출했다. 제르맹은 가우스의 '정수론'을 연구하고 자기의 논리로 개선까지 할 정도였지만 시대 상황상 남자 이름 뒤에 숨어야 했다. 여

성은 결혼 후 아이를 낳고 남편을 보필하는 삶을 살아야 한다는 관습적 사고로부터 벗어나기 쉽지 않았던 탓이다. 그녀는 『수학의 역사』를 읽은 후 수학에 대해 연구하기로 했다. 아버지의 반대로 무척이나 힘들었으나 끝내 아버지도 그녀의 노력을 인정했고 그녀는 수학자로서 크게 성장하게 된다. 자기만의 의지와 집념을 가지고 한 분야에 매진하는 연구자로서 제르맹의 모습은 내게 깊은 감명을 주었다.

■ 이 밖에도 수학의 기초를 세운 상인 탈레스, '만물의 근원은 수'라는 유명한 말을 남긴 피타고라스, 묘비에까지 유명한 수수께끼를 남긴 디오판토스, 시각장애를 갖고도 수학을 연구한 오일러, 18세에 세계 최초로 계산기를 만든 파스칼 등의 수학자들이 현재에 어떠한 영향을 미치는 이론을 만들어 냈는지 어느 정도 알게 되었다. 이들 수학자 말고도 거론된 18명의 수학자는 세상 구조의 비밀을 연구하여 모든 과학과 예술의 기초를 다진 사람들이다. 벌들이 만든 벌집과 인간이 만든 비행기, 인공위성, 거대한 다리, 스마트폰 같은 첨단 제품 외에도 수많은 예술 작품이 수학이라는 학문을 바탕으로 하고 있다.

또한 인간 신체의 아름다움을 수학적으로 표현한 예술가 레오나르도 다빈치가 수학자이자 철학자였다는 것을 알게 되면서 '단순히 수학은 복잡하고 어려운 공식을 계산하는 것이 아니라 일상생활과 자연에서 특정 현상을 이해하는 것'임을 깨달았다. 특히 정보시스템을 만들 때 전산학은 수학에 기초를 두며, 수학은 예술가적인 입장에서 한층 성숙될 수 있는 기본 바탕으로서의 학문이다.

제4장

예술의 경지와 최신기술 아키텍처

이 장에서는 미래형 공장에 맞는 글로벌 생산운영을 위한 연방구조를 통해 기준정보 통합관리, 장애 없는 클라우딩, 인터페이스 허브, DB운영과 계층화된 프레임워크에 대한 내용을 소개했다.

■ 손자병법에는 겸손함으로 자신을 낮출 때 진정한 승리가 함께 할 것이라고 되어 있다. "세상에 영원한 승자는 없다. 가장 강하다고 생각되는 쇠(金)는 불(火) 앞에 녹아버리고, 승자인 불(火)은 물(水) 앞에서 승리의 자리를 내주고 만다. 물은 다시 땅의 기운인 토(土)에게 빨려 들어가고, 흙(土)은 다시 나무(木)에게 기운을 내주지만, 나무는 다시 쇠(金)에게 찍히고 만다." 삶에서 영원한 승자는 없다는 것처럼 우리가 만들고자 하는 '시스템도 당대에 검증된 최신기술을 적용해야 한다'고 생각하며 최소한 10년 이상을 내다보고 10년 이내에는 바꿀 필요가 없는 구조로 해야 한다. 물론 이때, 학문적인 내용에 심취해 현장에서 검증되지 않은 기술을 적용하면 낭패를 볼 수 있다. 영어로는 'The state of art technologies(예술의 경지의 기술)'라는 표현이 있다. 즉 예술의 경지에 최신 기술 아키텍처를 적용하는 구조로 우리의 IT 역사를 거꾸로 돌리지 말고, 기업의 경쟁력을 저하시키는 결정을 하지 않아야 할 것이다. 여기서는 오랜 시간 동안 검증 되어진 미국의 연방구조에 대해 이해하고 글로벌 생산시스템에 적용하는 방향과 내부의 구조를 혁신 하는 구조, 통합 기준정보를 관리하는 프로세스, 복잡한 시스템에서 허브를 통한 연계와 무장애를 지향하는 통합 DB 운영방식, 메모리 기반의 클라우드 적용을 통한 실시간 기업을 지원하는 아키텍처 구조에 대해 알아본다.

■ 나는 물론 최신 기술이나 정형화된 프로세스가 실버블렛과 같이 모든 문제를 해결해 주지 않는 다는 것을 익히 알고 있다. 소규모 프로젝트에서 소프트웨어의 재사용은 잘 이뤄지고 있으나 모든 컴포넌트를 대규모 프로젝트에 재사용하는 것은 그리 쉽지 않은 문제일 것이다. 로버트 글래스(Robert L. Glass)가 말한 내용에 따르면 재사용 가능한 모듈화된 컴포넌트를 만들기가 3배 어렵고, 최소 3곳에는 적용해 봐야 원자성을 가지는 컴포넌트라고 말할 수 있다고 한다. 그런 상황임에도 우리는 솔루션이나 재사용 소프트웨어 없이 자체개발을 선호하고 있다. 또한 모듈화되어 있지 않고 30% 정도 고쳐 원자성(Atomic)을 가진 컴포넌트를 변경하려면 새롭게

작성하는 것에 더 효율적이라고 한다. 그렇기에 디자인 패턴을 통해서 재사용문제를 해결하고, 아키텍처 기반으로 설계가 진행되어야 한다고 생각한다.

미국 연방정부와 시스템의 연방 아키텍처

■ 어느 생산현장이든 생산철학이 있어야 한다. 도대체 당신 회사의 생산철학은 무엇인가? 무엇을 통해서 글로벌하게 움직일 수 있는 것인가? 우리는 생산철학을 고민할 때 아키텍처와 별개의 문제로 생각을 많이 하는데, 수백 년 간 지속되어 성숙된 미국의 연방정부(Federal Government)와 주정부(State Government)의 관계를 여기서는 고려하고자 한다. 연방정부와 주정부가 각각 존재해 국가의 권력을 중앙정부와 지방정부가 나눠서 통치하는 형태이다. 즉 개별 주권을 가진 주가 연합해 하나의 국가를 만들고 각 주의 연합을 유지하는 중앙정부를 구성하여 이를 연방정부라고 한다. 연방정부는 국가의 통일적인 업무를 주에게 위임받아 통치하며 주로 외정을 담당하는데 외정이란 통화 및 외교와 군사부문이며 지방정부는 주로 내정을 관장하게 된다. 주와 주 사이의 영역 및 권한 분쟁 그리고 통일적인 업무는 연방정부의 권한에 속하게 되며 지방정부도 거의 국가의 형태를 가지는 통치형태이다. 나는 국제적으로 운영되는 여러 사업장의 글로벌 운영 관점에서 생산시스템도 운영되어야 한다고 생각하며 이러한 사상을 불어 넣어 연방구조(Federated Architecture)를 활용하고자 한다.

■ **연방정부 개념**: 여기는 '데이터 공유가 기본 사상이다.' 미국은 최근 들어 연방 IT 회의를 개최했는데 여기는 연방정부가 보유한 각종 데이터와 어플리케이션, 그리고 자산을 공유할 수 있도록 하는 것이 기본 사상이다. 현재 연방정부의 사용자로 제한을 해서 관리는 하고 있으나 앞으로는 모든 일반 사용자들도 사용할 수 있게 될 것이다. 현재 미국은 연방정부, 주정부, 지

[표 4-1] 연방구조와 연방 아키텍처

연방정부	글로벌 운영 관점 착안사항
중앙권력의 새로운 창출 •공동의 이익 추구 •상호의존적 상호 독립적	중앙제조통제(Federated Mfg. Governance) •사업장 및 라인 총괄, 통제시스템 구축 •필요한 부분만 통제 및 연결(Loosely Coupled) •기준정보 및 시스템 구조, 프로세스 표준화 •Global 룰 관리(Rule Repository 실행관리)
헌법적으로 협약을 통한 연결 •공동의 기준 및 가치공유 •헌법에 의한 통제수행(다층적)	동기화(Synchronization) •제조기준정보 동기화, 사업장 간 공유 •표준화된 프로세스 및 정보 및 동기화
중요정보의 공유 •국가차원에서 경제계획, 국방, 재무를 위한 정보 통합	제조가시성(Manufacturing Visibility) 확보 •개별 사업장 및 Plant Floor 가시성

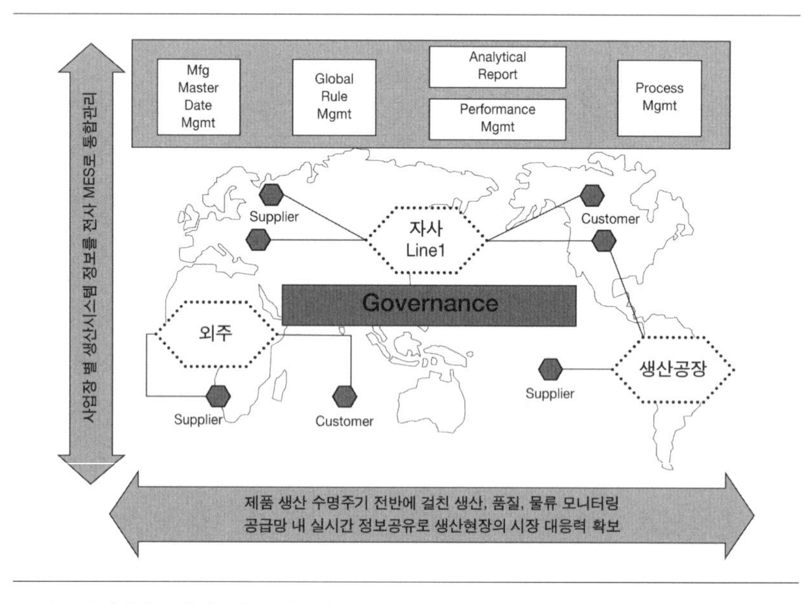

[그림 4-1] 연방관점의 시스템 통제체제

방정부가 각각 다른 방식으로 인터넷 환경, 어플리케이션을 만들어 기술적 환경, 콘텐츠 환경이 다르므로 이러한 환경에서의 통합관점에서 보면 클라우드는 중요한 의미를 가지게 된다.

[표 4-2] 기업에서 적용된 연방정부의 운영전략

구분	운영전략
연방정부 본사	SSC(Shared Service Center)운영으로 운영효율화 전사기준의 표준 프로세스 통합관리 모든 프로그램 소스 통합관리 및 중앙통제 배포 제조기준정보(mMDM) 통합관리 및 사업부 연계 전사관점에서 개별 데이터 실적수집 및 연계 사업장 서버 및 인프라 통합관제 사업장 인프라 투자 가이드라인 제시 인터페이스 허브 운영으로 사업장 간 권한 및 분쟁관리 전사 통제체제 모니터링 및 통제로 보안강화
주정부 사업부	제조경쟁력 강화 및 글로벌 운영효율화 (무정지 체계 및 애자일 제조환경, 법인/라인 간 교차생산으로 이동물량 실시간 파악) 사업부 신규 개선과제를 본사에 요청 사업부 특화 프로세스 발굴 및 횡전개 사업부 권한 기준정보 등록 및 수평전개 활용
지방정부 개별사업장	SSC에 위배되는 개별 소스수정 금지 및 단순활용 법인권한 기준정보 등록 및 활용 개별 사용자 권한관리 및 사용자 등록 운영데이터 원천발생 및 전사로 취합운영 연방구조의 분석체계를 이양 받아 독자 분석 실시 및 개선

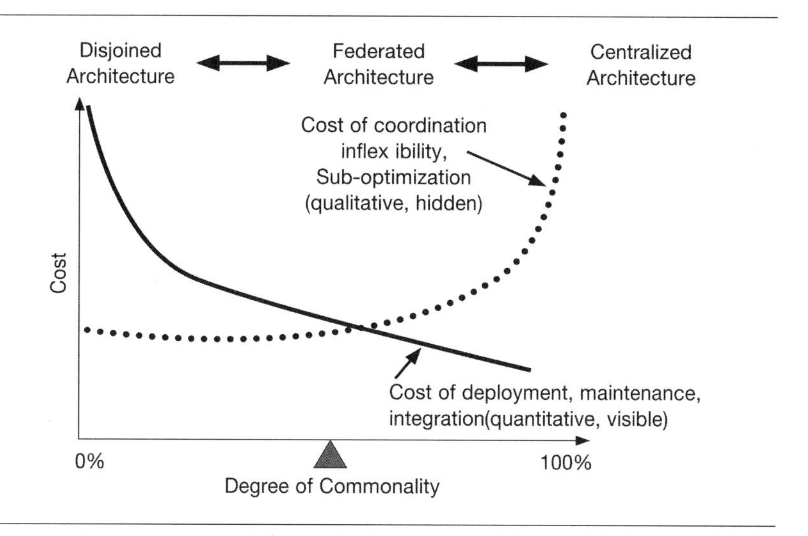

[그림 4-2] 연방구조 적용을 통한 숨은 비용 추이
자료: Coensys, Inc, Dr. Bipin Chadha.

■ 글로벌 생산체계를 운영하는 기업에서는 연방제도의 운영메커니즘에 착안해서 기준정보 표준화 및 가시성 확보에 기반을 둔 연방 제조전략 적용이 제조 거버넌스 및 운영환경 통합의 주요성공 요소이다. [그림 4-2]에서 보는 것처럼 중앙집중형은 분배나 유지보수 비용은 적으나 유연성과 숨은 비용은 증가하고, 분산형은 분배나 유지보수 비용은 크나 숨은 비용은 상대적으로 적은 것으로 빈필 차드하(BiPin Chadha)의 박사 논문에서 정의된 사례이다.

■ 이제 우리 회사에 맞는 적용을 위한 선택을 해야 하는데 실제 아키텍처 레벨로 내려가 보면 연방아키텍처는 중앙통제조직(Central Control Center)이 존재하고 상호 간 약한 연결, 상호 간 정보의 공유 및 활동조화(Activities Orchestration)의 특징으로 이루어지며 우리가 제조현장에 적용하기 위해서는 ① 국제적인 생산조직 운영체계를 가지고 있는 거대구조나 여러 사업단위 및 공급망을 가진 사업에 적당한 설계방식이고 ② 개별 시스템의 자율성을 보장하고 전체적인 조화를 추구해 상호 보완적인 구조에 맞으며 ③ 기존구조 변경에 유연하고 신속히 대응이 가능하도록 설계되어야 하며 ④ 적시적소에 필요한 데이터를 제공해서 생산을 최적화하고 ⑤ 분리된 시스템들의 통합정보 접근을 허용하는 보안체계가 적용되어야 한다.

통합된 기준정보 관리 및 데이터 연방구조

■ 우리는 글로벌 생산체계를 운영할 때, 생산시스템이라는 생산 안정성 확보 특성상 전 세계를 아우르는 물리적으로 하나의 서버와 하나의 DB 인스턴스로 적용하기에는 한계가 있다고 생각된다. 그러나 일관성 있는 기준관리와 정보의 공유 차원에서 국내외 해외사업장 정보의 일관성, 일치성, 유일성, 중복배제를 위해 기준정보를 표준화해서 통합하고, 동일한 운영기준, 프로세스를 적용해 궁극적으로는 생산실행 시스템에서 '논리적으로

하나의 인스턴스'를 실현해야 한다.

■ 'Single Master Data Management(중앙집중형 기준정보관리).' 글로벌 기업에서는 물리적으로 기준정보를 국내외 여러 사업장에 별도로 관리하는 것은 많은 문제를 야기해 기준관리, 사업장 간 상대 비교 및 분석 등이 어려워 사업장 간에 관리수준을 상향평준화하기 어렵다. 따라서 '물리적으로 하나의 인스턴스' 또는 '논리적으로 하나의 인스턴스'를 지속적으로 유지하기 위한 데이터 통제체제 측면에서 본사에 전사 또는 제조 기준정보를 통합하는 것은 필수적인 것이다.

■ 글로벌 기업의 'One MES World(글로벌 가상 MES 공장)'에서는 전사 기준정보에 대한 생성, 수정, 검토, 승인 및 각 사업장별 운영기준정보 승인권한을 가져가며 개별 사업장에서는 생산, 품질, 성과관리 모듈의 기준정보로 활용해 동일한 기준과 환경에서 수행할 수 있도록 한다. 그러면 '왜 mMDM(manufacturing Master Data Management)이 필요한가'를 다음에 나

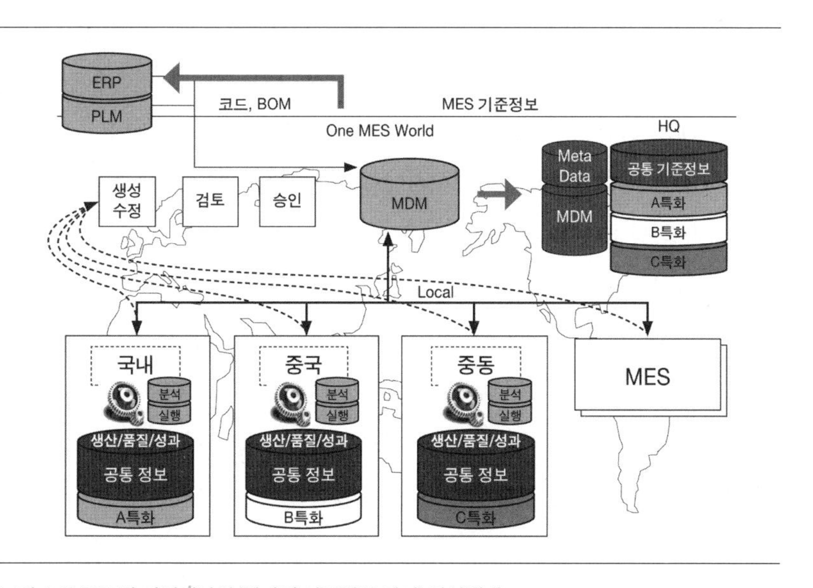

[그림 4-3] 글로벌 기업에서의 '하나의 기준정보 관리' 사상체계

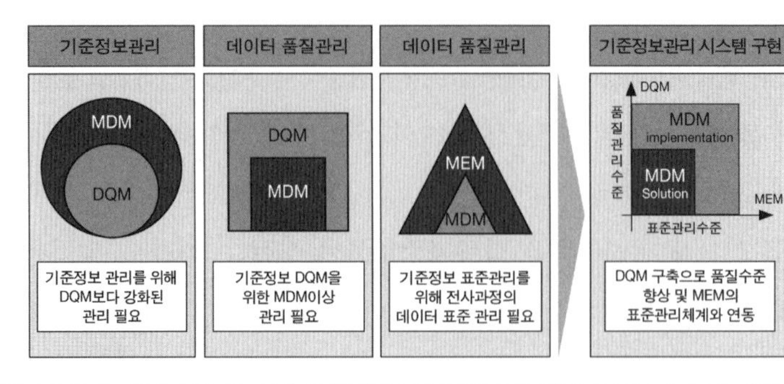

[그림 4-4] 기준정보시스템 구축전략

오는 MDM의 특성으로 알아보자.

■ 거버넌스 통합운영을 통한 하나의 인스턴스 구현 및 계층구조, 관계관리: '물리적 또는 논리적인 하나의 인스턴스'를 유지하고 개별 사업장의 운영정보를 본사에서 생성해 기준정보의 일치성, 일관성, 유일성, 정합성이 보장되고 실시간 개별화 배포체계를 구축하고 기준정보 표준화 및 책임과 역할을 명확히 정립해야 한다. 실제 동일시스템에서 사업부, 사업장의 별도로 운영되던 기준정보의 통합 및 표준화가 필요하며 대규모 데이터를 정비, 정제하는 데 수년간의 노력이 필요하다. 기준정보는 신규 시스템 구축할 때 다른 기능에 비해 선행 구축되어야 하며 품질확보 및 안정성이 중요하며 다국어지원 및 데이터 유일성, 속성추가의 유연성, 확장성, 보안성이 유지되어야 한다. 여기에는 ① 워크플로우 기능 제공: 마스 데이터의 신규생성, 속성변경, 폐기 등의 요청 승인을 위한 워크플로우 제공 ② 변경이력 관리: 마스터데이터의 변경이력 조회기능 제공 ③ 마스터데이터조회 기능: 조직, 개인별 권한 관리기능 제공 ④ 권한관리 기능: 본부 및 사업장 간에 명확한 데이터 소유와 관련된 권한관리 기능이 제공되어야 한다.

■ 데이터 통합관리: 'Super Data Set(슈퍼 데이터 세트)' 통합운영관리 배포가

가능해야 하며 솔루션을 적용할 때는 자체 MES 프레임워크와 독립성 및 연계에 대한 변화에 영향이 없도록 할 수 있어야 한다. ① 대용량 데이터 마이그레이션: 초기 운영데이터 마이그레이션을 위한 데이터 정제 및 통합 기능 제공, 운영시스템과 다른 시스템 데이터 통합 - 랜딩(Landing), 스테이징(Staging) 단계에서 통합 데이터모델 제공 ② 데이터 통합 정상, 비정상 데이터 분류기능: 데이터 통합 시 비정상 데이터는 반려테이블에 자동 저장기능을 제공해야 한다.

■ 데이터 품질관리, DQM(Data Quality Management): 본사와 국내외 사업장 간 데이터의 일치성 및 유일성 보장, 데이터 품질관리를 위한 모니터링이 필요하며 본사와 사업장 간에 동기화 구현 및 데이터 중복방지를 위해서 이벤트관리, 이력관리, 실시간 동기화, 모니터링을 통해 프로세스 추적이 용이해야 한다. ① 데이터 품질 측정 기능: 운영계의 구조 분석을 제공해서 동일 정보의 상이한 속성으로 구성 시 단일화하는 작업을 제공, 운영계의 유사성, 패턴분석을 통한 단일화를 위한 대상선정 기능을 제공하고 분배된 데이터의 정합성, 정규성을 주기적으로 비교해서 차이가 나는 데이터 현황을 조회해 조기경보체계 기능을 제공한다. ② 통합 및 분리 기능: 하나의 테이블에 상이한 속성으로 관리할 때 분리기능을 제공하고 데이터의 클린징 기능을 제공한다. ③ 골든 레코드(Golden Record) 생성기능 제공: 골든 레코드를 생성하는 플로우 자동화기능을 제공한다.

■ 데이터 모델링 기능: ① 멀티도메인 데이터모델 지원: 부품코드, 업체코드, 모델코드, 조직 등 멀티도메인 데이터모델을 하나의 제품으로 관리 및 B2B, B2C 데이터모델이 지원되어야 한다. ② 데이터모델 템플릿 지원: 다양한 형태의 데이터모델을 수용가능하며 생성방식을 제공함으로써 현업에 최적화된 데이터모델이 지원되어야 하며 관리대상 추가 시 빠른 적용이 가능한 데이터모델 생성방식을 지원해야 한다.

■ 데이터 인터페이스 및 운영모니터링: 데이터 표준화 준수를 모니터링해서 보고서를 제공하고 데이터 변경 시 타 시스템으로 배포기능 제공 연계기능을 제공해야 하며 ETL 및 메시징 등 다양한 연계 툴과 연계되어야 하며 타 시스템 연계를 위한 Get/Put 방식의 실시간 및 배치연계가 가능해야 한다.

1. 데이터모델 정의: 랜딩 테이블(원본 시스템과 동일한 데이터모델), 스테이징 테이블(클린징 및 비즈니스 룰이 반영된 데이터모델), 목표 데이터모델(MDM 관리를 위한 싱글 데이터모델)
2. 스테이징 프로세스 적용을 위한 룰 정의(매핑, 하이러키 정의, 기본 오브젝트 정의)
3. 데이터로드 프로세스를 위한 룰 정의(관계, 룩업, 신뢰성검증)
4. 타겟 데이터에 대한 매칭 및 통합을 위한 룰 정의
5. MDM에 대한 모든 이력관리, 데이터 리니지와 X ref에 대한 추적 및 감시

■ 기준정보의 분류체계관리: 기준정보는 ① 항목: 프로세스 운영상 관리 및 개선이 필요한 기준정보 단위(불량정보, 제품정보, 국가코드 등) ② 속성: 항목에서 관리되는 구체적인 정보로써 더 이상 분리될 수 없는 최소의 보관단위 ③ 유형: 기준정보의 관리기준에 따라 구분되며 전사마스터(모델, 부품, 설비, 업체, 고객 등 마스터정보), 코드마스터(국가, 권역, 사업부, 지역 등 표준화 및 단일화된 코드성 항목), 생산마스터(제품코드, 불량코드, 유실코드, 설비코드 등 마스터 항목), 트랜잭션마스터(리드타임, T/T, 설비용량 등 프로세스 운영을 통해 생성 및 처리되는 기준정보 항목)로 구성된다.

■ 제조현장 특성을 반영한 기준정보와 공정변화에 따른 유연한 기준정보 및 데이터 품질이 관리되어야 하며, 자원별 Tact Time이 변경되는 등 작업조건의 실시간 변화에 따른 신속한 기준정보가 관리되어야 하는 대표적인 기준정보 유형은 모델(모델마스터: 제품정보 - 모델정보 - BOM - 브랜드 - 사양 - Ass'y, 모델Tree, 모델사양), 자재정보(자재마스터, 운영자재, 조립이력), 품질(검사항목, 불량증상, 불량원인, 수율관리, 엄격도, AQL, 수리코드, 버전관리, QA 기준관리), 유실(이탈정보, 유실정보), 설비(설비마스터, PM유형, 설비자재, 금형관리, JIG운영, 설비지원), 자원정보(표준공수, Work Calendar, 생산성, ST, 근무관리, 인원관리, 평가관리, 장착점수), 조직(업체정보, 조직정보, 공정정보, 근무조정보), 물류정보(로케이션, Lot 사이즈, 출항지 정보, 물류출하정보, 이동지

시, 출하정보), 시스템(공통정보, 다국어, 메시지 정보 등 메타 정보)이 있다.

계층적 아키텍처의 필요성

■ ADD(Architecture Driven Development)는 모든 개발의 중심에 아키텍트가 위치해 개발의 표준과 가이드 등의 중심을 잡기 때문에 초기생산성은 떨어지지만 운영효율성이나 확장성은 몰라보게 좋아지는 것을 느끼게 될 것이다. B사 프로젝트를 할 때 나이가 많은 I/F 개발담당자와 UI개발자가 동일한 프로그램을 각각 개발하고 있는 것이 아닌가? 계층적 아키텍처와 관련되어 DB 관리서비스를 하나로 하는 구조를 그렇게도 주장했는데도, UI와 모바일은 동일한 서비스로 관리하고 있었지만 아키텍처팀에서는 API 서비스를 개발해 놓고, I/F 허브담당자는 DB에 직접 데이터를 넣고 있었다. 이러면 나중에 에러로그, 변경대응, 데이터 취소, 테이블 칼럼 증가 처리에 유연성 확보 등에 효율적으로 대응될 수 없을뿐더러 데이터의 정합성에 문제가 발생하게 될 것이다.

■ **계층적 아키텍처(Layered Architecture):** 뭔가를 분리한다는 의미로 기술적인 계층과 비즈니스 계층을 분리해 표준 및 특화 기능을 컴포넌트화해서 원자성(Atomic)을 가지는 부분과 변경 가능한 부문을 나누고 표준화를 통한 프로그램적용의 유연성을 확보하는 협의의 개념과 궁극적으로는 기업의 본사와 지사 간에 모든 구조를 통합관제할 수 있는 계층적 구조를 말한다. 협의의 개념에서는 이러한 구조를 통한 BRMS를 도입해 이벤트 기반처리로 실시간 정보를 제공하고 비즈니스룰(Business Rules) 정의 및 유연한 연계호출 체계를 지원하며 전 세계 언어를 지원하는 UTF-8 및 기능별 DB 칼럼별 언어를 미세 통제할 수 있는 구조로 진화·발전해야 한다. 여기서는 협의의 개념을 적용한 사례 기본모델, 참조모델, 적용모델에 대해서 알아보고자 한다.

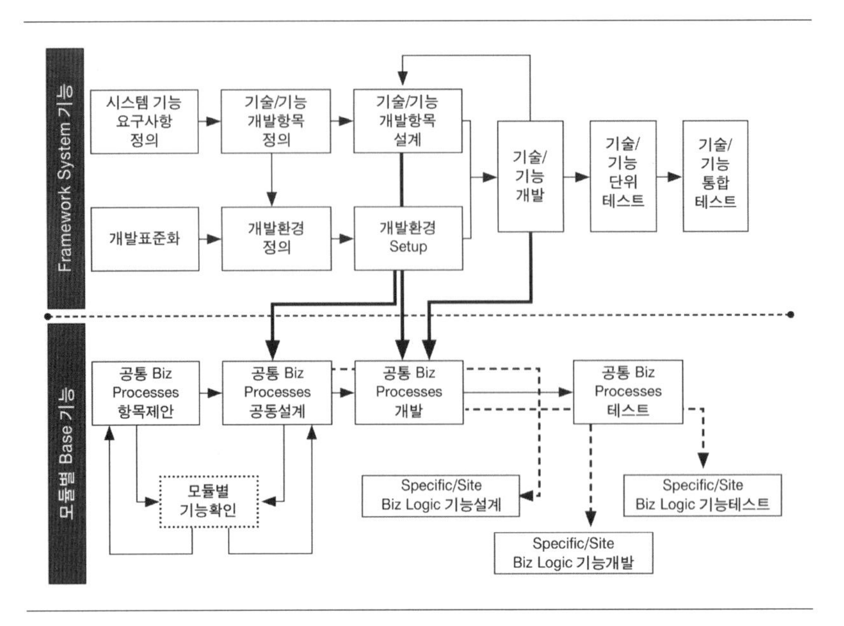

[그림 4-5] 프레임워크(Framework) 개발절차

■ 기본모델(Common Model) 정의 및 발굴: 제일 중요한 핵심으로 절대 변함 없는 수준까지 원자성을 가진 API(Application Programming Interface)로 실제 업무서비스를 실행하기 위한 기본 기능이므로 변경작업이 거의 없어야 하는 단위로 어플리케이션이 OS를 통해서 특정 서비스나 동작을 수행하도록 하는 인터페이스 함수를 말한다. 즉 프로그램과 운영체제 중간매체로 함수 및 루틴과 프로토콜의 집합체로 정보접근(데이터 생성에 필요한 모든 오브젝트에 대한 표준화된 생성, 변경, 삭제, 조회 담당), 스트링, 오브젝트, 메시지관리 및 여러 모듈에서 사용하는 공통 비즈니스 프로세스(자재이동, 제품 및 자재 상태변경, 작업시작, 작업종료, W/O생성, 라우팅 생성 등)가 여기에 속한다. 프로젝트에서 이러한 API를 발굴하기 위해서 기본모델 영역에는 예외상황이 최대한 배제된 내용이 정의되어야 하며 예외상황 기능 발생에 대해 수용할 수 있도록 설계 및 개발이 되어야 한다.

■ 참조모델(Specific Model): 결론부터 보자면 참조모델은 기본모델의 조합

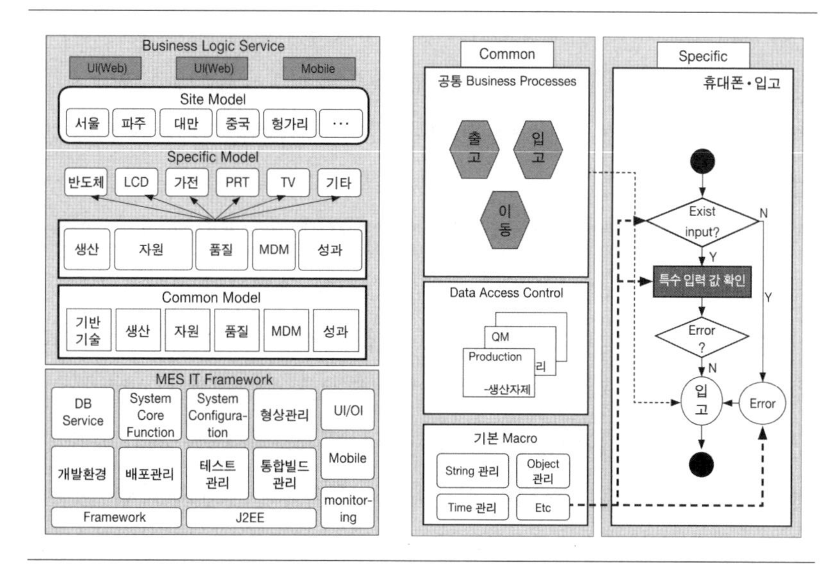

[그림 4-6] 협의의 계층적 아키텍처

이라고 정의할 수 있다. 기본모델을 근간으로 서비스를 제공할 때 모든 비즈니스 사례를 충족시킬 수 없는 경우, 동일한 제품을 생산하는 여러 사업장의 완제품 사업부의 특수 기능을 추가한 영역으로 기본모델을 참조해서 구현되거나 사업장의 특수 기능만이 구현될 수 있는 영역이다. 이때 2개 이상의 사업장이 사용하는 기능이라면 기본모델에서 구현되는 것을 원칙으로 기본모델 영역을 폭넓게 확보하는 것이 통합 시스템의 이상적인 모습이다.

■ 사업장 모델(Extension Model): 공장사이트, 사업장별로 관리되어야 할 특수 기능을 구현하는 영역으로 기본, 참조모델을 참고해 구현되거나 사업장의 특성만 구현될 수 있는 영역으로 가급적 최소화해야 나중에 운영이 원활 할 수 있다.

■ 프레임워크(Framework): 협의의 프레임워크의 개념은 프로그램을 쉽게 개발하도록 미리 만들어진 구조화된 클래스, 메소드, 재사용 모듈에서

DB, 아키텍처, UI, 응용솔루션 전체 시스템을 통합할 수 있는 구조까지 광의의 개념으로 표현할 수 있다. 글로벌 표준사상 및 우수성을 기반으로 최적화된 모듈 설계 및 기능개발을 위해서는 ① 표준화된 개발환경 및 개발방법: 기본시스템 기능 구현을 효율적이고 안정적인 개발가능, 제조시스템 표준기능을 반영한 개발 템플릿제공, 표준화되고 체계적인 개발 방법론 제공, 분석, 설계 모델이 실제 구현체와 일치할 수 있는 아키텍처 구현 ② 최적화된 기술 및 기능활용: 생산실행에 적합한 IT 기술적용, 대용량 데이터 처리 및 실시간 트랜젝션 처리, 모듈 간 의존성 최소화 및 재사용이 용이한 구조, 플랫폼 변경 및 확장에 대한 유연성 고취관점에서 접근해야 한다. ③ 선진 MES 사상 및 우수기능 적용: 선진사례 적용을 통한 표준화 확립, 글로벌 생산확대를 위한 안정적이고 우수한 MES 기능을 구현하는 기반기술로, 궁극적으로는 유연하고 표준화된 프레임워크를 구축해야 한다.

(1) DB 서비스: 기본모델하위에 존재하며 데이터베이스의 생성, 조회, 수정, 삭제를 담당하는 계층으로써 모든 DB 테이블에 대한 데이터모델 클래스로 데이터 접근, 오브젝트(DAO) 클래스로 이력관리, 확장필드(Extension Field) 관리를 하며 비즈니스 로직에서 DB접근하는 것은 금지되며 구현방법은 ORM(Object Relation Model)방법에 의한 설정으로 DAO 구현, Adhoc Query(개발자 임의 사용 SQL) 사용을 최소화해서 표준화에 기여할 수 있으며 복잡한 DB처리 및 성능에 문제가 있을 수 있으며 JDBC, Hibernate, Mibatis 등 구현방법이 있다.

(2) 시스템 핵심기능: 시스템 전체적으로 사용되는 편의기능으로 공통 기능(API) 또는 모듈 비즈니스 로직에서 사용되는 것으로 유틸리티(날짜/시간계산, UOM: Unit Of Measure, VO 객체 복사, 로케일), 로그관리, 트랜젝션 및 정보의 상세한 변경이력관리, 캘린더 및 시스템 환경 설정 값이 포함된다.

(3) 기준정보관리: 시스템 공통적으로 사용되는 기준정보로 공통코드, 다국어, 메시지, 권한관리, 조직정보, 사용자 메뉴, 오브젝트 테이블의 경우

모든 키 값에 해당하는 ID 자동 생성기능이 여기에 포함된다.

(4) 공통기능 또는 API: 시스템 공통적으로 사용될 공통 기능에 대한 묶음으로 모든 모듈의 핵심 및 비즈니스 로직 서비스에서 사용되면 변경될 수 없는 Atomic한 기능으로 제품의 생산공정 순서, 즉 라우팅정보, 리소스 상태관리, 물류이동, 지속성 자재(Durable) 및 소모성 자재(Consumable) 관리기능으로 트랜젝션으로 보면 작업공정투입(Job In), 작업공정완료(Job Out), 작업시작(Job Start), 작업완료(Job Stop), 재공공정이동(Move), 재작업(Rework), 불량(Scrap), PM 시작(Preventative Maintenance Start), PM 정지(Preventative Maintenance Stop) 등이 포함되며 패키지 사상을 충분히 반영한다.

(5) 코어 서비스: MESA 11개 기능에 해당하는 주요기능 중 기본 개념의 성격을 갖는 기능을 추상화해 공통화한 기능으로 프로세스 표준화에 기여도가 높은 기능, 코드 최적화와 모듈 구조화에 대한 기여도가 높은 기능, 주요 모듈 내 재사용이 높은 기능이 여기에 속한다.

■ 통신계층(Communication Layer): 서버와 클라이언트와의 커뮤니케이션 규약을 지원하기 위한 기능으로 프레임워크로 제공되는 메시지 구조에 대한 규약을 포함하며 ① 통신 프로토콜과 페이로드(PayLoad) 형식(통신 프로토콜: Http, Messaging middleware, Property Socket, 통신Payload Format-XML, JSON, Proprietary Binary Format, 메시지 구조 규약에 따른 오브젝트 메시지 컨버터), ② UI 프레임워크 내에 커뮤니케이션 타입별 지원 라이브러리 형태, ③ 서버 프레임워크 내에 타입별 어댑터 기능을 제공하며 VO(Value Object) 형태로 변환한다.

■ 서비스 매핑 계층: 클라이언트에서는 공통 및 참조모델 서비스를 요청해도 조건에 따라 특화서비스가 사용되도록 사업부, 사업장 특화 기능의 매핑 기능을 제공하고 UI 로직에서 관련정보를 직접 하드코딩해서 개발하지 않고 서버측에서 환경설정으로 관리할 수 있도록 하는 계층으로 서비스 레

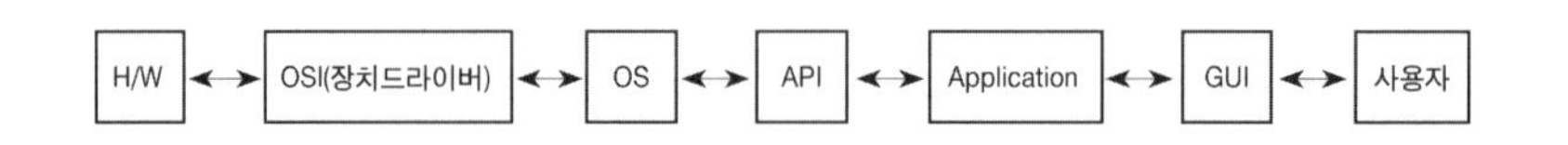

[그림 4-7] 각 계층별 구조

[표 4-3] 계층별 상세한 역할

대상	기능
개발환경 개발 프레임워크	다수 개발자의 협업 개발을 지원하기 위한 제반 환경 제공 형상관리 및 개발자 통합개발/테스트 환경 (비즈니스룰 개발 기반)
DB 서비스	데이터베이스 테이블의 생성, 수정, 삭제, 조회 처리 역할을 담당
Adhoc Query Service	패턴화된 DB서비스에서 커버하기 어려운 Adhoc SQL(개발자 임의 사용 SQL)를 사용한 DB 생성, 수정, 삭제, 조회 역할을 담당 성능향상 및 단순한 비즈니스 로직을 유지하기 위해 사용
시스템 핵심기능	시스템 전체적으로 사용되는 편의 기능 세트 공통기능(API) 또는 모듈 비즈니스 로직에서 사용
통신계층	서버와 클라이언트와의 커뮤니케이션 규약을 지원하기 위한 제반 기능 세트 서버와 클라이언트 프레임워크로 제공되며, 메시지 구조에 대한 규약을 포함
사용자 관리	시스템의 관리 대상에 대한 정보관리 및 권한관리와 연계 기능
로그 관리	서비스 실행 수행과정에 대한 정밀한 내용을 로그 레벨/목적에 따라 로그를 남기고 관리하는 기능
권한 관리	권한 관련 기준정보(사용자, 역할, 접근권한 프로파일) 및 연관관계 생성, 조회, 수정, 삭제 등 관리 기능
공통기능(API)	시스템 공통적으로 사용될 공통 기능에 대한 기능세트 모든 모듈의 핵심 및 비즈니스 로직 서비스에서 사용되며, 변경될 수 없는 원자성을 가지고 있는 기능
배포관리	중앙에서 복수 사업장에 대한 운영 거버넌스를 확보하기 위해 단계적 절차(개발 - 테스트 - 파일럿운영 - 운영)를 거처 운영환경에 배포하는 절차와 기능을 제공함

파지토리 관리기능 및 서비스 매핑 관리기능(조건조합과 연결서비스)으로 구성되어 있다.

■ UI 프레임워크: UI의 공통 및 지원부분으로 UI, OI, 모바일 기능을 포함하는 메뉴체계, 레이아웃, 검색구조, 업무화면 및 내용기반 링크가 해당한다.

■ 최근의 동향은 SOA(Service Oriented Architecture) 기반으로 차세대 제조실행 시스템을 구현하는데, 제조관리를 위한 BP와 IT 기술을 융합해서 구

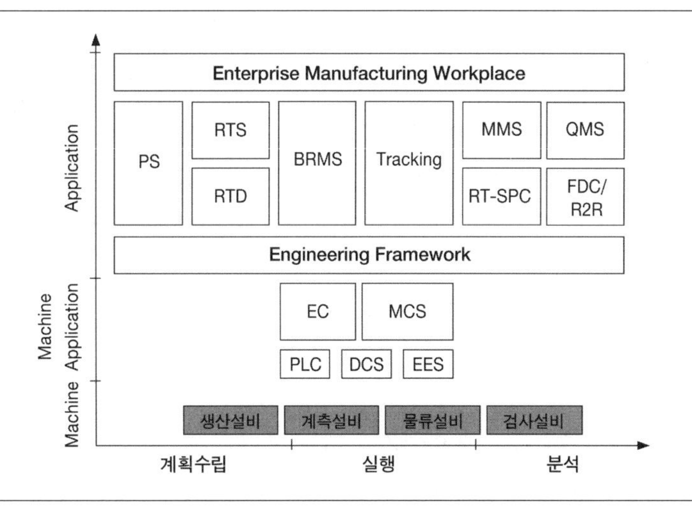

[그림 4-8] MES 부문 프레임워크(Framework) 및 솔루션 영역

축하고 표준 방법론을 기반으로 원활한 필요서비스를 확장해 재사용성을 지향하며 특히 국제 표준모델링 및 액티비티를 근간으로 구현된다. 우리는 오픈소스를 채용한 J2EE기반의 통합 플랫폼으로써 시스템 성능과 안정성을 보장하고 개발생산성 및 유지보수 효율화를 지향했다. 또한 구현모델은 ANSI/ISA-95에서 제시하는 8개의 지네릭 액티비티 모델 및 9개의 참조모델을 상속받고 참조해 4가지 기능요소 모듈, 즉 생산(Production), 설비보전(Maintenance), 품질(Quality), 협력사 및 자회사(Partner) 기능을 구현하는 방향으로 설계한다.

■ 솔루션 영역은 제조운영관리를 위한 전방위적 통합정보를 제공하고 어떤 플랫폼과도 호환이 가능한 오픈소스 기반의 검증된 프레임워크로 구성되어 시스템 개발 및 안정화 기간을 단축할 수 있는 최신 IT 기술 접목을 통한 기술구조를 단일화하고 제조산업에서 BP를 기본으로 탑재해 국제표준을 근간으로 요구사항에 대한 신속하고 신뢰할 수 있는 기능을 적용할 수 있다. 이를 통한 효과는 다음과 같다.

(1) 기반 제조실행체계 표준화를 통한 전체 시스템의 최적화 기반확보
(2) 공통 기능을 사전에 구현 및 지원을 통한 사업장별 MES 운영 상향평준화
(3) MES 핵심 모듈 내제화로 기술정보 유출을 근본적으로 차단
(4) 신규라인 등 공장 확산 시 MES Setup 시간을 줄이고 TCO절감

글로벌 기업에서의 클라우딩 컴퓨팅

■ 고객과 최신기술에 대해 이야기를 하다 보면 CIO는 우리가 하는 생산시스템 중 몇 개 모듈은 클라우드를 적용하라고 말한다. 이러한 단순하지만 의미 있는 고객의 말에 아키텍트는 아주 혼란스럽고 어려운 고민을 하게 된다. '생산현장에 도대체 무엇을 어떻게 클라우딩을 적용해야 하는 것인가' 우리는 여기서 우리가 사용하는 소프트웨어 SaaS(Software as a Service), 생산라인에서 데이터를 수집하는 PC나 전체 아키텍처 구조를 바꿀 수 있는 Paas(Platform as a Service)를 고려하게 된다. 모든 것은 기업의 현재 구현된 상황과 CIO의 요구사항, 현재 기술로 실현 가능성에 대한 평가기준 그리고 현재 설계의 기준을 고려해 진행해야 하지만, 소프트웨어나 하드웨어의 구조 변경은 많은 자원의 마이그레이션을 필요로 한다. 특히 IT 운영 인력의 운영역량, 기존 투자를 최대한 활용하는 구조,

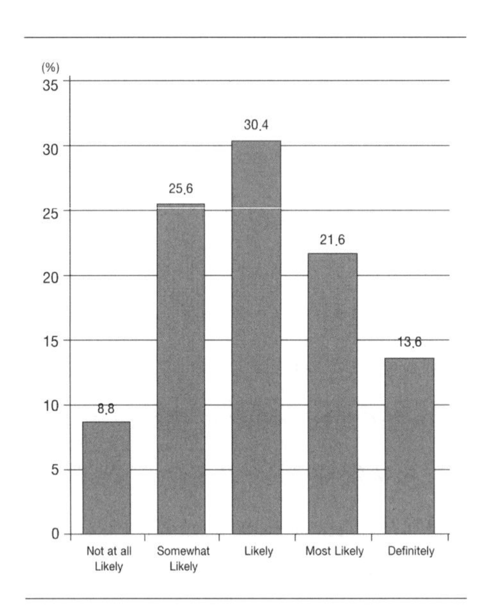

[그림 4-9] 2015년까지 온프라미스가 클라우딩을 따라잡을 것인가에 대한 설문결과
자료: IBM 마이클 오코넬 리포트.

[표 4-4] 클라우딩 적용 시 싱글 구조와 연방구조의 비교

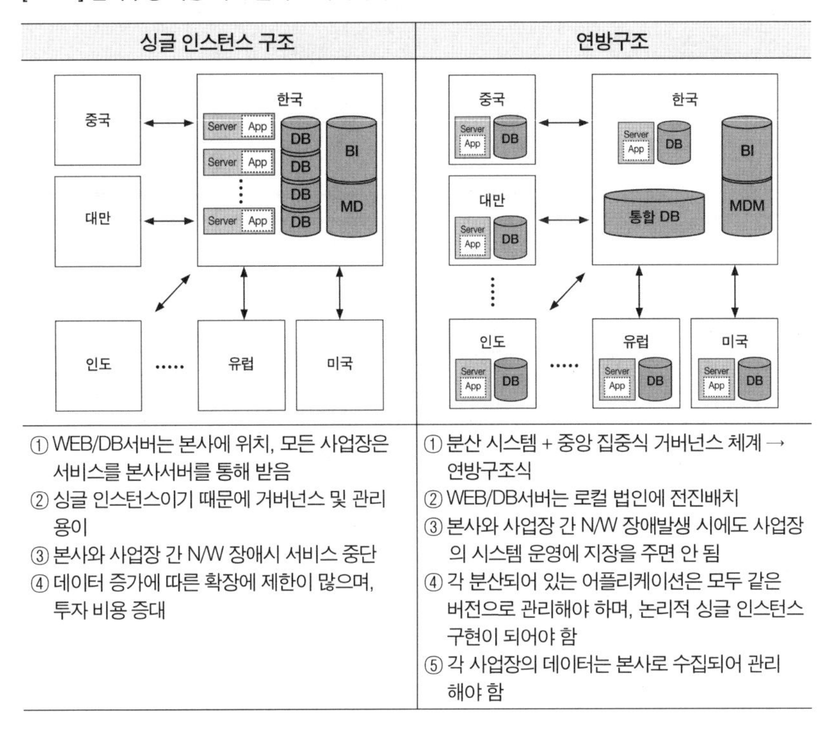

싱글 인스턴스 구조	연방구조
① WEB/DB서버는 본사에 위치, 모든 사업장은 서비스를 본사서버를 통해 받음 ② 싱글 인스턴스이기 때문에 거버넌스 및 관리 용이 ③ 본사와 사업장 간 N/W 장애시 서비스 중단 ④ 데이터 증가에 따른 확장에 제한이 많으며, 투자 비용 증대	① 분산 시스템 + 중앙 집중식 거버넌스 체계 → 연방구조식 ② WEB/DB서버는 로컬 법인에 전진배치 ③ 본사와 사업장 간 N/W 장애발생 시에도 사업장의 시스템 운영에 지장을 주면 안 됨 ④ 각 분산되어 있는 어플리케이션은 모두 같은 버전으로 관리해야 하며, 논리적 싱글 인스턴스 구현이 되어야 함 ⑤ 각 사업장의 데이터는 본사로 수집되어 관리해야 함

어플리케이션의 구조가 새로운 구조로 변경하면서 생산에 영향을 최소화할 수 있는 구조로 변경해야 한다.

■ 클라우딩 기술의 급부상: 2010년 IBM의 마이클 오코넬(Michael O'Connell)의 Tech Trends 서베이에 따르면 전 세계 2,000명이 넘는 IT 전문가의 90% 이상이 2015년에는 클라우드 컴퓨팅(Cloud-computing) 구축 사례가 온프레미스 컴퓨팅(On-premise Computing, 기존방식) 구축 사례를 넘어설 것이라고 응답했다.

■ 이미 정의된 아키텍처로 진행 중에 클라우딩 기반으로 변경하기 위해서는 엄청난 작업과 결정을 해야 하는데, 현재 구현되는 방향을 근거로 생산 현장 시스템을 클라우딩 개념으로 바꾸기 위해서 우리는 다음과 같은 결정

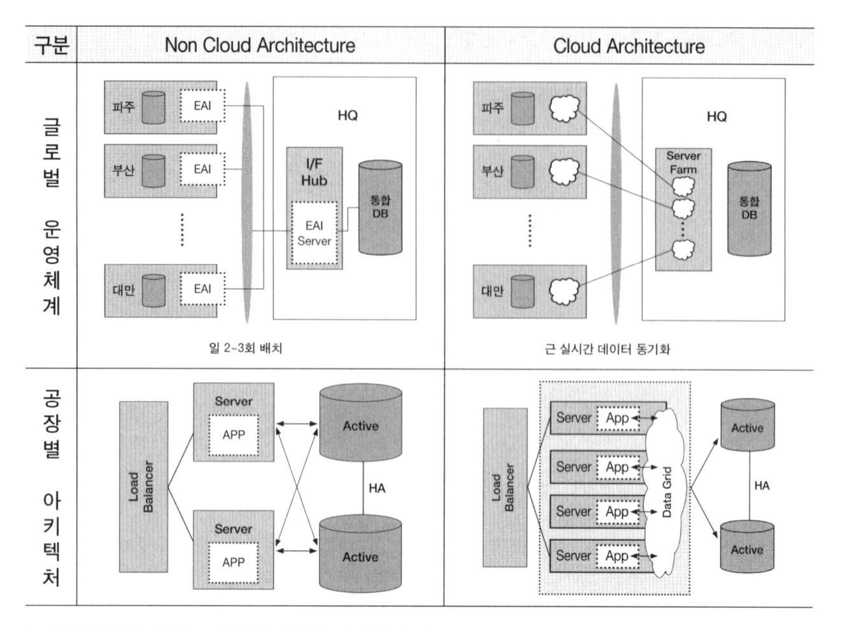

[그림 4-10] 클라우딩 적용 VS 미적용 아키텍처 비교

포인트를 가져가야 한다. 클라우딩은 크게 데이터의 공유와 하드웨어의 공유 그리고 비즈니스어플리케이션의 결정을 어떻게 해야 하는 것인지 실행차원의 결정을 해야 한다.

(1) 클라우딩은 내부가 아닌 외부의 결정을 수반할 수 있는 데이터 및 자원의 보안, 하드웨어 및 인스턴스의 가용성을 고려해야 한다.
(2) 어플리케이션이 자체 개발된 S/W나 Package형태 모든 것이 존재하고 이를 수용할 수 있는 범위의 이슈를 분석해야 한다.
(3) 실질적으로 사용 가능하다는 것만 증명될 것이 아닌 개발 및 테스트로 실현 가능성을 검증하고 마이그레이션도 준비해야 한다.

■ 글로벌 관점에서의 클라우딩 적용 방법

(1) 전 세계 공장이 분산되어 운영할 때 공장별로 자원을 투자하지 않고, 본사에 하나를 두거나 거점별 클라우딩 기술을 단계적으로 적용하면

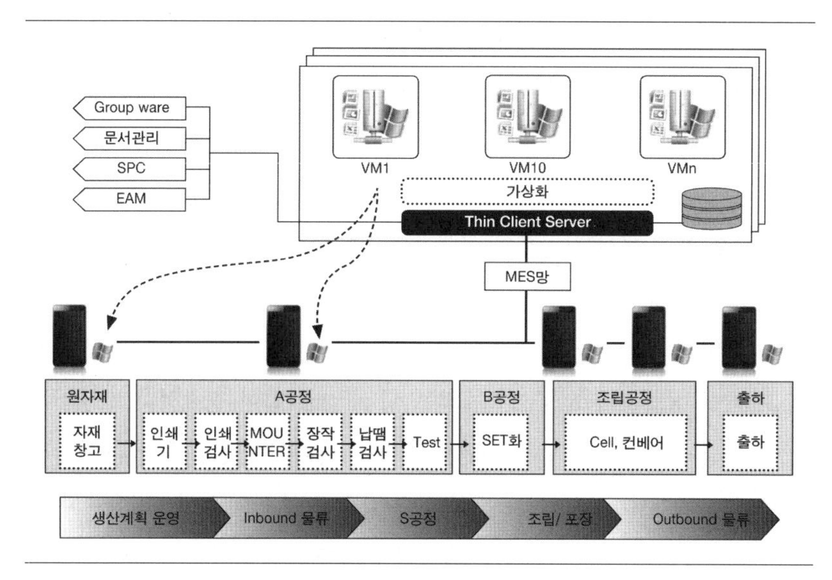

[그림 4-11] 생산현장에 사용되는 많은 PC에 클라우딩 적용사례

가용성이 향상되어 궁극적으로 '물리적으로 하나의 인스턴스'를 적용할 수 있으며 이는 장애로 인한 생산현장의 영향을 최소화하고 다른 공장 확산 시 효율화할 수 있도록 한다. 즉 기업의 생산 기준정보와 생산실적을 활용한 데이터는 하나로 통합해서 본사에서 관리할 수 있도록 하고 전 세계 거점별로 클라우딩 가상화 기술을 적용해 장애에 3중 대응할 수 있는 체계로 구현한다.

(2) 클라우딩 기술을 적용하면 첫째, 인프라 장애로 인한 생산라인 다운을 최소화할 수 있는 하드웨어 공간(Sapce) 및 자원을 공유해 생산현장의 이중화 및 3중화 체계로 가져갈 수 있으며 둘째, 각 법인에서 투자하는 비용을 획기적으로 줄일 수 있는데 이는 DB 인스턴스를 물리적으로 통합하고, 현장 DB를 인메모리(In Memory) 기반으로 변경해서 생산현장의 DB 및 H/W를 저렴한 장비로 다운사이징이 가능해 이를 거점별로 운영할 수 있는 기반으로 삼아 재투자가 가능하다. 셋째, 생산현장에 모든 장비를 설치하지 않고 '글로벌 하나의 인스턴스' 기반의 소스를 많은 곳에 배포할 필요가 없으므로 운영효율화를 가능하게 할 수 있다.

(3) 마지막으로 N/W 전송기술을 최적화해 TCP 기반의 압축 기술을 적용해 N/W 속도를 향상시키는 것을 반드시 고려해야 한다.

■ 우리가 고민한 것은 글로벌 관점에서 보면 거버넌스 체계를 위해서 필요한 자원을 한 곳에서 지원하는 형태가 맞으나 전 세계 공장의 안정성을 위해서 서버와 데이터베이스를 전진배치해야 한다. 그러나 나는 분산된 공장의 서버 및 소스운영을 통합하기 위해서 분산된 구조를 하나의 연방제(Federated Architecture) 구조인 클라우딩 개념 도입이 필요하다고 생각한다. 이는 가상화 기술과 분산컴퓨팅 기술로 서버의 자원을 묶거나 분할하여 사용자에게 서비스 형태로 제공할 수 있으며 이는 어플리케이션 서비스 및 데이터를 그리드 형태의 공용메모리에 적재해 논리적으로 하나로 사용할 수 있는 기술로 고성능, 고가용성, 확장성을 극대화할 수 있으며 세계 독자운영 공장의 원격데이터 동기화 및 원격소스 배포 등이 가능하다.

■ 생산현장에서도 많은 컴퓨터를 사용하고 있는데 제조라인 내 작업자 PC를 제거해서 장비제어용 PC 및 공정PC의 숫자를 획기적으로 줄여 공간의 가용성을 확보하고, 바이러스 및 내부정보 유출방지 등 보안이 강화되어 모든 데이터의 쓰기, 읽기 작업이 서버에서 이뤄짐으로써 데이터의 안정성 및 동기성을 확보할 수 있고, 궁극적으로는 작업현장 컴퓨팅 자원을 효율화해 그린 오피스를 구현할 수 있다. 이때 PC 등에 바코드, RFID, 비전장비와의 연계된 인프라가 적용될 수 있는지 충분히 기술검토가 선행되어야 한다.

RTE(Real Time Enterprise)를 위한 BRMS 방법론

■ RTE는 기업의 주요 경영정보를 통합관리하는 실시간 기업의 기업경영 새 시스템으로 많은 부분이 유기적으로 연결되어 정보가 교류되어야 한

다. 즉 다양한 IT 인프라의 결합을 통해 현장의 실무진부터 경영진 그리고 외부의 공급망, 협력사 생산정보, 고객 등의 정보와 물류 프로세스 등이 공유될 수 있는 기업환경을 지향하는 개념이다. 여기서 중요한 내용은 생산 관점에서 협력사, 기업 내부, 고객이 항상 유기적으로 조화를 이뤄 정보가 되어야 한다는 것이다.

■ 사업장에서 현업과 IT 관리자 간에 자주 요청되는 것으로, 프로세스 변화에 프로그램 적용이 너무 늦다는 불만을 자주 토로한다. IT 담당자의 역할과 현업실무자의 역할이 서로 명확하지 않기 때문에 나타나는 현상들이 많을 것이다. 우리가 과거에 호스트-더미(Host-Dummy) 기반에서, 1990년대 이후에는 많은 내용을 클라이언트로 내리는 클라이언트 서버(Client-Server) 환경으로 변화했고 이후 웹(Web)기반으로 변경된 이후에 많은 내용이 서버 기반으로 다시 돌아가게 되었다. 그러면서 서비스나 API 형태가 프레임워크 단에서 처리되게 되었고 서비스의 조합으로 프로세스 기반 BPM이 등장하고 이러한 서비스들이 점점 많아지면서 표준화관리 등이 어려워져 다시 비즈니스룰을 관리하기 위한 BRMS를 도입하는 것이 일반적이다.

■ IBM 논문에 따르면 오늘날 모든 생산 제조 환경은 매우 빠르게 변하고 있다. 기업 내부의 업무 및 전략 변경, 경쟁사 사이의 무한경쟁, 시장의 환경 변화, 정부의 규제 변화, 기타 예상치 못한 변화 요인으로 인해 기업의 업무 환경은 끊임없이 변하고 있다. 또한 오늘날 기업의 가장 큰 생존전략 중 하나는 이와 같은 환경 변화에 능동적으로 대처해서 기업의 이익을 극대화하는 것이다. 따라서 환경 변화에 적절히 대처할 수 있도록 기업 업무를 유연하게 구성/관리할 수 있어야 하며 결국 기업 업무를 구성하는 비즈니스 규칙(Business Rule)을 효율적으로 개발·관리·적용할 수 있는 BRMS 구축은 기업의 필수 요소라 할 수 있다

[표 4-5] 비즈니스룰 적용업무 및 적용사례

<table>
<tr><th>일반적인 룰 적용업무</th><th>분류</th><th>룰 적용 예시</th></tr>
<tr><td rowspan="5">1. 규칙이 자주 변경되는 업무
2. 로직의 빠른 반영 중요한 업무
3. 버전 관리가 필요한 업무
4. 복잡한 기준 관리
5. 현업이 업무 로직 구현이 가능한 업무
6. 심사, 평가 등과 유사 업무
7. 변경사항이 실시간 반영이 필요한 업무
8. 가독성 향상이 필요한 업무</td><td>부정 판단</td><td>설비예비품 수명 초과품 미교체, 세금 불성실 신고, 실적정보 임의 수정, 세관미신고, 라인스톱 미진행, 자재 오투입 판단</td></tr>
<tr><td>선택 판단</td><td>적합 원자재 투입, 설비 예지보전 적기교체, 보안판단, 라인스톱 정책 시뮬레이션</td></tr>
<tr><td>서비스 조건</td><td>자재이탈률 수준 적합 판단, 유실정보 관리범위 판단, 대체자재 판단, 신규 룰 적용 여부 확인</td></tr>
<tr><td>계산</td><td>유실률, 정시정량 준수율, 계획대비 실적 준수율, 자재 오투입률, 재고이자 비용 산정, RTY, 불량률, 생산원가 산정, 인당생산지수 산정, 납기준수율, 설비가동효율계산, MBI 등 KPI 지수</td></tr>
<tr><td>기준 관리</td><td>기준정보, 이탈률 초과기준시간, 부품교체 유형별 시간, 유형별 정시적량 계산율, 작업태스크 매핑</td></tr>
</table>

■ BPM(Business Process Management)은 무엇인가? 프로세스의 합리화와 효율화를 워크 플로 단위로 업무 흐름의 가시성을 높이는 방법이며 BRMS (Business Rule Management System) 중 특히 비즈니스 개요는 업무정의나 비즈니스의 제약을 룰로 정의하는 것을 의미한다. BRMS는 이러한 비즈니스룰의 생각을 넣는 방법으로 업무룰을 세분화해서 시스템을 관리한다. 기존에는 업무요건이나 프로그램 사양을 프로그램상에서 코딩하면서 구현했는데, 이러한 경우 요건이 변경되면 소스를 수시로 수정해야 했으며 이로 인한 비용, 생산성, 품질, 프로젝트 공기연장 등의 문제가 발생하게 되면서 이를 해결하기 위한 필요성이 증대되었다. 다시 BRMS로 돌아가서 비즈니스를 어플리케이션과 분리해서 룰엔진에 의해 비즈니스룰을 관리하고 실행하는 것으로 룰을 관리하므로 어플리케이션과 비즈니스 로직이 독립하게 되었다. 룰엔진은 복잡한 조건 분산 로직을 조립하는 것이다. 이를 통해 ① 비즈니스 역할을 가시적으로 현업사용자가 직접 볼 수 있으며 ② 사양변화에 따른 유연한 역할변경이 가능하게 되며 '룰 기반 시스템'의 정의는 [표 4-5]와 같다.

(1) 룰(Rule): 룰과 절차는 밀접한 관계가 있는데 절차(Procedure)는 한 프로

세스를 처리하기 위해 요구되는 모든 사항들을 처음부터 마지막까지 순서에 준해 수행하는 것으로 표현할 수 있고, 특정한 절차에서 요구되는 각종 조건들을 규칙(Rule)이라고 한다.

(2) 룰 기반 시스템(Rule Based System): 다양한 고객요구, 공정개선에 따라 제품의 형태 및 업무규칙이 변하는데 이러한 업무규칙을 프로그램으로부터 분리해서 룰이 변경되더라도 룰엔진이 자동적으로 룰을 처리해 메인 어플리케이션의 변경이 없도록 하기 위한 투명성을 보장하는 업무규칙 기반의 시스템을 말한다.

(3) 룰데이터 모델: 룰데이터 모델은 정형화된 업무규칙에 따라 모델링하는 것으로, 룰모델(Logical)은 룰에 적용되는 요소의 추가 변경에 유연하게 대응하기 위해 DB의 칼럼이 아닌 인스턴스로 구조화되어야 하며, 또한 룰모델은 매우 추상적인 형태이므로 모델별로 자세하게 설명할 수 있는 인스턴스맵을 작성해서 모델의 검증작업을 거쳐야 한다.

■ UI업무의 룰 적용은 조심스럽게 적용해야 한다. 즉 데이터를 조회 후 처리하는 MIS(Management Information System)성 업무특성을 가지고 있으며 비즈니스 로직 변화가 많지 않아 룰로 관리하는 부분을 최소화해야 한다. 즉 채번규칙, 출하 Lot 생성 등에 한정하고 반면에 OI는 업무처리가 분류, 데이터 체크가 일괄 프로세스로 처리되는 특성상 분류 및 데이터 체크 로직을 룰로 관리하고, 자바에서 룰엔진을 호출해서 사용하는 체제로 진행되어야 한다. BRMS를 도입한 후 기존 아키텍처의 변화 포인트는 ① 처리 플로우: OI화면에서 요청 → 인증, 권한, 메뉴 등 프레임워크 공통서비스를 호출 → 룰엔진 호출과정을 거치며 룰엔진 처리 시 필요한 공통기능(다국어, 타임 존 등)은 시스템 공통기능을 호출한다. ② OI 어댑터: 공통서비스 호출과 룰엔진 호출을 위해서 OI용 어댑터를 개발한다. ③ DAO 기능: 룰엔진에서 다양한 기능구현이 어려우므로 트랜젝션과 무관한 조회권한은 허용한다. ④ 트랜젝션 관리: 전체 프레임워크의 트랜젝션 관리자를 공통으로 활용해 일관된 트랜젝션 처리가 되도록 한다. ⑤ 룰엔진 처리 시 오류발생에

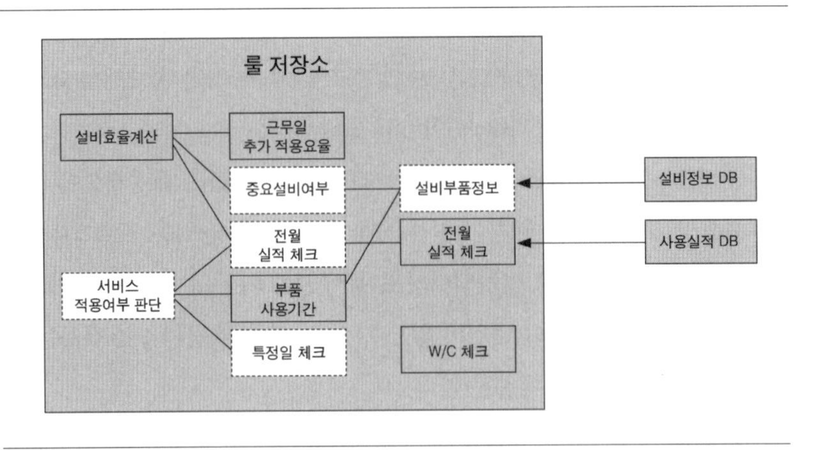

[그림 4-12] BRMS의 룰 저장소

따른 에러 처리, 메시지 처리: 프레임워크에서 표준화된 프로세스를 따르도록 한다.

■ 유형별 룰 적용기준은 다음과 같다

(1) 적용패턴이 판단(조건 및 플로), 계산, 기준 및 복합형태: 객체(하위 룰)화와 공통활용, 수정 및 추가에 대한 변동성, 복잡한 버전관리, 현업 및 IT 관리자에 따른 즉시 변경대상으로 기준(소규모 및 복잡성)은 룰 참조, 룰 실행결과에 의해 기준이 선택되는 등의 복잡한 기준, 분류항목 변경이 잦은 기준으로 하되 최고의 성능 우선, 룰 분해가 되지 않는 등은 룰 대상에서 제외한다.

(2) 조건 판단: 생산에서의 공정불량 및 수리등록, 생산관리 번호 유효성 체크가 여기에 속하며 ① 설비 자산등록 요건, 보전설비 대상 판단, 설비 자산 등록 인수 심사, 보전 대상 목록 체크, 설비 RFID 발급체크, 설비 보전 부품 미교체 항목 판단, RFID 사용 시 서비스 적용여부 판단 ② 다수의 하위 조건이 있고, 상품이나 그룹에 대해 일부 하위 조건을 결합해서 체크하는 형태로 하위 룰의 조립 사용 형태 ③ 신규 하위 룰 및 기존 하위 룰 조립으로 신규 룰 추가 용이, 시점에 따른 하위 룰 버전 관리

및 적용 용이, 테이블 형태의 조건 판단의 표현으로 현업/IT 협업 및 현업의 즉시 변경 대상 룰에 유용한 부문이 속한다.

(3) 판단: 생산현장에서는 카툰박스(Carton Box) 실적 처리(유닛박스[Unit Box] 라벨유효성 검증 실적달성 여부 체크, 박스포장 실적 추가)가 속하며 ① 생산 유실 사고 경보 접수, 생산성 저하 인력 다능공 인력 판단, 장비 복합 장애 판단, CRM(마케팅), 채권 회수 배분 ② 조건 판단의 흐름이 있는 형태(흐름 내의 각 노드는 조건 및 테이블 등 다른 형태의 다른 룰 사용 가능) ③ 플로 형태의 표현으로 가독성이 향상되어 유지보수가 용이하고, 현업/IT 협업 및 현업의 즉시 변경 룰에 유용하다.

(4) 계산: 생산현장에서 생산진행번호(S/N, P/O 등) 채번규칙이 여기에 속하며 ① 생산원가 계산, 불용 재고비 이자 계산, 자재 폐기비용 계산, 설비 MRO 구매 가격 계산, 카드 사용 시 마일리지/매출 할인/청구 할인 계산, 매출 누적에 따른 슬라이딩 계산, 실시간 통화가능 시간 계산, 수당/수수료 계산 등 ② 다수의 하위 조건, 계산 룰을 결합해서 계산하는 형태로 하위 룰의 조립 사용 형태 ③ 신규 하위 룰 및 기존 하위 룰 조립으로 신규 룰 추가 용이, 시점에 따른 하위 룰 버전 관리 및 적용 용이, 테이블 형태 표현으로 현업/IT 협업 및 현업의 즉시 변경 대상 룰에 유용하다.

■ 기준부문은 제품군 타입정보, 출하검사 Lot 구성정보 등이 해당되며 ① 보험료 지급기준 테이블, 대량구매 할인율, 가입유형별 할인 요율, 태스크별 담당자 매핑, 사고접수 유형별 담당자 배정, 이자율 등 ② 소규모 건수이면서 복잡성이 높은 형태(룰 참조, 룰 실행결과에 의해 기준이 선택되는 등의 복잡한 기준, 분류 항목 변경이 잦은 기준 등)가 여기에 속한다.

■ 룰 설계 방식의 예는 다음과 같다. ① 데이터타입: 참거짓(Boolean), 숫자(integer), 문자(string), 날짜(date), 돈(money), 오브젝트(object), 실수(real) 등 ② 변수선언 스크립트: 변수 생성문법으로는 is a, is some, such that, is one of 등 변수 초기화를 위한 초기 문법 등 ③ 제어구문 스크립트: 분기를 위해 case, do, if …then …else, in, otherwise 등 ④ 반복을 위해 for each, until, while 등 ⑤ 연산자 스크립트: 논리 연산을 위해 and, or, not, =, <, >, < =, > =, < > 등, 산술 연산을 위해 +, −, ×, ÷가 포함되는 자연어 처리 언어 SRL(Structured Rule Language) 제공되어 사용자가 직접 적용 가능하도록 해야 한다.

■ IBM에 따르면 BRMS의 필요성에 대해 알아보면 빠르게 변화하는 환경에서 효율적인 비즈니스를 위해서는 상당한 유연성이 요구된다. 이러한 유연성을 위해서는 시장이나 사용자 환경의 변화에 대해 능동적으로 대처해서 관리하고 운영할 수 있는 시스템 환경이 필요하다. 비즈니스룰은 어플리케이션과 비즈니스 로직을 분리해서 관리함으로써, 시스템 재구축을 위한 턴 어라운드(Turn Around) 시간을 극소화시키며, 환경의 변화나 업무 규칙의 변경 시에도 시스템 변경 없이 비즈니스 로직만 변경해 운영한다는 점에서 기존의 시스템 개발 방법보다 쉽고 빠르게 변경된 정책이나 상품 등을 시스템에 적용할 수 있다. 적용 시 이점은 ① 업무전략이나 전문지식의 시스템화가 용이하다. 가령, 작업자의 치장 자재 출고를 처리하는 시스템을 구현한다고 한다면, 기업의 재고관리시스템은 신청자에게 필요한 정보를 요구하고 적절한 업무 규칙과 절차에 따라 처리해야 한다. 이런 시스템을 개발하려면 규칙이나 업무의 처리 방법 등을 BRMS가 제공하는 룰 편집기를 통해 문서를 작성하듯이 간단하게 룰을 입력하면 된다. BRMS 룰 에이전트는 데이터가 트랜스액션 시스템에 전달되기 전에 룰에서 정보를 체크하고 주어진 동작에 따라 처리하게 되어 전략적인 업무나 전문적인 업무도 쉽게 시스템화할 수 있다. ② 개발기간이 단축되고 유지보수가 쉽다. 기존의 개발 방법론으로 전략적인 규칙이나 로직을 구현하는 것은 뛰어난 IT 전문 기술자와 상당한 구현 기간이 필요하다. 그러나 비즈니스룰을 적용하는 경우에는 전산 프로그래밍 언어가 아닌 현장에서 사용하는 용어와 문법으로 룰을 입력하고 관리하기 때문에 기존의 전산 시스템에 비해 월등

히 짧은 시간 안에 쉽게 시스템을 구현하고 유지보수도 비전문가가 쉽게 할 수 있다. ③ 환경 변화 및 업무 변화에 신속한 대응이 가능하다. 룰은 시스템이 가동되고 있는 중에도 룰을 생성, 수정, 삭제, 로드, 저장, 활성화, 비활성화할 수 있으며 규칙의 변화를 담당자 또는 일반 관리자 수준에서 언제든지 변경하고, 운영할 수 있게 하는 뛰어난 운용 환경을 제공함으로 급변하는 환경에 적절히 대응할 수 있다.

■ 적용 분야는 개인화(Profile filtering, Credit Scoring, 고객 설문, 고객 평가, Self-Service Web Site), 타겟 마케팅, 알람 필터링 코릴레이션, 워크 플로 관리, 디스패칭 등의 분야에 적용된다. 특히 제조 분야는 여러 제조산업의 공장자동화시스템에 많이 적용되고 있다. 특히, 최근 들어 무인 자동화시스템 도입이 요구되는 상황에서 기존 작업자의 전문 지식을 시스템화하는 방법으로써 검토·도입되고 있다. 시스템 업무 담당자가 이해할 수 있는 형태로 업무 규칙을 작성·관리한다는 점, 언제든지 공장의 설비를 멈추지 않고 시스템 제어 규칙을 변경할 수 있다는 점, IT 인프라와 쉽게 연동할 수 있다는 점 등의 강점으로 인해 BRMS가 공장자동화에 적용되고 있다.

부산에서 터키까지 아시안 하이웨이

■ 언제부터인지 경부고속도로를 운전하다 보면 아시안 하이웨이라는 표지판이 종종 눈에 띈다. 이는 아시아 태평양 경제사회 이사회가 아시아 국가간 교류협력 확대를 위해 아시아 32개국을 그물망처럼 연결하는 현대판 실크로드 도로망으로, 일본에서 시작해서 부산, 서울, 평양, 신의주, 중국, 베트남, 태국, 인도, 파키스탄, 이란, 터키 등으로 이어지는 1번 노선과 부산, 강릉, 원산, 러시아, 중국, 카자흐스탄, 러시아로 이어지는 6번 노선이 우리나라를 통과한다. 이를 실행하기 위해서는 당사국가들이 19개 조항(노선망, 설계기준, 협정효력, 개정절차, 분쟁해결 등)과 3개 부속서(노선별 경유지, 설계

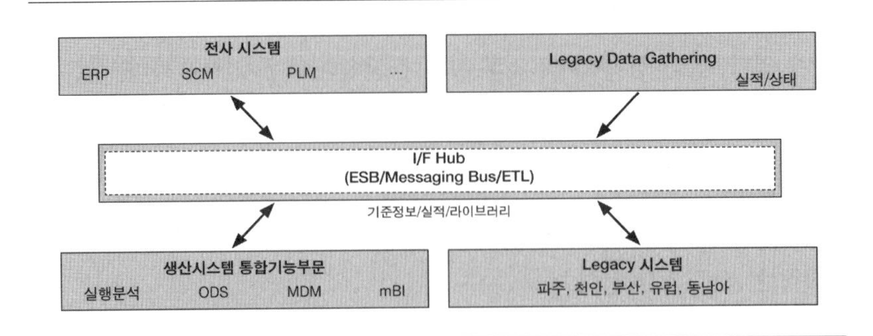

[그림 4-13] 인터페이스 허브 개념도

기준, 표시표지)를 정의해야 한다. 다시 국내로 돌아와서 보면 분당에 사는 내가 남원 처갓집을 대중교통을 이용해서 가려면 집에서 전철이나 버스로 분당 터미널로 이동하고 분당 터미널에서 고속도로를 이용해 남원터미널로 이동한 이후에 버스나 택시로 처갓집에 가게 되는데 이때 이용되는 터미널이 인터페이스 허브라고 표현할 수 있다. 터미널에 가서 시간과 목적지, 차량탑승 인원을 말하면 해당 차표를 끊어 버스에 승차할 수 있다.

■ 글로벌 기업에서의 인터페이스 허브는 연계되는 시스템 간의 인터페이스 방식을 표준화하고 인터페이스 항목의 체계적 관리와 주요항목의 상시 모니터링을 통해서 송수신 데이터의 무결성을 보장하는 것이다. 이를 위해 현행 인터페이스 프로그램을 통합, 표준화하고 불필요한 항목을 제거해서 연계 시스템 간 프로그램을 획기적으로 줄이고(P사는 2개 사업장의 1,200건을 300건으로 줄임, S사는 900개를 100개로 줄임), DB Link 등 보안에 취약한 연계방식을 EAI/ESB 방식으로 데이터 무결성을 보장하고 보안의 안정성을 확보하는 것이 목적이다.

(1) I/F 허브 구축을 통한 연계항목 최소화 및 데이터 정합성 확보
(2) I/F 모니터링 체계 구축 및 대량 데이터 전송방법 표준화

■ I/F 허브 구축단계는 현행I/F분석 → 표준화 및 슈퍼 세트(Superset) 생성 → 사양정의 → 개발S/W 설치 → EAI 환경구성 → 연계 시스템 환경준비 → I/F 요청 및 항목관리 → I/F 개발 프로토타입 진행 → EAI/ESB 설계 및 구현 → I/F 데이터 생성테스트 및 정합성 검증 → 운영이관 전 점검사항 작성 및 체크 → 이행(Cut Over) 및 안정화로 진행되어야 한다.

(1) EAI 연계: MQ 기반 등으로 연계하는 것으로 I/F 허브의 연계 레이아웃 또는 포맷을 의미한다.
(2) EAI Hub: 개별 EAI 솔루션을 적용해 데이터 전달을 담당하는 중앙 시스템이다.
(3) I/F Hub: 본사의 인터페이스 접점을 단일화하는 I/F DB로 데이터허브라고도 표현할 수 있다.
(4) 온사이트 데이터 취합: 사업장별 데이터 취합은 소스 및 목표 DB에 부하를 최소화해 정합성 보정이 없는 수준으로 해야 하며 I/F 중복이 되지 않도록 변경분만 I/F되도록 해야 하며, 세계에 분산된 데이터 통합을 위해서 ESB보다는 실시간 연계나 EAI방안을 적용해야 한다. 1회 10만 건 미만의 데이터는 DB to DB, 10만 건 이상인 경우 파일에서 파일유형(File to File)을 적용하고 스케줄러에서 송신시스템의 파일생성 셸(Shell)과 DB, 파일 어댑터 셸(File Adapter Shell), 수신시스템의 JAVA를 호출하는 체계로 한다. 이때 ① DML문을 활용한 I/F는 모듈 어플리케이션 개발이 단순해지고 속도가 빨라지며 본부에서 데이터 취합은 전송받은 DML의 순차 수행만으로 단순해지나 사업장에서 데이터 변경은 UI화면을 통해서만 수행되어야 하고, 업무 모듈에서 데이터 처리를 위한 전송방식 대상 테이블을 분리해야 하며 사업장에서 I/F에 의해 수신 받은 데이터 취합은 제외가 필요하다. ② 주요정보 이력테이블을 활용한 연계는 실행DB에 영향을 최소로 줄 수 있다.
(5) 본사의 기준정보 배포: 본사 기준정보데이터를 글로벌 국내외 사업장에 변경발생 시 실시간 배포하기 위한 연계체계를 디자인해야 한다. 특히

기준정보 변경 시 I/F테이블에 입력 후 UI에서 EAI 실행을 호출해서 EAI 어댑터는 I/F 허브에 동기화 후 사업장 배포용 셀을 호출해 데이터를 배포한다.

(6) 기간계와 생산정보 연계: DB 링크나 소스 DB 장애 발생을 최소화하기 위해 내부 시스템연계는 EAI로 외부 시스템 연계는 I/F 프로그램이 SOAP 방식으로 ESB를 호출하는 방식으로 진행한다.

(7) 실시간 ERP 연계: RFC 모니터링 및 통합관리가 어렵고 I/F 접점이 많으므로 해당시스템의 접점을 통일하고 모니터링 해야 한다.

■ I/F 허브를 구축하면서 반드시 고려해야 할 사항은 ① 인터페이스 항목이 중복되지 않도록 슈퍼 세트(Super Set)를 설계해 유사한 정보는 통합해서 관리해야 하고 추가 인터페이스 요구사항에 대해 중앙에서 중복체크 등 관제가 되어 유지보수를 효율적으로 할 수 있도록 해야 한다. ② 데이터의

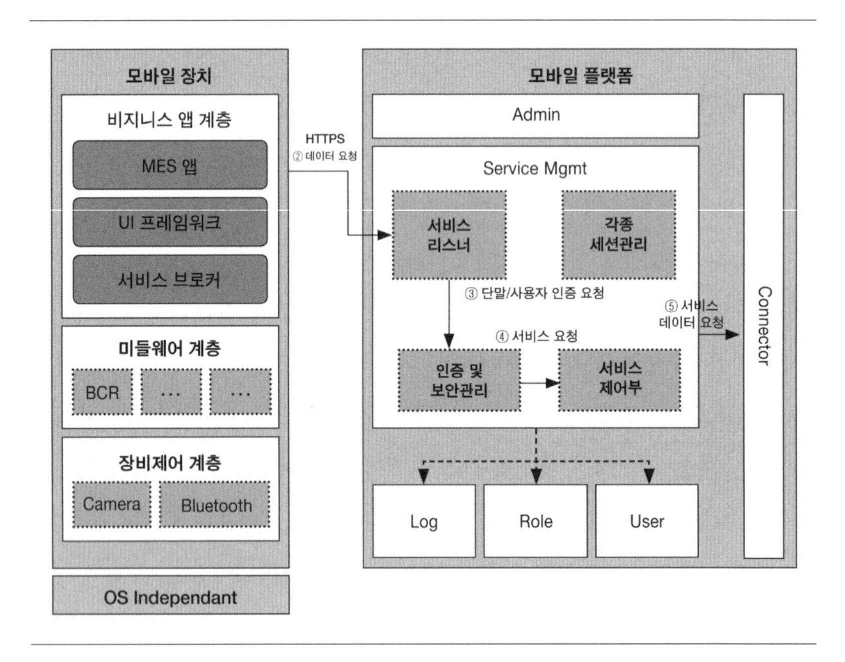

[그림 4-14] 모바일 아키텍처

정합성 차원에서 모든 인터페이스된 데이터는 이력을 남기고, 상대시스템에서 정상적으로 수신했는지, 이후 정상적으로 데이터를 처리했는지, 에러가 발생했을 때는 해당시스템에서 관리가 되고, I/F 허브에도 통보가 되어 관리자에게 통보가 되어 사후조치를 취할 수 있도록 해야 한다. ③ 인터페이스가 변경될 때 기준정보의 변경에 따라 연계 시스템의 영향을 많이 받으므로 기준정보, 신규정보, 매핑정보를 제공해 가능한 한 해당 시스템별로 진행할 수 있도록 해야 한다. ④ 마지막으로 시스템 운영을 위해 꼭 필수 데이터만 연계해 주고 굳이 필요가 없는 데이터는 해당 시스템에서 직접 조회할 수 있게 해야 한다.

현장에서 꼭 필요한 모바일 적용 범위

■ 2000년대 초반 마이크로소프트의 창업자인 빌 게이츠가 '혁신적 제품을 통해 탄생될 분야는 모바일 분야다'라고 말한 후 현재 애플의 아이패드, 아이튠즈, 앱스토어를 통해 현실화되고 있다. 산업 분야 중에 제조 분야 전반에 실시간 업무진행과 신속한 대응을 통해 업무스피드 증대와 제조혁신을 실현하기 위해 모바일 분야가 확산되고 있어 생산분야의 모바일 프레임워크를 표준화하고 고성능 스마트 디바이스를 활용한 제조현장 모바일 콘텐츠 설계가 필수라고 말할 수 있다. 현재도 제조업체 생산현장에 가보면 PDA, 스캐너, 고정스캐너, RFID 인식기 등 운영 장비별로 많은 응용프로그램이 자재투입부터 생산진행, 예외생산관리, 재공 및 추적을 포함하는 조기경보를 포함한 생산관리, 공정검사 및 출하검사, 품질개선, 품질조기경보를 포함하는 품질관리 영역, 실시간 설비보전, 예방보전, 고장수리, 생산라인 실시간 관리, 작업표준 및 설비관리와 제품출하와 관련된 상차관리, 성과 측정에서 종합생산관리, 성과, 생산성 등 생산라인 긴급 조기경보를 포함해서 운영되고 있다. 또한 스마트폰의 특성인 2D, QR 코드 바코그 스캐닝, 메시징 기능, 조기경보, CCTV를 연계한 기술을 적용하면 효과를

증가시킬 수 있다. 이러한 기술구조를 적용하기 위해서는 첫째, 지속적으로 증가되는 모바일 업무적용을 위해 기업의 모바일 서비스 플랫폼을 전사 차원에서 표준화하고, 스마트 디바이스가 제공하는 프리젠테이션 레이어를 비즈니스 로직과 분리해서 설계하는 계층적 아키텍처와 연동해 기존 UI에서 활용하는 비즈니스 로직을 수정 없이 사용할 수 있도록 유연한 확장 및 변경이 가능한 구조로 설계되어야 한다. 둘째, 하이브리드 앱(Hybrid App) 기반의 방식을 적용해 웹과 모바일에서 함께 볼 수 있는 범용적이고 확장성이 높은 개발 플랫폼을 적용해 스마트 단말기의 편리하고 다양한 기능을 활용할 수 있도록 해야 한다.

■ Hybrid App은 무엇인가? 네이티브 앱(Native App)방식과 모바일 웹방식의 장점을 결합한 하이브리드 플랫폼(Hybrid Platform)은 다양한 스마트기기(폰, 탭, 플레이어 등)를 지원하기 위해 기본 아키텍처로 UI부문을 웹방식으로 채택해서 자체 포팅(Porting)을 최소화하고 네이티브(Native) 영역에서 필수로 지원해야 할 부문만 최소화해 제공하며 원소스 멀티플랫폼(One Source Multiplatform, 하나의 단말 OS 지원)이 가능한 체제이다. 카메라 및 디바이스 기능처럼 웹으로 사용하기 어려운 단말은 네이티브 기능(Native Feature)을 사용하고, 단말 OS별로 새로운 프로그래밍 언어의 학습 없이 Web 개발기술 활용개발이 가능하도록 표준 웹개발 기술을 적용한다.

■ 모바일 바코드 연계는 단말의 카메라 기능을 활용해서 바코드를 인식하는 솔루션을 적용함으로써, 부가적인 바코드 리더기 추가 없이 기능 확장이 용이하며 산업용 PDA에 비해 가벼워서 사용이 간편하고 별도 H/W가 없으므로 고장률이 낮고 인식속도가 빨라지고 있어 성능도 향상된다. 특히, 일반적으로 인식이 어려운 왜곡, 반전, 손상, 회전, 굴절 이미지에 대한 최고의 인식이 가능하다. 최근 들어 기존 H/W 장비에 비해 휴대성, 구축 및 운영비용 측면에서 강점을 보이며, 기능 및 인식속도 면에서도 차이가 줄어들어 있다.

■ **알림 및 진동기능:** 제조실행 모듈에는 설비교체 등과 같은 작업상황을 인지했을 때 단말기로 실시간 조기경보 정보를 송신해서 즉각적인 조치를 위해 푸시(Push) 기반 알림 기능이 필요하고, 조치자는 상세화면으로 이동해 조치가 가능하다.

■ **메시지 및 커뮤니케이션 기능:** 회사 내의 기간망을 통해 단말기에 음성, 문자, 사진 등의 메시징 서비스를 제공해 공정별, 라인별 커뮤니케이션을 통한 업무 효율을 극대화할 수 있다. 또한 음성서비스에 대한 저렴한 구축비용 및 통신비 절감효과 제고를 통해 망투자 비용을 절감하고 통신료를 절감할 수 있다.

■ **CCTV 모바일 서비스 기능:** CCTV 카메라와 유무선 통신 네트워크, 컴퓨터와 스마트폰을 결합해 기업의 각 생산라인 영상을 PC, 관제센터 또는 스마트폰을 통해 확인할 수 있는 실시간 영상 모니터링 기능과 전송된 영상의 확인/제어 등의 부가 안전 서비스를 제공한다.

■ **단말 및 N/ W 보안적용:** ① **단말기 보안정책:** 저장기능 암호화, 가상 키보드 보완, 안티 바이러스, 첨부문서 뷰어 ② **네트워크 보안정책:** AES암호화를 이용한 E2E 보완, 가상 전용선을 이용한 보완 ③ **인증보안정책:** 인증, 패스워드 정책, 공인인증 및 전자서명 ④ **원격관리 정책:** 단말 잠금 및 원격삭제, 디바이스 제어, S/W 배포관리, 진단 및 모니터링이 적용되어야 한다.

■ **모바일 화면 구성 시 주의사항:** 아이패드, 갤럭시탭 등의 태블릿PC가 출시되었으나 작은 스크린으로 콘텐츠 단순화, 데이터 처리 속도를 위한 이미지 최소화, 화면터치 방식으로 버튼과 칼럼의 사이즈, 글자 폰트사이즈를 고려해야 한다. 또한 데이터의 가독성을 고려해 거부감 없는 쉬운 인터페이스로 업무의 흐름과 일치하는 자연스러운 정보의 흐름이다.

MBI(Manufacturing Business Intelligence)의 필요성

■ 제조업체에는 왜 BI(Business Intelligence)가 필요한 것인가? BI는 기업의 마케팅, 영업, 서비스, 제조, 시장품질 등의 업무에 필요한 의사결정 정보를 연결해서 지능적으로 활용할 수 있도록 하고, 이를 통합해서 정확한 의사결정을 지원하는 기능이 있어야 한다. 또한 사용자가 직접 데이터에 접근해서 분석하는 사용자 기반 기능이 있고, 데이터 검색과 데이터 간 다차원 추이를 분석해 다양한 각도에서 정보를 분석함으로써 정확한 의사결정을 지원하는 시스템으로, 한 분야에 국한되지 않고 전사 차원 또는 제조 차원의 정보공유로 가치 있는 정보를 제공해야 하는데 여기서는 그 역할에 대해 알아본다.

(1) 기업의 MES 데이터 통합: 생산 공장별 공급망 정보와 품질정보, 생산정보를 통합해 가상공장 실현
(2) 최적의 계획 수립: 플래닝 프로세스 전 범위를 포함하고, 고성능 스케줄링 엔진을 도입해 반복적인 시뮬레이션과 공유기능을 제공하고 계획 수립 담당자들 간에 협업을 지원해 최적의 신속하고 정확도 높은 계획 수립
(3) 분석: 네트워크상의 현황과 KPI를 실시간 CEP(Complex Event Processing)를 통해서 조회하고 비교해 개선이 필요한 사업장, 조직, 라인, 설비, 제품 등 및 개선 포인트 파악과 문제점을 조기에 경보할 수 있도록 한다.

■ 전 세계 글로벌 운영을 하기 위해 데이터 통합은 공감하고 있으나 굳이 DW로 별도의 데이터베이스를 가지고 갈 것인가를 항상 고민했는데 여기서는 분산된 현장의 기술적인 측면에서의 BI 내에 DW(Data Warehouse)가 반드시 있어야 하는 필요성에 대해 이야기 하고자 한다. 별도의 생산 관련 MDW(Manufacturing Data Warehouse)가 필요한 이유는 비즈니스 요구사항이 각 사업장에 또는 라인에서 생성된 데이터가 한곳에 취합된 데이터를

[표 4-6] Global 기업에서의 DW구축

구분	본사구축 범위	DW
모델링	업무처리 중심 모델설계 (사업장과 동일한 모델 구조)	분석 주제영역 중심 모델설계 성능 최적화를 고려한 논리/물리 모델설계 파티션방법 및 파티션키 구성차이 존재
연계	사업장 데이터만 취합	본사 데이터 및 타 시스템 DB

활용해서 데이터 마트(Data Mart)를 만들어서는 전사적인 의사결정을 판단하는 데는 한계가 있다. 즉 ERP의 계획, 품질, 출하정보 및 SCM의 계획정보, 재생산계획 수립정보, CRM에서의 판매정보, 시장품질 정보, 고객의 CSI(Customer Satisfaction Index)정보 및 MES의 라인, 설비, 공정별 생산성 및 품질정보를 통합해 다차원 분석이 가능한 MOLAP(Multi-dimensional On-Line Analytical Processing), ROLAP(Relational OnLine Analytical Processing) 정보를 DW 구조로 만들어야만 전사적인 예측 및 원인파악, 조치, 의사결정이 가능해진다. ① 기능적 측면: BI에서 DW영역이 별도로 존재하지 않으면 분석 시 일, 주, 월, 기간별 요약정보만 제공하게 된다. 이에 상세 데이터는 HW에 존재하므로 OLAP에서 요약테이블을 조회하다가 상세 데이터로 상세 원인추적(Drill Down)할 때 기능적으로 구현은 가능하나 성능문제가 발생할 수가 있다. ② 성능 측면: BI에서 DW 영역이 없으면 데이터 마트를 생성하기 위해 다수의 테이블에 ETL(Extraction, Transformation, Load) 작업부하의 대부분을 본사가 부담하게 되면서 안정성에 영향을 주므로 상당한 성능 저하가 발생한다. ③ 논리적 물리적 모델링 측면: BI 운영 및 성능 최적화 측면에서 파티션 구성 및 인덱스 구성 전략이 필요하다. 즉 동일한 테이블이라 하더라도 본사와는 다른 파티션 방법 혹은 파티션키 구성이 필요하다. ④ 확장성 측면: BI에서 DW영역이 없으면 BI의 데이터 마트 추가 등 업무가 확장될 때 ETL 작업 성능이 본사의 통합 DB의 I/O 및 CPU용량에 종속되며 추가적인 ETL 부하가 더 발생하게 된다. 즉 본사는 운영데이터 증가를 유연하게 수용할 수 있는 구조로 발전해야 하며 DW는 운영데이터 증가 및 데이터 마트 증가, 사용자 증가에 유연하게 대응할 수 있는 시스템

이 되어야 한다. ⑤ 아키텍처 측면: 본사는 전 세계 사업장의 데이터의 장기 보관 및 데이터 허브 역할을, DW는 데이터 분석을 위해 주제 중심의 이력 정보를 관리하는 역할을 수행해야 한다.

무장애를 위한 MES DB 운영방안

■ N/W관점에서 보면 공장 라인의 N/W와 사무실의 N/W는 분리시키고, 밴드위스(Bandwidth)도 다르게 관리해서 외부의 간섭을 최소화해야 하는데, MES의 데이터를 운영하는 방법도 핵심적인 내용은 반드시 일반정보와 분리해 운영해야 서버부하를 분산시킬 수 있다. DB 기능이 1990년대 이후 많이 고성능화되었지만 아직까지도 많은 데이터를 수정 시에 테이블 또는 레코드에 발생해 전체 시스템에 영향을 주곤 한다.

■ MES DB는 크게 데이터를 수집하는 실행DB와 각종 분석을 담당하는 ODS 분석DB로 구분된다. 2가지 정보를 통합 운영하는 경우와 분리 운영하는 경우의 장단점에 대해 알아보면 첫째, 통합 운영하는 경우는 통합서버를 사용하게 되면 전체 리소스를 공유하므로 대용량 데이터 서비스를 위해 자원을 효율적으로 사용할 수 있어 운영비용이 감소되는 효과는 있으나, 소스의 이원화가 가능하고 대용량 데이터가 처리될 경우에는 상황에 따라 전체 서버의 자원이 부족해져서 실행DB에 영향을 끼쳐 현장라인에 데이터 수집 성능이 저하되는 등의 문제가 발생될 수 있다. 물론 CPU, 메모리, 스토리지를 논리적으로 분리해서 사용할 수는 있다. 둘째, 물리적으로 실행DB와 분석DB를 분리하고 이중화를 가져가서 서로 복제하면, 물리적으로 자원이 분리되므로 대용량 데이터 처리와 현장 데이터 수집 등 실행DB의 영향도가 완전히 분리되어 실행DB를 안정적으로 운영할 수 있으나 서로 데이터를 동기화하기 위해 프로그램의 복잡도가 증가하고, 기준정보의 이중화, 서버 분리로 인한 운영비용 발생, 데이터 처리 WAS 로직

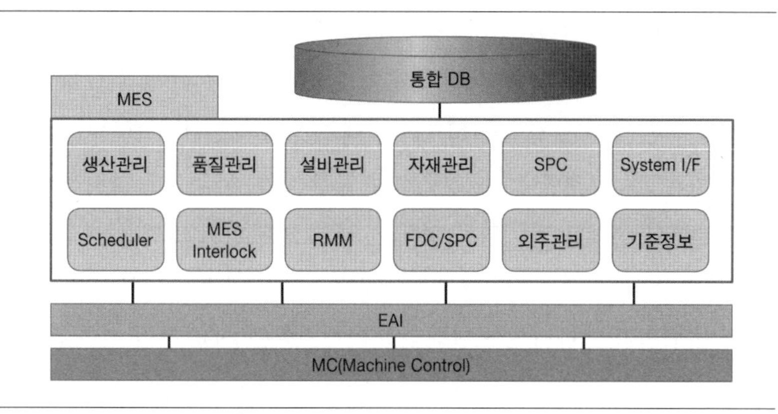

[그림 4-15] EAI 기반의 데이터 안정적 운영구조

이 2개로 운영되어 개발의 복잡도가 증가하고 생산성이 저하될 수 있다. 그리고 특정서버가 유휴 상태에 놓일 경우, 자원을 효과적으로 사용할 수 없는 단점이 있으나 생산현장에 위험을 최소화할 수 있다. 근본적인 해결은 DB와 메시지로 2개의 트랜젝션을 분리해 활용하는 방법을 고려해 볼 필요가 있다.

■ **파티션테이블의 개요**: MES DB를 구성하면서 성능 향상 및 관리적인 효율성을 향상시키는 방법 중 하나로 파티션테이블 대상을 선정하고 이에 따라 파티션테이블을 적용하는 것인데, 보통 사업장 시스템의 경우 데이터 보관주기를 최대 3개월 정도 보관하며, 이전의 데이터는 삭제하게 된다. 이때 용량이 크거나 데이터 건수가 많은 테이블에 대해서 파티션테이블을 구성해 데이터 삭제 시 운영시스템의 부하를 감소시키는 구조로 설계되어야 한다. ① 파티션테이블 선정 기준은 총예상 데이터가 테이블의 크기가 10G 이상, 데이터 건수가 100만 건 이상이고 테이블의 중요도가 일부 데이터가 손상되더라도 나머지 데이터는 사용해야 하는 테이블을 대상으로 한다. ② 파티션키 선정기준은 관리측면을 고려해 기간 파티션(Range Partitioning)을 선정하는데 이는 해쉬 파티션(Hash Partitioning)을 사용할 경우 데이터의 저장위치를 파악하기 어려워 관리상의 이슈가 발생하기 때문이다. 파티션키의

후보로는 매일 생성되는 날짜 칼럼(최근 데이터를 조회 시 유용), 파티션키 혹은 파티션키의 첫 칼럼, 백업 기준이 되는 칼럼(데이터 폐기 시 장점), 파티션 간 이동이 없는 칼럼을 고려하되 매일 생성되는 날짜 칼럼이 있을 경우 우선적으로 고려한다. ③ 인덱스 유형은 첫째, 사업장은 파티션테이블의 대부분의 속성을 같이하는 형태로, 파티션 단위의 인덱스 생성, 삭제, 리빌드가 가능한 경우이다. 둘째, 글로벌은 파티션테이블과는 달리 별도의 칼럼과 범위로 파티션한 형태로 파티션테이블 DDL 작업 시 모든 파티션을 모두 새롭게 빌드해야 한다. 셋째, 프리픽스드(Prefixed)는 인덱스 칼럼(Leftmost)이 파티션키(칼럼 Set)를 포함하며 마지막으로 논프리픽스드(Nonprefixed)는 인덱스 칼럼(Leftmost)이 파티션키(칼럼 Set)를 포함하지 않고 글로벌 논프리픽스드 인덱스(Nonprefixed Index)는 사용 불가하며 우선적으로 로컬 인덱스를 고려해서 적용한다.

통합상황실의 필요성

■ **사용자가 사용하는 화면에 문제가 발생되면 어떻게 개발자나 관리자가 빨리 인식할 수 있을까?** 문제가 발생 전에 시스템 적용 전에 모든 코드에 대해 인스펙션과 룰 검증을 통해서 사전에 문제가 예방되어야 하나 모든 경우를 극복할 수 없는 것이 현실이다. 따라서 개발단계나 운영단계에 문제가 발생되면 마이크로소프트의 윈도우처럼 모든 오류는 자동 수집되어 사용자가 직접 관리자나 개발자에게 자동 혹은 수동으로 보낼 수 있는 기능을 적용해야 한다. 이것은 로그를 활용해서 APM과 같은 기능으로 처리하거나 자체 개발된 기능을 통하거나 메일이나 SMS 서비스를 통해 신속히 처리되어야 할 것이다. 이러한 유형의 조기경보체계를 구축해 각종 현황 정보 모니터링을 통해서 신속한 장애 대처 및 경영진, 지원조직, 생산현장에 보고체계 구축이 필요한데 첫째, 시스템 현황 모니터링을 통해서 생산실적, 품질현황, 주요 KPI 정보를 모니터링하고, 장비 및 설비상태 모니터링을 통

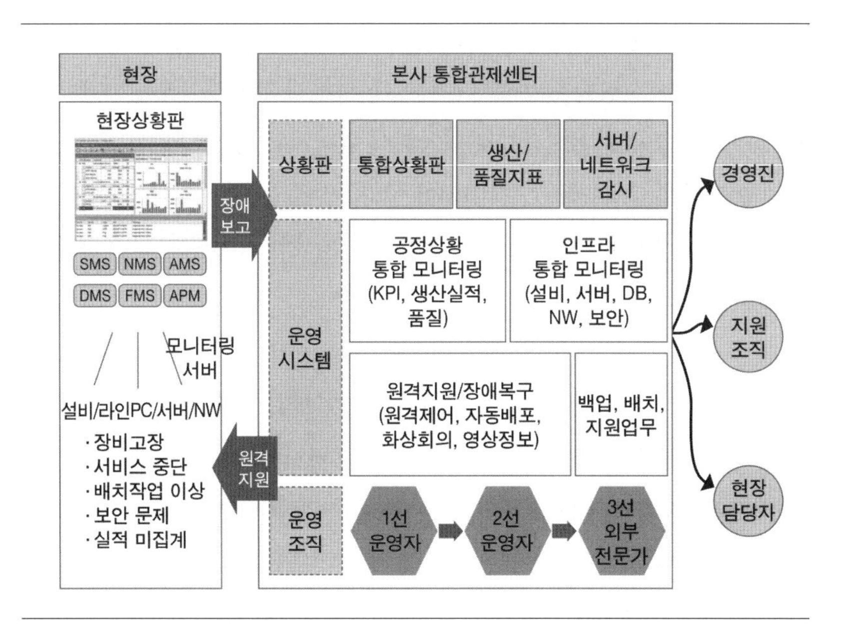

[그림 4-16] 통합상황실 이미지

[표 4-7] 모니터링 프로세스 및 비상장애 등급

활동	설명	시스템 범위	장애등급
기준항목 정의	모니터링 항목선정 및 관리	기준항목관리	1급장애: 전체라인 정지(서버, DB정지), 주요설비 장애(설비정지로 후공정 문제 발생): 실시간 감지 및 자동 통보 및 비상연락 가동 2급장애: 기준정보 문제로 일부 공정 진행 불가, 작업자 프로세스 미준수: 담당자 즉시 조치 해결 가능한 내용
항목별 기준 설정	기준항목별 세부항목 도출, 항목별 기준선정	기준정보관리(사용자, 시스템, 서버, APP, Biz Rule: 정합성, 모니터링, 5대 모듈, 기준정보 및 시스템) 모니터링 항목관리 시스템별 항목관리	
모니터링	항목별 전체 모니터링 데이터 수립 및 축적 이상유무 판단, 전파	데이터 수집 상세 모니터링 이상발생 통보	
결과조치	이상결과 조치 조치결과 등록	조치 및 결과 등록	
지속적인 개선	리포트 분석 기간별 분석 항목변화관리	기간별 운영현황 추이 분석	

해서 라인가동현황과 서버의 부하 및 상태를 모니터링한다. 둘째, 각종 로그정보 및 에이전트를 활용해서 장애를 신속하게 감지하여 담당자에게 통보하고 그 영향도를 실시간으로 파악해서 원격지원 및 신속한 분배를 지원하는 인프라 및 프로세스가 갖춰져야 한다. 셋째, 원활한 의사소통을 위한 프로세스를 정의해 보고체계를 단일화하고 본사와 사업장 간 정보를 공유하도록 한다.

(1) **비즈니스 모니터링**: 라인 가동현황, KPI, 생산 및 물류 진행현황, 인터페이스 현황, 배치작업 결과 및 이상상황 모니터링
(2) **지능형 장애인식**: 서버, DBMS, 네트워크 장애 모니터링, 주요 어플리케이션 모니터링, Web/WAS 장애 및 성능 모니터링, 인프라 감시 대상 CMDB 구성해서 단순 이벤트를 분석하고 장애징후를 감지하며 룰엔진을 통해 유연성 있게 장애 임계치를 설정해 모니터링 및 조치를 취한다.
(3) **원격지원 및 장애복구**: 현장 데이터 수집PC 원격제어서비스, 화상회의 및 현장 영상전송, 어플리케이션 분배 및 지원조직, 경영진 상황전파를 실시하며 이로써 신속한 장애 감지를 통한 생산차질을 최소화하고 빠른 상황전파 및 정확한 현상을 파악해 장애패턴 분석을 통한 유사 장애를 예방할 수 있는 인프라를 구축하며 BPM(Business Process Management)으로 처리 진행현황 파악 및 지연 프로세스에 대한 알람을 처리한다.

■ 통합상황실 운영프로세스는 모니터링(이벤트 식별, 이벤트 정보 확인 및 기록) → 상황전파(담당자에 의한 상황전파, 관련자 상황전파) → 상황대응(원격지원경로 확인, 응급조치 실행, 근본원인 제거) → 사후관리(결과기록 및 장애정보를 룰화해 유사 장애 예방책 수립)해서 재발을 방지한다.

빅뱅 적용을 위한 마이그레이션 방법론

■ 어떤 일을 할 때 '시작이 반이다'라는 말이 있지만 IT업, 제조업에서는 '끝이 반이다'라는 말을 하고 싶다. 시스템이 준비되면 실행데이터를 이관해야 하는데 여기서 사용되는 데이터 마이그레이션이란 무엇인가? 기존 또는 소스 시스템에서 데이터를 추출, 변환, 로딩 과정을 통해 목표 시스템으로 옮기는 방식 및 절차로써 사업장 업무의 연속성 보장 및 시스템 활용도가 제고되어야 한다. 처음 할 일은 마이그레이션 대상을 정의해야 하는데 여기에는 기존 시스템, 연계 시스템, 신규 시스템이 속한다. 둘째로 마이그레이션 대상별 책임과 역할을 명확히 해야 하는데 단계별(대상선정 변화기준 정의 → 데이터 검증 및 기준정보 등 변환 → 현행 및 향후 테이블 매핑 마이그레이션 프로그램 설계 및 개발 → 마이그레이션 이행 → 데이터 검증)로 해야 할 일을 명확히 정의해야 한다.

■ **마이그레이션 대상 정의**: 대상은 기존 인프라 자원의 재활용으로 포함되는 전체를 대상으로 해야 하며 ① **기준정보**: 공통마스터, 운영데이터, 각종 코드 등 기준정보, 기업별로 150여 개 유형이 있다. ② **트랜잭션 데이터**: 생산라인에 실행되는 오픈데이터, 즉 PO가 발생되고 마무리되지 않은 데이터가 있다. ③ **DW(Data Warehouse) 정보**: 새로 정의한 분석을 위한 생산과 관련된 보관주기 내 전체 데이터를 말한다.

■ **마이그레이션 수행 원칙**: ① **기본원칙**: 기존 자원을 재활용할 경우 모든 데이터를 대상으로 함으로 사전에 철저한 검증 및 테스트를 통해 처리하도록 하고 문제 발생 시 이전 상황으로 되돌리는 복구(Rollback) 계획을 수립할 것인가를 사전에 결정해야 하는데 비용적인 문제나 여러 정황상 하지 않고 실제 마이그레이션을 정확히 하는 것이 더 현실적이다. 이러한 경우 제한된 리소스로 진행하기 때문에 복구(Rollback) 계획을 수립하지 않고 실제 마이그레이션의 정확도를 높이며 기존 업무 및 시스템 중단 없이 전환한

[표 4-8] 마이그레이션 범위 및 사례

마이그레이션		범위	사례
기준정보	필수정보	항목별 기준수립 및 중복 데이터 제거	부품, 설비, 모델, 고객, 업체, 조직 상하관계, BOM, 불량, 유실정보
트랜잭션	오픈 데이터	기본 기능 위주 적용(RFID나 바코드 라벨이 부착된 반제품, 완제품)	미완료 설비 PM W/O, PO계획, 납품 지시, 출하계획, 공정 중 재공 및 완제품 재고
	이력 데이터	품질 등 법적으로 보관해야 할 필수 항목, 보관 유효기간 내 데이터	작업이력 및 생산정보, 품질검사 이력, 원자재 입고에서 출하까지 제품연계 정보
분석정보		보관주기 내 전체 데이터	KPI 등 분석 정보

다. 데이터 정비 및 오픈 후 데이터 정확성에 대한 보장은 사업장에 있으며 필요 시 재고조사를 실시하고 사전준비 항목으로는 마스터데이터, 과거 이력정보(최소 3개월 전)는 마이그레이션 이전에 이관을 완료하고 이행(Cut-Over) 시에 마스터데이터 및 트랜잭션 데이터의 마이그레이션을 실시해야 한다. ② 마스터데이터에 대해 과거 및 새로운 데이터 정보를 사업장 내 별도 시스템에 사전에 제공해 인터페이스 및 연계에 문제가 없도록 한다. ③ 오픈데이터: 사전에 정리해 이관 대상을 최소화하고 데이터의 무결성을 보장하기 위한 검증 프로그램(Data Quality Management)을 별도로 개발한다. ④ 이력데이터: 테이블별로 보존기간 내에 있는 모든 데이터를 마이그레이션한다.

■ 현행 및 향후 매핑은 ① 테이블 칼럼 단위 매핑: 정의된 항목별로 As-Is 및 To-Be Column 단위로 Mapping 정의서를 작성한다. ② 기준정보 과거 및 신규 코드 매핑: 기준정보를 분석, 설계담당자가 매핑 정의서를 작성해 사업장에 사전에 제공하고 기존에 사용되는 통합정보의 유지가 필요할 경우 과거 코드로 컨버전할 수 있도록 기존 시스템을 수정해야 한다.

■ 설계 및 개발: 테이블 매핑, 코드 매핑 등 변환기준을 참조해서 프로그램 유형별로 사양서를 작성하고 설계 담당자는 정합성 검증을 위한 프로그램

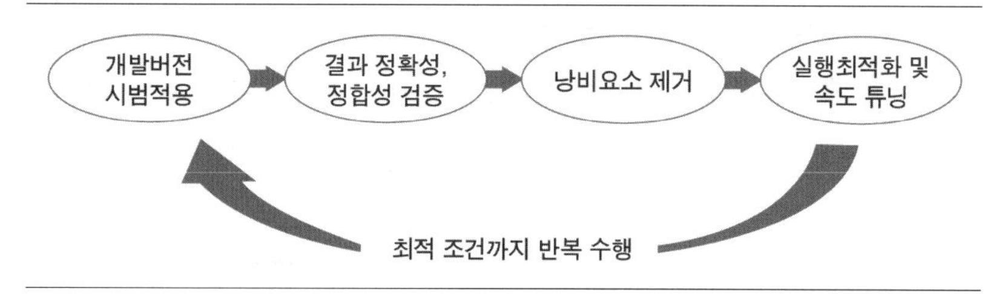

[그림 4-17] 마이그레이션 프로그램 모의시험 흐름도

사양서 및 쿼리(Query)를 작성해야 한다. 이때 프로그램을 통한 변환(PL/SQL, 코드성을 위한 SQL, JAVA 등 기타 프로그램), ETL 툴(Tool)을 통한 변화나, 굳이 프로그램 개발이 필요 없거나 불가능할 경우 엑셀 등 수작업을 통한 변환작업을 수행한다.

■ **검증방안**: 마이그레이션된 기준정보 및 트랜잭션 데이터의 신뢰성을 확보하기 위해 다단계 검증(추출 전후, 검증 전후, 이관 전후)을 실시하고 대상 항목별(데이터 레코드 수, 수량에 대한 Sum값, 금액 합계값, 주요 속성값)로 하며 검증방법은 수작업 점검(SQL 및 엑셀), ETL 툴 활용, 신규로 개발된 UI화면, 별도 검증용 프로그램 개발을 통해서 진행한다.

■ **모의시험**: 마이그레이션은 아주 적은 시간에 진행되어야 하므로 정해진 시간 내에 최적의 수행단위 및 수행방법을 찾아야 하는데 TA 및 DBA와 협의해 자원을 효율적으로 사용할 수 있도록 최적화해야 한다. 이때 상세 일정계획을 작성해 최적조건으로 마이그레이션이 될 수 있도록 시간계획(마이그레이션 항목, 수행시간, 수행단위, 방법, 스크립트 및 명령어, 검증방법 등)을 사전에 작성해야 한다.

■ **이행방안**: 마이그레이션 수행 전에 백업을 진행해야 하며, 기존 시스템 대상데이터는 클린징 작업완료 후 진행(오픈된 데이터는 정리하고 필요 시 실물재고조사를 실시)하고 기준정보 과거와 신규 데이터 매핑을 참조해 클린

징을 실시하고 대용량 데이터부터 마이그레이션 모의시험 결과를 참조해 최적의 수행조건으로 실시하고 검증을 병행해야 하며, 시스템 적용일 기준으로 한 달 전의 이력데이터는 사전작업이 선행되어야 한다.

■ 모든 정보를 시스템으로 마이그레이션을 할 수는 없을 것이다. ① 시스템이 변경되면 라인정보, 공정정보, 불량코드 정보 등 기준정보가 변경되는데 해당 정보의 기준정보의 표준화가 타 부문보다 선행되어야 한다. 또한, 기준정보가 기업의 경우 200개 정도 되는데 매핑테이블 설계는 반드시 하나로 통일해 룰과 같은 메타 정보를 포함하는 구조로 가져가야 한다. 특히, 연관 시스템이 많다면 해당 정보를 횡전개가 완료되기 전까지는 병행운영해야 하고, 그때 연관시스템에서 정보관리, 정보변경 API를 하나로 통합해서 전체적인 영향도를 줄일 수 있게 설계되어야 한다. ② 굳이 모든 정보를 자동화해서 처리하지 않도록 한다. 최소한 50개 이상의 정보가 있어야 시스템화 효과가 있을 것으로 판단되며 엑셀 등 기존에 없는 신규정보(설비BOM정보, 설비보전정보, PM이력정보 등)는 사전에 입력양식을 표준화해서 정리하도록 한다.

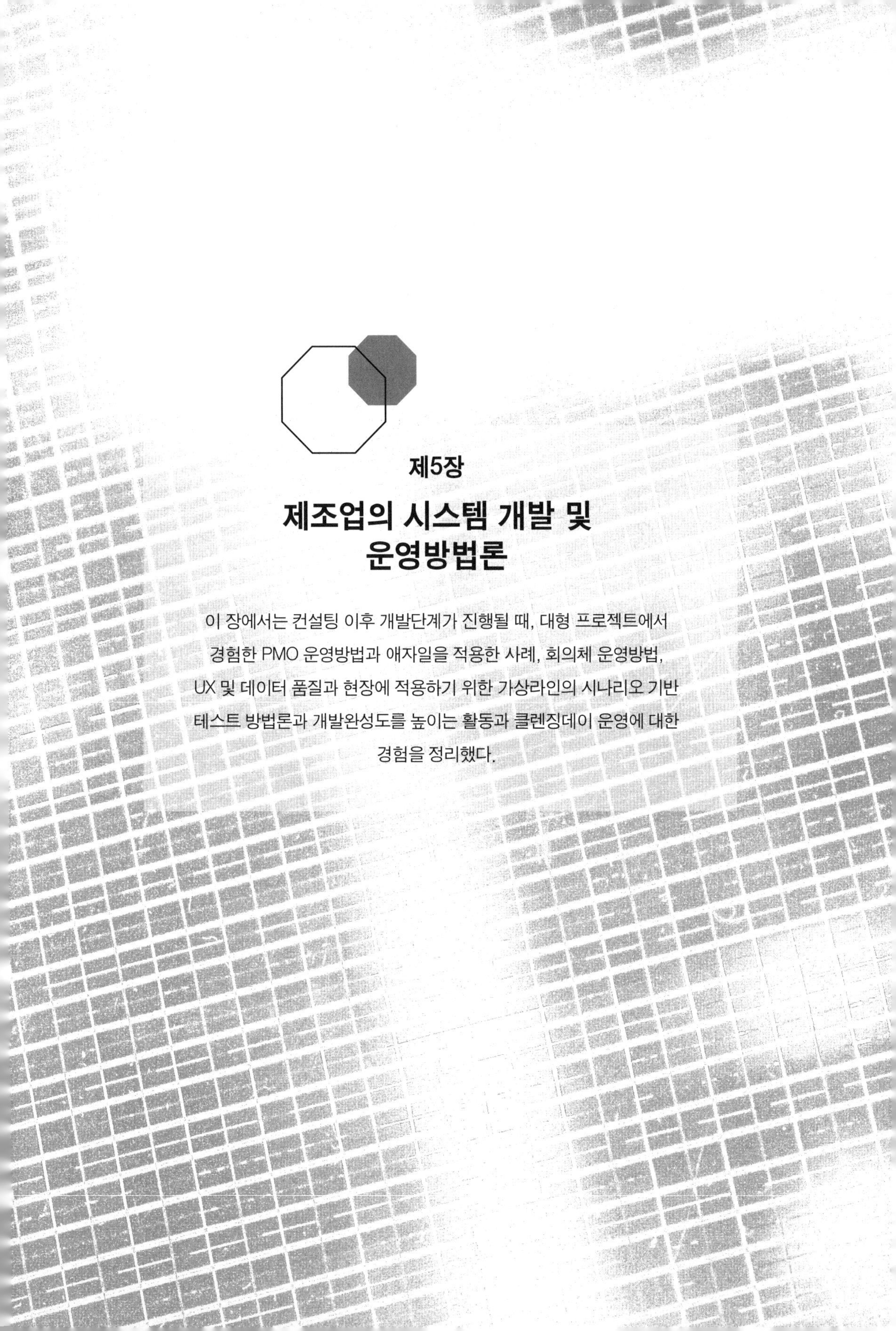

제5장

제조업의 시스템 개발 및 운영방법론

이 장에서는 컨설팅 이후 개발단계가 진행될 때, 대형 프로젝트에서 경험한 PMO 운영방법과 애자일을 적용한 사례, 회의체 운영방법, UX 및 데이터 품질과 현장에 적용하기 위한 가상라인의 시나리오 기반 테스트 방법론과 개발완성도를 높이는 활동과 클렌징데이 운영에 대한 경험을 정리했다.

■ 실수에 대해 과거보다는 많이 관대해지기는 했지만 아직 우리 사회는 실수를 업무의 일부로 여기는 열린 마음을 갖고 있지는 않다. 프로젝트를 진행할 때는 실수를 하지 않기 위해 손에 공을 많이 들고 있는 사람을 자주 볼 수 있는데 이 장에서는 실패를 경험하기도 하고, 성공한 경험이 있는 컨설턴트, PM으로서 평소에 느낀 점에 대해 정리하고자 한다.

첫째, 방법론적인 내용으로, 프로젝트를 잘 수행하기 위해 조직의 컨트롤타워 역할을 하는 PMO의 효과적인 통합 운영방법과 변화관리 방법에 대해 알아본다. 또한 생산성을 높이기 위한 개발자 자리배치까지 고려한 세심한 배려를 경험사례 위주로 살펴보고 계획 수립 시 업무유형을 고려해 일정을 수립하는 방법과 브룩스의 법칙으로 유명한 '프로젝트 말미에 인력을 초과 투입하면 납기가 더 늘어난다'는 것을 경험적인 사례 위주로 설명한다. 그리고 불필요한 관리 인력을 최소화시켜야 프로젝트의 완성도를 향상시킬 수 있다는 것을 입증한 사례와 이를 기반으로 적용한 애자일 프로젝트 사례에 대해 느낀 점, 실적관리의 효과적인 방법과 향후에 활용할 수 있는 내용을 정리한다. 둘째, 사용자 경험(UX: User Experience)을 고려한 UX에 대한 준비사항과 완료품질을 향상시키기 위한 DQ 방법론, 단계별 개발자 코드 인스펙션과 시나리오 기반의 테스트 방법론을 현장 적용사례로 설명하고, 품질문제를 예방할 수 있는 대청소날 운영과 버그 찾기 대회 등에 대해 알아보며, 이를 통해 프로젝트의 완성도를 향상시키는 개발 방법론에 대해 경험을 통해 설명한다.

전장의 장수를 바꾸는 '다 버리는 방법론'

■ 노자의 『도덕경』을 보면 '以正治邦(이정치방), 以寄用兵(이기용병), 以無事取天下(이무사취천하)'라는 말이 있는데 이는 '바른 법으로써 나라를 다스리기도 하고 특이한 술책으로써 군사를 부리기도 하지만 굳이 억지로 일을 만들지 않으면 천하를 취할 수 있다'는 뜻이다. 즉 버리는 자는 모든 것을

취할 수 있다는 것이다. 프로젝트를 진행할 때 팀원 중에 모든 것을 본인이 결정하고자 하고 본인의 영역을 만들려는 사람이 있으면 조직 간에 갈등의 생기고 효율성이 저하되는 경우가 많다. 이런 일들이 쌓이게 되면 프로젝트는 부실해지기 마련이고 그런 사람이 떠난 이후라도 다음 후임자는 너무 어려운 역할로 인해 힘들어지는 상황을 종종 보곤 했다. 영어 속담에도 'Don't juggling to many balls in your hands(많은 공을 갖고 있지 말라)'라는 말이 있는데 이렇듯 본인이 많은 것을 결정하려 하고 이러한 결정이 늦어지면 타 부문에게 많은 영향을 주기 때문에 문제와 위험이 되어 프로젝트가 총체적인 난국에 봉착하게 된다. 나는 프로젝트를 할 때 '당신이 경계를 결정하지 마시오'라는 말을 많이 하는데 이는 한 사람이 이 일을 하려다 보면 스스로의 개인적인 상황을 고려하게 되어 조직 간에 책임과 역할이 분명해지지 않으므로 제3자가 결정을 해 주는 것이 제일 좋은 해결책이라고 생각하기 때문이다. 이렇게 되면 위험을 조기에 관리할 수 있게 된다.

■ '전쟁에서 장수는 바꾸지 않는다'는 원칙이 있지만 우리는 실제 생활에서 그보다 더 많은 변화 속에서 살고 있다. IT 쪽에 근무하는 친한 친구가 제조실행부문에 대형 생산 프로젝트의 컨설팅 PM을 완료하고 과제를 도출해 초대형 프로젝트 제안을 하면서 개발 프로젝트가 시작될 즈음에 개발 PM이 변경된 적이 있었다. 엄청난 갈등과 안타까운 상황이 있었고, 성공에 대한 확신이 불확실한 미래에 대한 불안으로 바뀌며, 조직의 급격한 변화로 인한 흔들림, 리더의 부재, 조직에 대한 실망 등으로 많은 고민을 했다. 그러나 그 과정 속에서 무언가를 가지려고 하면 할수록 멀어져 간다는 것을 깨닫게 되면서 모든 것을 버리고 새로운 역할자로서 슬기롭게 해쳐나갈 수 있는 발판을 마련하게 되었다. 'A quota for errors(실수를 업무의 일부로 여겨라)', 'Failure is a kind of works(실수를 업무의 일부로 여겨라)'라는 것이다. 최근 몇 년 사이에도 회사에서 실패를 경험한 사람이 중요한 프로젝트의 임원으로 승진되는 경우를 종종 본 적이 있다. 내가 팀원으로 근무하던 T사 프로젝트에서 PM은 많은 고전을 겪었다. 1999년 가을 당시 유사

프로젝트가 없던 시절이라서 프로젝트 관리자는 고객과 명확한 업무 범위를 설정하는 데 실패했고 회사는 고객사에 새로운 프로세스를 적용해야만 했으며 추가 비용이 들게 되었다. 프로젝트가 진행되면서 팀원들은 PM의 능력을 불신하기에 이르렀다. 결과적으로는 계약서부터 프로젝트 초기에는 SOW(Statement Of Work) 설정, 프로젝트 수행 중에는 변화관리와 위험관리에 실패했다는 것을 알게 되었다. 나는 프로젝트 관리자가 곧 회사를 그만두게 될 줄로만 알았다. 그런데 얼마 후에 그가 주요부서의 팀장으로 승진했다. 어떻게 보면 그 이유는 간단했다. 당시에 우리나라에는 유사 프로젝트가 많이 수주되었는데 그는 PM 실패의 경험이 있었고 그 경험이 회사에서 보기에는 소중한 것이라고 생각해 중용하게 된 것이다. 실수를 허용하지 않는 분위기는 평균기술은 약간 향상시킬지도 모르지만 팀은 매번 위기의식을 느껴야만 할 것이다. 이러한 경험들로 나는 적극적인 사고로 실패를 두려워하지 않고 소신껏 일을 하는 습관을 갖게 되었다. 실패는 성공의 어머니라는 진정한 의미를 알게 되었던 것이다.

■ 'The bozo definition(스스로 동기에 의해 일하도록 만들어라).' 내가 처음으로 PM 역할을 할 때는 직원들이 일하도록 밀어붙이면 잘되는 관리경영이라고 생각했다. 그러나 그렇게 해서 단기간에는 팀원이 프로젝트를 수행해서 효과를 볼 수 있으나 장기적으로는 효과를 볼 수 없는 것을 알게 되었다. 10년 전 고객사의 해외 사무소에 IT 계약 시스템을 확산해야 하는 업무가 추가로 계약되었을 때, 오픈까지 시간은 그리 많지 않았다. 그래서 나는 해외경험이 있는 팀원과 해외에 나가고 싶어 하는 팀원을 선발해 집중교육을 했다. 그들은 우리나라에서 대학을 졸업했고 해외에는 나가본 경험이 없는 사람들이었다. 신규인력은 관리자인 내가 있으나 없으나, 열정적으로 일할 뿐만 아니라 창의적인 사고를 하면서 문제점을 하나씩 골라내고 대안을 제시하기까지 했다. 이전 관리자는 나에게 '당신의 프로젝트 팀원 중 한 사람은 너무 업무 효율이 떨어지고 시키는 일도 제대로 하지 않는다'고 말했다. 만약 내가 팀원에게 동기를 부여하지 않았다면 그들에게 일을 시킬 수 있을

지는 몰라도 그들이 창의적이고 창조적이며 풍부한 사고를 하도록 하는 것은 불가능하다. 이 글을 쓸 당시 미국에서는 제1회 WBC 대회가 있었다. 우리나라 대표팀을 이끌었던 김인식 감독은 일본과 미국을 이긴 후 다음과 같이 말했다. "나의 최고의 지도력은 팀원을 믿는다는 것이다. 팀원 모두가 스스로의 동기로 경기를 할 수 있게 했고, 나는 모든 사람의 창의적인 아이디어에 의해서만 결정을 내린다는 것이다. 그리고 경기장에 나가면 그들의 행동에 무한한 믿음을 주었던 것이다." 나 역시 프로젝트 팀원을 구성할 때 한 가지 룰이 있다. '사람이 믿음직스럽지 않으면 팀에 합류시키지 않고, 한 번 합류하기로 했으면 어떤 일이 있어도 끝까지 믿는다'는 것이다.

■ '주관과 원칙은 가지되 고집은 부리지 마라.' 인생이라는 긴 여행에서 보면 이러한 의사결정은 아주 짧은 시간에 이뤄지고, 큰 영향을 줄 수도, 안 줄 수도 있으나 이럴 때 제일 좋은 해결책은 자기 주관보다는 일반적인 사람이 선택하는 원칙적인 방향을 선택하는 것이 제일 좋은 방법이다. 또한, 협력사 인력과 자사 인력을 별도로 보지 말고 동일한 기준으로 대우하면, 언젠가는 신뢰로 다시 돌아오게 될 것이다. 모든 것을 초심으로 돌아가서 선택해보면 문제의 해결점을 찾을 수 있을 것이다.

프로젝트 '그라운드룰'만은 지키자

■ 그라운드룰은 스포츠에서 경기 장소의 뜻밖의 사정에 따라 정식 경기규정을 적용할 수 없어 그 상황의 경기에만 적용하는 특별한 규정인데, 보통 제조현장에 가면 많은 그라운드룰이 있기 마련이다. 아래에서 내가 경험한 마케팅, 생산, 연구소 및 프로젝트 조직의 그라운드룰에 대해 설명하고자 한다.

■ 마케팅의 경우는 고객 측과 관련된 업무를 주로 하기 때문에 다음과 같

은 그라운드룰을 정하곤 한다. ① 고객의 소리를 직접 듣고 존중하고 ② 왜 하는지 어떻게 하는지 먼저 생각한 다음 행동하며 ③ 하기로 한 것은 제때 해내야 한다.

■ 현장 생산팀은 현장에서 문제가 발생하면 즉각 대응 및 문제 원인을 추적해 재발을 막는 것이 중요한 역할이므로 다음과 같은 룰이 적용될 수 있다. ① 문제 발생 시 반드시 해결책을 수립하고 추적해 목표와 일정은 반드시 지킨다. ② 불량은 사전에 확인하고 발생하지 않도록 한다. ③ 생산목표는 일일 완결 체제를 달성하고 품질이상은 1시간 내에 해결한다.

■ 연구소팀은 많은 부분 신규업무로 인해 의사결정을 수시로 해야 한다. 따라서 ① 해야 할 일은 즉시 하자. 의사결정은 즉시, 지시는 구체적으로, 오늘 할 일은 오늘 완료, 지시사항은 24시간 내 결과보고, 약속한 것은 반드시 지킨다. ② 평가는 투명하게 한다. 업적평가, 능력평가, 월간 업적평가를 누적해 반영하고 능력평가는 필요기술의 확보 결과를 반영한다. ③ 회의 룰을 엄수한다. 1일 전 배포, 사전숙지 및 조율, 진행은 의사결정사항과 이슈 중심, 5분 전 참석, 1시간 내 완료, 회의결과는 당일 공지한다.

■ 프로젝트팀은 정해진 기간에 반복적이지 않는 일을 수행하므로 전체인원의 협동과 협업이 중요하다. 따라서 목표수립부터 진행 중 관리 방안 및 사후 관리까지 철저한 원칙이 정해져야 한다. ① 비전을 수립한다. 목표는 명확히, 측정/평가 가능한 목표를 설정한다. ② 장벽을 극복한다. 문제점을 먼저 해결하고 위험을 관리한다. ③ 실행 위주로 행동한다. 짧게 끊어서 하나씩 완료처리한다. ④ 처음부터 올바르게 한다. 시작 전에 해야 할 일을 사전에 점검하고 계획대로 실행하고 보고한다. ⑤ 일일미팅은 반드시 참석하고 커뮤니케이션에 적극적으로 동참한다.

PMO 운영방법론

■ 프로젝트에선 컨트롤 타워 역할을 하는 PMO(Project Management Office)가 잘해야 위험이 적어지고 원활한 프로젝트가 진행될 수 있다. PMO는 프로젝트 관리조직으로 통합기획, 변화관리, 품질관리의 역할을 수행해서 프로젝트 관리 능력을 향상 및 발전시키기 위한 실질적인 내용을 제시해 주는 프로젝트 근간의 조직으로 다음과 같은 역할을 수행한다.

(1) 통합기획(Command Center): 통합관점에서 효과 및 비용최적화를 지향하며 범위, 자원, 일정을 기획하고 조정하는 역할
(2) 변화관리(Communication Hub): 프로젝트 내외부와 커뮤니케이션과 변화 관리를 기획하고 운영하는 역할
(3) 품질관리(Quality Assurance): 중립적인 입장에서 사업의 사전, 사후감리와 품질검증을 통해 품질향상과 위험을 제거하는 역할

■ 미국 IT 전문지 ≪인포메이션 위크(InformationWeek)≫에 따르면 기업의 비즈니스 전문가의견은 어떤 프로젝트에 PMO를 두는지, PMO를 운영하는 이유는 무엇인지 등을 조사했는데 응답자의 64%가 전사 프로젝트들의 우선 순위화를 위해 PMO를 운영한다고 했으며 둘째는 프로젝트 추진방법을 표준화하기 위해서(55%), 리더십팀(경영진)에 프로젝트 가시성을 제공하기 위해서(34%), 프로젝트 투입 인력을 관리하기 위해서(26%)로 나타났다. 나와 같은 PM에게 흥미로운 것은 비용 및 추진 상황 파악을 PMO 운영의 가장 큰 이유라고 답변한 사람은 4분의 1도 안 된다는 점이다. 하지만 PMO를 운영하게 되는 프로젝트 요인을 묻는 질문에서는 프로젝트의 복잡성(49%)에 이어 프로젝트 비용(38%)이 나왔다. 프로젝트 규모나 비용, 성격에 상관없이 PMO를 설치·운영한다는 뜻이다.

■ 내가 수행했던 대형 프로젝트 원칙을 제공하는 역할로서의 PMO에 대해

[표 5-1] PMO의 역할

역할		세부역할
사업관리	기획관리	• 중장기 사업전략 수립(전체 목표 및 범위) • 회의관리, 범위관리
	자원관리	• 비용/계약관리, 원가 관리 • 팀&인력관리, 업체관리 • 총무관리, 보안관리, 행사관리
	변화관리	• 변화의 목표, 대상, 채널, 일정의 설계 및 진도관리 • 교육관리(사용자/운영자), 매뉴얼, 통역/번역 • 내부교육(설명회, W/S, 교육, 세미나, 벤치마킹), • 의사소통관리, 보고 및 회의관리
	형상관리	• 산출물에 대한 형상 및 이력관리
이슈 및 품질관리	일정 및 진척	• 일정 및 진척 관리
	이슈/변경 관리	• 이슈발생 시 보고, 현황관리, 위험관리, 조치확인 • 변경 관리
	품질관리	• 사전적 사후적 품질감리 및 가이드 • Stakeholder 관리 • 방법론/산출물/SPM 관리, 형상관리 • Code Inspection, Test, 방법론Coach, 감리 대응 • 솔루션 아키텍처링(제품선정, PoC, BMT)
	용어 표준화	• 메타 데이터 관리 체계 수립 및 Template 지원 (DB, 화면, 레이블, 표준용어, Message, 기타)

알아보면 '대규모 프로젝트를 수행할 때 프로젝트가 원활하게 수행될 수 있는 기반환경을 조성하고 프로젝트의 성공적인 관리를 위해 필요한 리더십과 원칙을 제공하는 것'이다.

(1) 프로젝트 원칙제공: 프로젝트 비용, 일정, 범위, 위험, 기술목표 달성을 위한 프로젝트 관리 원칙 제공과 프로젝트팀 전체의 실행의지, 주인의식 및 팀워크를 고취시킨다.

(2) 프로젝트에 대한 체계적인 보고체계 구축: 자원, 예산, 일정 등을 정의, 측정, 관리, 분석해서 프로젝트 오너 및 임원협의체에 정기적으로 보고할 수 있는 체계를 구축하고, 프로젝트 현황, 위험 요소, 계획 및 예산 대비 현재 진척도, 의사결정 및 지원사항 등을 결정한다.

(3) 효과적인 사업관리: 추진 전략수립(조사계획, Cut-Over 전략 등) 및 내부 그룹별 진행현황 모니터링하고 통제, 프로젝트의 진행 상황의 수시 점검

및 워크숍 및 보고를 통한 원활한 의사소통체계 수립, 프로젝트 내외부 회의 조정 및 주요 관계자 보고서를 검토 및 지원한다.

(4) 효율적 위험관리 체계 수립: 체계적이고 위험 관리를 실시하고 그 결과를 프로젝트 오너 및 임원협의체에 정기적으로 보고해 신속한 의사결정을 지원한다.

(5) 산출물에 대한 품질수준 확보: 프로젝트 진행과정에서 만들어지는 산출물에 대한 표준 정의, 산출물 품질통제 및 품질보증 활동을 수행해 산출물에 대한 형상의 체계적인 관리 및 변화관리를 수행한다.

■ 사업관리 영역에는 기획관리, 자원관리, 변화관리, 형상관리가 있으며 세부적인 설명은 아래와 같다.

■ 기획관리

(1) 사업전략 수립: 컨설팅 프로젝트 수행 및 구현될 시스템 적용을 통해 구축된 프로세스, 시스템, 인프라의 타 사업장 확산계획 수립, 타 부문 성공사례 프로세스 발굴 및 횡전개를 통해 상향화를 위한 기반구축전략 수립, 클라우딩, 최신 아키텍처 기술 및 신규 인프라 도입 등 제조 물류 혁신을 위한 혁신전략 수립으로, 단기와 중장기로 나눠서 수립한다. 절차는 비즈니스 환경 및 현황분석 → 전략방향 수립 → 전략과제 도출 및 선정(프로세스, 조직, 시스템) → 과제실행계획 수립 → 마스터플랜 확정단계를 거친다.

(2) 회의관리: 보고 및 회의에 해당하며 반복개발주기의 원활한 진행을 위해 사소한 이슈도 빠짐없이 관리되고 해결방안의 수시공유가 필요하며 상향식 확인 → 해결책 공유 → 이슈 필터링 완화(Escalation) 단계를 거치며 동일이슈 반복재생을 차단하기 위한 조치결과 및 해결방안 지식 축적을 위한 프로세스와 도구가 필요하다.

(3) 범위관리: 표준 프로세스 정의 및 시스템 기능범위, 시범적용범위, 적용일정, 투입인력에 대한 기준선을 설정하고 기준선이 변경되었을 때 변

경 영향도에 따라 일정 및 투입자원 변경관리 및 변경사후관리를 진행한다.

■ 자원관리

인력 채용 시 접근방법에는 '꼭 필요한 사람을 뽑아라', '떠나지 않도록 행복하게 만들어라', '그들을 자유롭게 풀어 주어라' 등이 있다. 우리나라 SI 산업 현장의 특성상 PM을 하면 프리랜서를 자주 채용하게 된다. 대부분 1년 미만으로 채용하다 보면 정말로 원하는 사람을 선발하는 것은 쉽지 않다. 실제 채용 후에 개발 능력을 보면 기대했던 것보다 기술력이 떨어지는 경우가 종종 있다. 또는 낮은 연봉을 주고 채용한 개발자가 더 생산성이 높은 경우도 있다. 『피플웨어』에서 제시한 기법을 다음에 꼭 사용해보고 싶다. 예를 들어 지금은 EJB 기반의 3-tiers 프로젝트를 하고 있고, 아키텍트는 모두 정규직원이며, 개발자는 프리랜서로 채용한다.

— 이력서를 검토하고, 기술 스펙이 맞는 경우는 실제 EJB 코드를 주고 잘못된 곳을 리팩토링하라고 시켜보는 문제를 내서 해결 능력을 알아본다.
— 기술보다는 사람이 문제이기에 기술력도 중요하지만 다른 사람과 잘 조화할 수 있는지 창의성과 적극성을 면접을 통해서 알아본다.
— 어렵게 채용한 사람은 반드시 믿고 맡긴다. 경험상 가장 낮은 이직률을 기록하고 있는 회사들의 공통점은 끊임없는 재교육이다.

(1) 비용 및 계약관리: 협력사 인력 도급계약 및 제경비 반영 등 변경관리와 고객사와 계약상 정산 처리 비용에 대한 정산관리를 수행하며 계약관리(도급계약, 범위 변경관리, 일정 및 자원변경검토, 변경계약품의, 도급계약변경), 경비정산(출장 등 품의, 경비사용, 사용내역집계, 경비정산 품의, 경비지급)의 프로세스를 따른다.
(2) 인력관리 및 하도급관리: 인력 투입 및 철수 절차를 협력사와 협의해서 진행한다. 효율적이고 체계적인 관리를 위한 활동으로 정규 투입인력

현황관리, 정규인력 근태관리, 정규인력 투입평가 및 하도급관리, 즉 회사별 근무 장소 분리, 업체별 현장관리 근무자를 통한 업무독립 및 인사 노무관리, 현장관리자를 통한 업무지시로 역할 및 업무범위를 명확히 해서 업체에서 직접 도급업무를 수행하게 한다. 업체별 현장관리자 선임으로 프로젝트 인력 및 업무를 관리하는데 업무위임장, 조직, 업무현황, 도급업무 등을 관리한다.

(3) **신규 투입인력관리:** 업무에 앞서 기본적으로 제공되어야 할 항목을 사전에 문제없이 하고 인력의 기본 및 상세교육 일정 계획을 수립한다.

(4) **총무 및 행사관리:** 진행되는 행사 및 업무 지원하는 활동으로 워크숍, 교육, 비품, 사무환경, 월례회의, VIP 및 이해당사자 방문 시 준비활동을 수반한다.

(5) **보안관리:** 보안 위반사례가 발생하지 않도록 사전 예방하고, 위반 시 재발하지 않도록 하는 활동을 하는데 교육계획 수립, 교육진행 및 사례전파 활동을 수행한다.

■ 변화관리

(1) **교육관리:** 프로젝트를 시작하면서 제일 중요한 것 중 하나가 참여인력에게 교육의 기회를 많이 주고, 능력을 향상시키는 것이다. 그 목적은 제조현장의 생산체계 변화에 따른 사용자의 활용능력을 조기에 확보하고 관리자는 제조현장 문제점 분석 및 개선능력을 확보해 주기적으로 요구사항을 반영하고 유지보수인력을 양성하는 데 있으며 절차는 대상자, 내용, 일정을 수립한 교육계획서를 작성하고 내외부와 협의해 교육과정 개설 후 강사섭외, 교육매뉴얼 작성 등을 준비한다. 특히 MES 분야 전문가 교육은 MES 요소기술(MES 개념 및 구성요소, 글로벌 생산운영을 위한 구축사례 및 운영사례), IT 트렌드(Trend) 및 기술(UML 이해, Hybrid Framework, X-internet, SNS, Smart Mobile, Clouding, Grid Computing, BI 구현 및 활용방안, OLAP, Mining BRMS, BPM. BAM, Real Time Enterprise, RTE, EAI, 설비제어 및 PLC 및 SECS HSMS 데이터 통신, Message 기

반 데이터 처리), 선진사례(선진솔루션 회사 BMT, 국제 MESA 및 ISMI 컨퍼런스 참석), 프로젝트 진행방법론(애자일 등 신속개발 방법론, PI방법론, MES 구축방법론, 개발표준 및 절차), 제조부문 프로세스 교육(생산방식, 공정흐름, BP사례적용, 품질, 설비, 제조실행, I/F 허브, 기준정보 표준 프로세스)의 전문가양성교육을 실시하고 최고경영자를 반드시 참석시켜 프로젝트의 의미 및 향후 역할 등에 대해 강의하도록 한다. 나는 프로젝트 중반에 MES 전문가 포럼을 개최해 제조관점의 SCM 역할, 정보 아키텍처를 고려한 UX 적용방안, 제조업에서의 SNS, 연방구조 관점에서의 MDM, MBI 교육을 통해 고객들과 프로젝트의 의미를 되새길 수 있는 좋은 기회가 되었다.

(2) 매뉴얼 번역: 프로세스, 사용자매뉴얼 등이 여기에 속하고 영어, 현지어 서비스를 위해 정확한 인력규모를 산정한다.

■ 일정 및 진척관리: 단계별 백로그 및 일정관리를 위해 일정계획 및 진척관리를 진행해 진척보고 → 지연항목 체크 → 원인 및 위험분석 → 대응방안 수립 및 보고한다.

[표 5-2] 일정지연 시 대응절차

지연유형		대응절차
주경로선 (임계경로)	프로세스 부문	주경로선 활동의 1주 이상 지연 시, 각 모듈 PL은 원인 및 대응 방안을 수립해PMO 회의 시 보고, PMO 그룹은 대응 방안 검토 및 보고
	시스템 개발 부문	주경로선 활동의 1주 이상 지연 시, 아키텍처 PL이 원인, 대응 방안 수립, PMO 회의 시 보고, 기술 인력 부족의 경우 전문가 투입 검토 (PMO 그룹)
비주경로선 (비임계경로)	프로세스 부문	비주경로선 활동의 지연 시, 주간 진척보고 시 지연항목 리스트와 원인 보고(모듈 PL), WBS 진척도 목표대비 80% 이하일 때 PMO 그룹이 업무 진단 및 재조정 실시
	시스템 개발 부문	비주경로선 활동의 지연 시, 주간보고 시 지연항목 리스트와 원인 보고 (아키텍처 리더), WBS 진척도 목표대비 80% 이하일 때 PMO 그룹이 업무 진단 및 재조정 실시

■ 이슈 및 변경관리: 첫째, 이슈관리는 PMO 차원의 이슈 및 위험을 사전에 인지하고 발생 시에 신속히 인지해서 효과적인 대응 방안을 수립하는 것으

로 핵심이슈 및 T/F 내부 해결이 불가능한 이슈 및 위험은 프로젝트 오너 또는 경영진에게 보고해 대응해야 한다. 단계는 모듈 내 이슈 보고 및 공유는 매일 수행하는 스크럼 미팅을 통해 미해결 이슈를 제기하고 전체 해결 방안을 공유하며 접수된 이슈 검토 및 대응방안을 논의한다. 또한 이슈조치(담당자 배정, 방안고민, 조치완료)와 조치결과 모니터링(발생현황, 완료, 잔여 항목 등)을 하고 마지막으로 필요 시 경영진에게 주기적으로 보고한다. 둘째, 위험관리는 프로젝트에 있어서 위험은 '프로젝트의 성공적인 완료에 부정적인 영향을 끼칠 수 있는 사건'으로 정의할 수 있으며, 이러한 위험들이 문제로 전이되기 이전에 프로젝트에 끼치는 영향력이나 위험의 발생가능성을 최소화하기 위한 활동을 의미하며 품질, 납기, 자원에 대한 변경이나 문제가 예상될 경우 이슈와 분리해 별도로 위험관리를 수행해야 하며 리더는 즉시 위험을 보고하고 PMO 주관으로 별도로 대응전략과 활동이 관리되고 사후 조치를 확인하는 체계로 수행하는 것이 좋다. 셋째, 변경관리 측면에서 보면 변경 통제 위원회(CCB)를 운영해야 하고 주간회의, 경영진회의를 통해 정기적으로 변경통제 활동을 수행하며 변경에 대한 영향도를 분석하여 설계 기준선 변경 검토 및 승인 최종 프로세스 및 산출물에 대한 배포 승인이 이뤄져야 한다.

■ **용어 표준화**: 생산현장에서 사용하는 용어는 모든 구성원들이 유일한 의미로 공유되어야 하기 때문에 데이터 사전을 생성해야 하며 기본단어 정의, 표준용어 생성, 표준용어의 오너십, 설명정보, 데이터 값 산출 기준을 정의하고 시스템화할 필요가 있으며 이를 위해 하나의 용어에 하나의 도메인(type, length)을 정의 → 논리, 물리 모델까지 데이터의 일치성을 확보해야 하고, 화면설계 및 사용자 교육, 변화관리 시에도 동일한 기준으로 적용되어야 한다.

■ **품질관리**: 품질관리는 기획, 통제, 보증 및 개선활동으로 나뉘며 각 단계별로 산출물 인스펙션을 실시해 결함을 조기에 발견하고 프로젝트 수행과

[표 5-3] 용어 표준화

사전	용어 표준화
단어사전	화면, DB에 사용되는 용어를 생성 조립하는 기본 단어 정의 한글, 영문 정식명, 약어 및 단어 오너쉽(Ownership) 정의 이음동의어, 동음이의어, 금칙어, 정의
용어사전	업무용어: 업무적 사용용어정의 (기본단어 조합) 표준용어: 논리/물리 모델에 적용하는 속성/칼럼ID 용어 오너십 정의
도메인사전	표준용어에 적용되는 데이터 속성 정의 (Type, Length) 데이터 속성 관리를 위한 도메인 유형 정의
코드사전	코드 칼럼 ID 정의: 허용 값 범위 관리 (계층 구조, 조회화면 콤보박스 조회 기준)

[표 5-4] 품질관리 단계별 활동

품질활동		시기/주기	대상	수행내용	산출물
품질 기획 활동	품질활동 계획 수립	착수	프로젝트 품질활동	• 품질활동 대상 선정 및 목표 정의 • 품질활동 일정, 방법, 자원 계획 수립	품질활동 계획서
	SPM 정의	착수, 단계 착수 이전	프로세스, 산출물	• 프로젝트 관리절차, 사용 양식 정의 • 방법론 테일러링 실시 • 품질관리 대상 및 활동표준 정의	표준 및 절차 매뉴얼
품질 통제 활동	산출물 인스펙션	각 단계 완료 이전	해당 단계 문서 산출물	• 체크리스트를 활용해 개별/합동 검토 실시 • 발견된 결함 시정 조치 확인	인스펙션 계획서 결과서
	코드 인스펙션	개발 단계 중 (코딩, 테스트)	소스코드	• 표준 룰 준수 여부 검사 • 표준, 성능, 보안, 유지보수 관련 결함 시정 조치	코드인스펙션 결과서
	테스트	개발 단계 중 (코딩, 테스트)	실행 프로그램	• 단위, 통합 테스트를 통해 고객의 요구사항이 적절하게 반영되었는지 여부를 확인 • 각 테스트된 결함 시정 조치 확인	테스트 결과서
품질 보증 및 개선 활동	자가진단	착수, 중간, 오픈	프로젝트 품질활동, 산출물	• 체크리스트를 활용한 품질활동 적정성 평가	감리, 감사 체크리스트 (결과)
	감리	착수, 중간, 오픈	프로젝트 품질활동, 산출물	• 수행과정의 적정성 평가, 위험요소 파악, 대책 수립 - 산출물 검토 및 품질활동 전반 평가 실시	감리, 감사결과 보고서

정에서의 문제점을 예방하고 고품질의 산출물을 작성하는 활동을 지속적으로 수행해야 한다.

[표 5-5] 산출물 인스펙션 항목

구분		산출물	담당자
설계	프로세스	표준 프로세스 정의 및 업무 매뉴얼	현업전문가
	분석설계	논리/물리 ERD, VO 정의서, 컴포넌트 목록, 컴포넌트 상호작용 다이어그램, 클래스 정의서, 상태(State) 다이어그램	현업전문가, 설계전문
		개발구조, H/W, S/W구조, UX표준, I/F체계, Mobile 개발구조, SPM방법론	아키텍트, 외부전문
개발	코드 인스펙션	프로그램 소스, Code Convention 준수여부	개발자, PMO
		아키텍처 관점의 가이드 준수여부	설계자, PMO
		테이블 스키마 및 기타 DB 오브젝트	설계자, DA
	UX표준	표준 UX 및 레이아웃 준수 여부 체크	리더, UX담당

■ 딜로이트 컨설팅에 따르면 PMO를 통한 기대효과는 중립적이면서 경험에 근거한 깊이 있는 활동을 통해 자원소비의 최적화 및 최대의 효과를 달성할 수 있어야 하며 ① 프로젝트 품질: 비즈니스 영향과 가치에 근거한 범위관리 및 자원운영, 외부업체에 배타적 관리차원을 넘어서 핵심이슈 사항에 대한 전문지식을 제공해 의사결정의 효율화가 가능하다. ② 원가 절감: 현업 입장에서 최적, 최소 필요 인력 산출 및 선정을 통해 추가적인 감리를 하지 않아도 될 정도의 사전, 사후적인 업무를 진행한다. ③ 납기준수: 일정계획에 근거한 대책수립, 진행상황, 결과를 검토해 품질에 영향이 없는 범위에서 경험과 데이터로 일정을 관리한다. ④ 위험최소화: 단계별 발생 가능한 위험을 사전에 정의하고 솔루션을 도출해 해결하도록 한다.

개발자 자리 배치와 팀 살리기

■ 대학원 시절에 감명 깊게 읽었던 책 중에 하나가 『피플웨어』이다. 하드웨어, 소프트웨어는 잘 알려져 있지만 '웨어'라는 표현을 사람에게도 쓰는 것을 보면서 가장 중요한 자원이 프로세스나 도구보다는 인적자원이 아닌가 생각한다. 『소프트웨어 공학의 진실과 오해(Facts and fallacies of software engineering)』라는 책에는 최고의 개발자가 최하의 개발자보다 28배 뛰어나며 작업환경은 생산성과 품질에 지대한 영향을 준다고 말하고 있다.

■ **사무실 환경과 프로젝트 룸의 진단:** 나는『피플웨어』를 읽고 2000년 중반 프로젝트팀의 사무실 환경을 조사하고 싶었다. 사실 1년 기한의 프로젝트에서 3개월밖에 남지 않은 프로젝트의 잘못된 환경에 대해서 스폰서에게 개선을 건의할 수는 없는 상황이지만 다른 프로젝트의 PM으로 갈 때 참고하고자 한다.

(1) 창문은 항상 닫혀 있다. 사무실이 도심 한복판이라 창문을 열면 차 소리가 너무 시끄러워 일을 할 수 없다. 오후 1시 이후에는 창문으로 햇빛이 눈부시게 들어와서 창 블라인더를 치지 않으면 눈이 부셔서 일을 할 수 없다. 내가 아침에 일찍 출근해서 창문을 열어 환기시킨 것이 전부인 것 같다. 물론 사방이 확 트이지도 않았고 전망을 감상할 수도 없다.

(2) 사무공간은 따로 구획하거나 6피트 높이의 파티션으로 막아서 소음을 차단해야 하지만 우리 개발 룸은 원래 15명이 교육을 받는 교육장을 개조해서 만들어서 PM인 나를 포함해 28명의 설계자 및 개발자가 있어 사무실이 너무 비좁다. 개발하는 데 필요한 최소한의 시설기준을 맞출 수 있는 예산도 없고 1년 동안의 프로젝트를 위해 시설교체에 투자하기가 쉽지 않다.

- 독립되고 막혀진 회의실이 없고, PM인 내가 PL(Project Leader)들과 원형탁자(Round desk)에서 아침 회의를 할 때마다 나머지 개발자는 소음을 듣게 된다.
- 우리 팀원은 지식노동자이므로 일을 하려면 두뇌 활동이 원활해야 하는데 소음이 많아서 집중력에 큰 영향을 미치고 있다.
- 시끄럽고 업무 방해요소가 가득하며 프라이버시가 보장되지 않고 매우 삭막하다.

(3) 심지어 '벽을 보면서 일하는 개발자가 2명이 있다.' 벽을 보면서 일하는

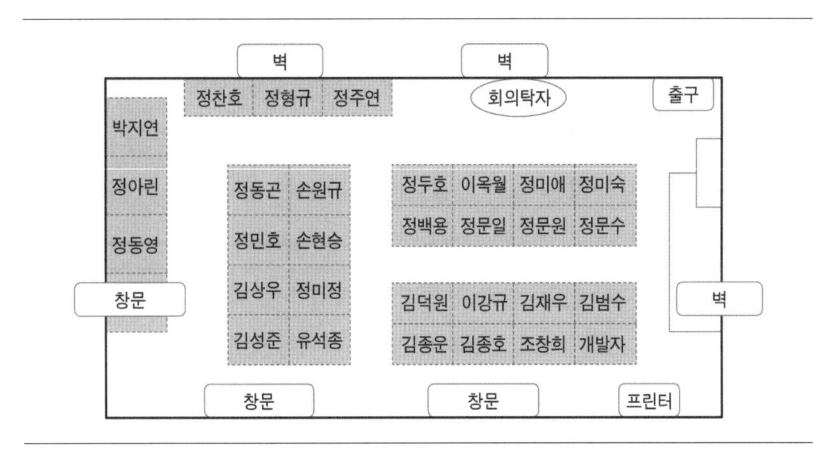

[그림 5-1] 개선이 필요한 프로젝트 사무실 레이아웃

개발자는 뒤에서 관리자가 항상 자기를 지켜볼 것이라고 걱정하면서 일한다. 그래서 일의 효율이 떨어지고 업무에 금방 싫증을 내며 그만두고 나가고 싶어 하는 것 같다. 어떤 개발자는 일할 공간을 찾아 숨기(Hiding out)까지 한다. 사무실 환경이 열악하면 사람들은 숨을 만한 장소를 찾게 된다. 직원들이 회의실을 예약하거나 커피를 마시러 가서 돌아오지 않는 일이 종종 있다.

— 개인 간에 파티션이 없어 서로의 얼굴을 보면서 일하기에 효율적이라고 생각했지만 프라이버시가 지켜지지 않기 때문에 좋지 않다.

(4) 전화 때문에 집중상태에 도달할 수 없는 상황이 가끔 발생한다. 『피플웨어』에서 사람들이 정신없이 일에 집중하고 있을 때, 개발자는 '플로(Flow)'라 부르는 이상적인 상태에 빠진다. 이는 한 가지에 집중해 거의 명상 상태에 빠지는 것을 의미한다. 우리는 팀원 28명 모두 개인 핸드폰을 가지고 있는데 일부는 진동으로 두고 일부는 벨소리를 크게 해 놓아서 전화가 오면 플로를 깨버리는 일이 종종 있었다. 나는 이 사실을 경험으로 알고 있어서 프로젝트 초기에 2가지 원칙을 정하고 모든 팀원에게 통보했는데 지금까지도 잘한 결정이라고 생각한다.

— 집중근무제를 실시해 9시~11시, 2시~4시 등 하루에 4시간은 절대 회의

를 하지 않고 움직이지 않으며 자리에 앉아서 일에 몰두하기로 했다.

— 개인 휴대폰은 모두 진동상태로 하고, 전화가 오면 사무실 밖에서 받는다. 프로젝트 초기에는 개발자 중 프리랜서가 많아서 자기주장대로 하려고 해서 지켜지지 않는 일이 있었으나 그 후로는 잘 지켜지고 있다.

■ **첨단 방법론에 대한 집착**: 얼마 전에 어느 기업에서 최적화된 개발 방법론을 개발해 모든 프로젝트에 적용하고 있다는 이야기를 들었다. 이것은 첨단 기술에 대한 환상을 보여 주는 것 같다. MS 프로젝트를 이용한 표준화된 WBS 및 일정관리, 기능점수에 의한 견적과 생산성의 측정, 버전관리 표준화, 트래커를 활용한 변화관리, 모듈별로 표준화된 개발 방법론을 근간으로 한다. 사실 경영진은 이것을 모든 프로젝트에 적용하면 원가 절감 및 위험이 감소되어 좋은 성과를 낼 수 있을 것이라 생각했다. 1년이 경과한 시점에 우리는 몇 가지 잘못된 것을 알게 되었다. 또한 다시 반영할 수 있는 기회를 가지게 되었다.

(1) **더 많아진 문서작업**: 기존의 폭포수(Waterfall), CBD, 패키지 기반 방법론에 시그마 방법론을 복합적으로 사용하면서 문서가 기존 방법론에 비해 거의 2배 가까이 늘어났으며, 회사에서 단계별 보고사항도 늘어나게 되었다. 방대한 서류는 해결책이 아닌 문제의 일부이다.

(2) **해결방법의 결핍**: 방법론들을 표준화했다. 모든 프로젝트에 적용하다 보니 2~3개월 걸리는 단기간의 프로젝트도 예외 없이 적용하게 되었다. 이런 방법론을 적용하지 않아도 충분히 성공할 수 있는 프로젝트가 실패하는 사례도 발생되었다. 그리고 6가지 활동 중에 꼭 필요한 것만 해야 함에도 강제성을 띠고 모든 것을 하면서 불만도 더 커지게 되었다. 물론 얼마 후 개선 작업을 거치고, 예외 사항을 두고 최적화하기에 이르렀다. 적은 리소스 투입, 짧은 기간의 프로젝트는 예외를 두고 시행하는 것으로 결정했다. 또한 고객이 기능점수 적용도 간단하게 하는 것과 정식적으로 하는 방법의 둘 중에 단계별로 필요한 항목만 적용해서

생산성을 측정했다.

(3) 책임감의 부재: 이 방법론만 따라서만 하면 된다는 이야기에 팀원들은 그리 많은 책임감을 가지지 않게 되었다. 자기 업무의 성공여부에 따라 적용내용을 결정할 수 없는 상황이 되면서 사람들은 문제가 생기면 책임을 회피하게 되었다. 모든 프로젝트는 방법론 준수율을 단계별로 평가해서 PM들에게 공지했다. 이 때문에 각 단계에 본사에서 감리하러 나온 인력에게 좋은 평가를 받기 위해 준비를 많이 했으나 실제 프로젝트에는 별 도움이 되지 않았다.

(4) 동기부여 상실: 신규 방법론 때문에 회사가 좋아지는 것을 생각했지만 팀원이 좋아지는 것은 준비하지 못했다. 단지 철저한 관리를 위해서 그것을 실행한다고 생각했다. 직원들이 동기를 상실하게 만드는 가장 큰 요인이다.

■ 결과적으로 이러한 과정을 거쳐서 선택적으로 방법론을 적용하고, 그 들의 상황에 따라 적용범위를 결정함으로써 반드시 필요한 활동만 할 수 있게 하게 되었던 것이다. 즉 예외 처리규정을 신설했다. 또한 애자일과 첨단 방법론이 모든 프로젝트의 위험을 해결해주지 않는다는 것을 경영자도 알게 되었다. '소프트웨어 분야에는 은탄환(Silver Bullet)이 없다.' 방법론과 같은 신기술보다 적용하는 사람들에 대한 교육 등을 통해 직원에게 동기를 부여하는 것이 더 중요하다는 것을 나중에 알게 되었다.

■ 드림팀 키우기, 팀과 파벌: 나도 지금까지 생각해보면 가장 즐거운 것 중 하나가 도전이었다. 그러나 PM으로서 뒤돌아보면 그렇게 생활하지는 못했다. 3년 전에 맡았던 프로젝트 팀원은 모두 28명이었다. 정규인력은 9명이고 19명은 전문 협력사 인력으로 그중 10명은 프리랜서이다. 정규인력 중에 대리가 5명인데 다들 나이도 비슷하고 전부 미혼이라서 취미도 비슷한 상황이었다. 프로젝트가 진행되면서 나는 이들이 파벌을 만든다는 것을 알게 되었다. 그들은 서로만 대화하고 커피 마시러 갈 때나 점심 먹으러

갈 때도 자기들끼리만 갔다. 프리랜서 직원들의 사기는 떨어져 가고 있었고 생산성이 저하되었으며 심지어는 회사를 그만두겠다고 말하는 사람도 있었다. 내 입장에서는 상당히 큰 시련이었고 팀워크가 깨지고 있다는 것을 느꼈다. 어느 날 5명을 불렀다. 그들은 그들끼리의 팀워크는 대단해서 무슨 일이든 자기들이 맡은 일은 다 잘하는데 뭐가 문제냐고 되물었다. 나는 그들에게 '팀의 목표는 목표의 달성이 아니라 목표의 일치다'라고 역설했다. 그리고 그들이 그렇게 행동하지 말 것을 권고했고 다행히 그들은 조심스럽게 행동하기 시작했다. 또한 자리배치도 분리했고 서브그룹별로 사기를 높이기 위해서 서해로 낚시를 가서 단합대회 행사도 했다. 그러한 과정을 거치면서 팀은 점점 단결되기 시작했다.

■ **팀 죽이기와 방어적 관리법:** 일을 맡은 직원들에게 심각한 문제가 있다면 새로운 직원들을 구하면 된다. 하지만 기존의 직원들과 함께 일하기로 결심했다면 최고의 전략은 그들을 신뢰하는 것이다. 중간 규모의 프로젝트 PM을 할 때는 프로젝트의 모든 상세 프로세스, 팀원들의 성격, 산출물, 위험 사항 등을 하나하나 이해할 수 있었다. '나는 개발자보다 분명 경험도 많다. 그리고 절대 팀원을 믿지 않았다. 그들은 나에게 좋은 말만 한다고 생각했다. 나는 그 동안 실수를 잘 봐주지 않는 관리자였다.' 사실 일일이 체크하면 품질은 향상되지만 내가 너무 힘들고 큰 업무성과를 내는 데는 한계가 있다. 그러나 회사에서는 내가 작은 규모의 프로젝트만 맡는 것을 원하지 않았다. 프로젝트의 규모가 더 커지면서 나는 팀원 전부를 통제할 수 없다는 것을 알게 되었다. 이제는 팀원들이 실수를 해도 그들을 인정하고 믿기 때문에 스스로 노력해서 일할 수 있는 상황을 만들기 위해 노력한다. 직원들이 저지르는 약간의 실수는 내버려 둬라. 나의 판단이 계속 개입된다면 분명 직원들은 더 많이 실수할 것이다.

■ **일은 재미있어야 한다:** 2001년 베트남에서 ERP 프로젝트를 할 때였다. 우리는 우리나라 공장에서 ERP 프로젝트를 완료하고 같은 회사의 베트남 공

장에 MES와 ERP시스템을 구축하고 있었다. 당시 프로세스 정의 지연, 우리나라와 다른 인보이스(invoice) 문제 등 산적한 문제 때문에 프로젝트가 계획보다 지연되고 있었다. 어떤 팀원은 자기 공장 현장에 MES POP장비를 설치하는 데 너무 힘들어하고 있었다. 그들은 베트남에 처음 와서 주말도 없이 일만 하고 있는 상황이었는데 나는 그들이 그렇게 하면 지연된 일정을 따라잡을 수 있을 것이라고 확신했다. 매주 임원에게 주간보고를 했는데 그 날은 회사의 사장이 직접 참석했다. 사장은 프로젝트에 문제가 많다는 것을 사전에 들은 것 같았고 그에 관해 물었는데 나는 있는 그대로의 상황을 설명했다. "한국과는 프로세스가 다릅니다. 특정 공정은 한국에는 컨베어를 이용해서 자동화되어 있고 데이터도 자동으로 수집하는데 베트남은 사람이 박스에 넣어서 이동하고 있기 때문에 데이터 수집 방법을 변경해야 합니다." 그 밖에도 여러 가지 문제를 이야기했다. 그러자 그는 그러한 문제를 어떻게 해결할 것인가에 대해 다시 물었다. 나는 일정을 맞추기 위해 평일뿐만 아니라 주말에도 나와 일하면서 일정을 지키겠다고 말했다. 그 말에 우리 팀원 중 한 사람은 큰 한숨을 쉬고 있었다. '지금도 힘든데 앞으로 얼마나 힘들게 일해야 한단 말인가?' 『피플웨어』에서는 '잔업은 없다'라고 말한다. 사실 우리나라 사람들은 잔업에 대해 당연하게 생각하고 있었다. 그들은 나를 일벌레라고 생각하고 있었다. 사장은 미국속담에 'No fun, No work'이라는 속담이 있다고 하면서 너무 지쳐 있으니 그런 고민을 여기서 하지 말고 100km 정도 떨어진 해안 도시인 뿡따우에서 함께 해보라고 했다. 지금 생각해보면 그는 생각을 많이 해야 하는 우리 프로젝트의 성격을 잘 알고 있었다. 초과 근무는 초반부터 전력질주를 해야 하는 단거리 경주와 같다. 그러나 프로젝트는 마라톤과 같다. 마라톤을 할 때는 페이스 조절이 특히 중요하고 스타디움에 들어와서 남은 힘을 다해 전력으로 질주해야 한다. 단거리 경주와 같이 초반부터 전력질주를 하면 중요할 때 기회를 잃게 될 것이다. 그 이후로 나는 모든 프로젝트 일정에서 교육, 행사, 컨퍼런스, 축하활동, 단합대회를 포함시킨다. 그것은 팀의 목표가 일치되는 데 무척 큰 도움이 된다고 확신한다.

■ **사람에게 투자하라**: 2005년 국내에는 IT 서비스를 체계화하기 위한 패러다임 변화가 일어났다. 대부분의 글로벌 기업인 I사, E사, C사는 이미 오래 전부터 이 시스템을 도입해 고객들에게 낮은 비용으로 서비스를 제공하고 있었다. 우리 회사도 원가를 낮추고 좋은 서비스를 제공하기 위해서는 이 시스템이 절대적으로 필요한 상황이었다. 나는 이 내용에 대해 팀장은 교육에서 제외시키자고 했다. 비용이 너무 많이 들면 투자승인을 받기 위한 심의 시에 결재를 받기 어렵고 그 정도는 내부적으로 교육하고 컨설팅인력과 함께 일을 하면서 교육받는 것이 좋겠다는 것이다. 이는 내부인력의 비용을 제외하는 것으로, 분명 프로젝트의 원가에 포함되지만 이 역시 투자품의 시에 문제가 발생할 수 있다고 생각했다. 나중에 임원에게 보고할 때, 임원은 우리에게 그 비용은 반드시 필요한 사항이니 포함시키라고 말했다. 사랑받는 기업의 조건 중 하나는 사람에게 무한한 투자를 하는 것이다.

■ 현실로 돌아와 보면 모든 것을 내 생각으로 바꿔달라고 말할 수 없다. 심지어 우리 프로젝트 사무실 환경이 이처럼 나쁘니 고쳐 달라고 하면서 비용대비 효과를 이야기하다가 시간이 다 갈지도 모른다. 하지만 나는 적어도 우리가 개선해야 할 부문을 지속적으로 준비한다면 프로젝트를 수행할 때는 사무환경 등에 좀 더 신경을 쓸 수 있을 것 같다. 그렇게 되면 모든 직원이 플로(Flow) 환경에서 작업할 수 있도록 할 자신이 있다.

소프트웨어에 실버블렛은 없다

■ 어린 시절 동화책에 나왔던 늑대인간은 은탄환을 넣은 총에 맞아야 다시 살아날 수 없었다. 은탄환은 그만큼 비장의 무기이고, 어떤 문제해결을 위한 묘책 또는 특효약으로, 지고 있는 전쟁의 분위기를 반전시킬 수 있는 무기인데, 소프트웨어 개발에도 이러한 것이 통할 것인가에 대해 평소에 PM으로서 생각하고 있는 일정, 인력, 의사소통, 품질, 원가, 범위, 위험 관점

에서 과거의 잘못된 생각과 사고방식의 변화에 대해 설명하고자 한다. 마지막으로는 시그마 기법을 프로젝트에 도입해 소요공수를 효과적으로 운영하는 것에 관해 이야기한다.

■ **의사소통 활성화를 위한 조직개편**: 모든 프로젝트는 어떠한 경우든 잦은 소통이 필요하다. 지금까지 많은 회의에서는 문제에 대한 대안 제시는 불구하고 상대방을 비평하고 지적만 하다가 계획된 회의시간을 지나서도 결론을 보지 못하고, 팀원 간에 감정이 상해 의사소통이 더욱 어려워지고 문서작업도 충실히 하지 않는 경우가 있어서 문제가 되는 경우를 주변 프로젝트에서 쉽게 찾아 볼 수 있었다. 2005년도에 수행한 프로젝트 팀원이 43명이다 보니 중요한 사항은 메일 및 메신저를 통해서 전달하는데 며칠이 지나면 메일 로그가 없어져 하루는 개발자 중에 '나는 받은 적이 없습니다'라고 말하는 경우가 종종 있는 등 의사소통이 완벽히 이뤄지지 않았다. 그해 9월부터 나는 심각한 고민을 했다. 왜 바벨탑이 실패했을까? 바로 의사소통이 원활하지 않았기 때문이다. 이에 B사 프로젝트에 분석단계 워크스루(Work Through)에서 몇 가지 원칙을 정해서 실행에 옮겨봤는데, 결론은 'Project manager is a champion for ideas coming from developers(프로젝트관리자는 개발자로부터 나오는 아이디어를 이해하고 최적화해야 한다)'라고 정의할 만큼 여러 채널을 통한 의사소통은 무척 중요함을 느꼈다. 먼저 8월 전에는 [그림 5-2]의 왼쪽과 같이 단방향 의사소통을 주로 했다. 의사소통도 정기적인 미팅, 이메일, 메신저였으므로 PM인 내가 모든 개발자와 같은 생각을 하고 있는지 공유할 수 없고 확인하기도 쉽지 않았다

■ 많은 고민 끝에 본사에 요청해 프로젝트 게시판, 회의록 첨부가 가능한 의사소통 플레이스를 만들어 모든 개발자에게 고유ID를 배포했고 PM은 권한에 따라 중요한 메일을 언제 읽었는지 확인할 수 있었고, 읽지 않은 메일은 직접 읽으라고 가서 확인하려고 시도하고 있다. 또한 모든 메일은 프로젝트 종료까지 메일이력을 보관할 수 있는 용량을 확보했다. 조직은 의

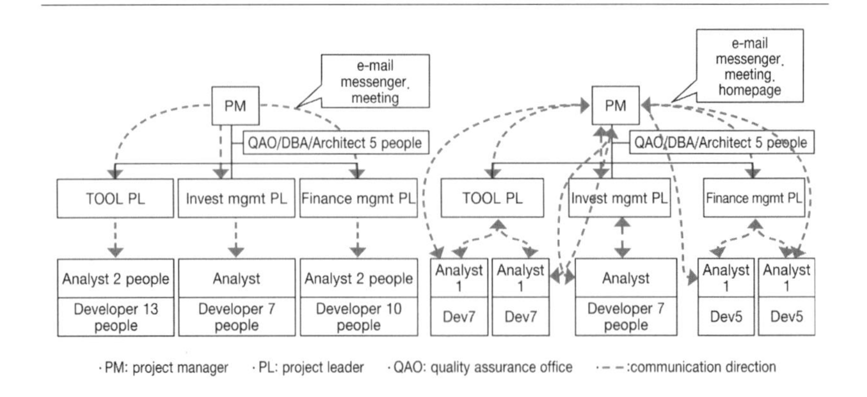

[그림 5-2] 의사소통 활성화를 위한 조직개편

사소통이 원활하도록 10명 이하의 작은 팀으로 나누고 외과의사팀처럼 주요 분석가에게 집중화를 통해 [그림 5-2]의 오른쪽과 같이 개발자는 PM 및 PL에게 메일 및 공식, 비공식 미팅에서 자기의 의견을 충분히 표현할 수 있는 기회를 주어 양방향 의사소통이 가능하게 했다. 이로 인해 의사소통 문제로 인한 위험을 방지할 수 있었다. 물론, 이 환경을 구축하는 데 본사인력지원 3MD, 교육인건비 10.5MD(2Hr*43Man=86MH) 그리고 인프라는 기존 파일서버에 설치해서 추가 비용이 들지 않았다. 또한 프로젝트 수행 중에 워크 스루와 관련해 다음과 같은 그라운드룰을 만들었다. 첫째, 회의 시작 전에는 회의 주관자가 'Don't kill a cock! Conference is called 'fall festivals'이라고 한다. 회의는 서로 비평하는 자리가 아니라 서로의 의견을 나누고 문제가 있는 경우 대안을 제시하게 했다. 모든 문제 및 해결사항은 이슈사항번호와 내용에 대한 이력을 남겨서 요구사항추적이 가능하도록 했다. 이후에는 툴을 활용한 환경관리를 적용하고 항상 변화관리를 해서 모든 이력을 볼 수 있게 했다. 둘째, 회의 전에 어젠다를 만들고 고객을 포함해서 메일로 배포하고 게시판에 등록한다. 회의 참석자는 사전에 검토할 수 있고, 반드시 고객 참여를 원칙으로 하고, 고객은 디자인 변경과 관련해 필요한 의사결정을 회의 시 직접 해서 이와 관련해 모든 내용은 품질관리자 회의록을 작성해 이후에 메일로 배포하고, 게시판에 등록해 기록을 남긴다. 셋째, 정해진 회의시간은 준수한다. PM 및 회의진행자는 수시로 시간 관리를 통해서 계획된 시간 내에 회의를 종료할 수 있는 페이스를 맞추도록 한다. 마지막으로 모든 사람이 공평할 수 있는 회의가 되도록 한다. 1명이라도 결정사항에 이의가 있으면 의견을 제시할 수 있는 기회를 줘서 불평을 최소화한다. 의사소통게시판 등 인프라가 준비된 후 개발자의 만족도가 특히 좋았으며 모든 팀원이 소속감이 고취되면서 하나가 될 수 있었다. 지속적으로 팀원들로부터 피드백을 받은 후 보완해서 좋게 정착되도록 노력하고자 한다.

■ **품질관리:** 프로젝트에서 원가, 일정 준수와 더불어 중요한 것은 품질관리이다. 2000년대에 CMM(Capability Maturity Model), CMMI(Capability Maturity Model Integration), SPICE(Software Process Improvement and Capability dEtermination) 등 ISO 15504 모델이 더욱 중요시되고 있는 이유는 프로세스를 진단하는 것이 하나하나 검사하는 것보다 저렴한 가격에 양질의 제품을 생산할 수 있기 때문이다. 내가 근무하는 조직에서 CMM 레벨을 인증받았지만, 프로젝트의 디자인리뷰, 인스펙션 등에 대해 외부 인력에 의한 감리결과는 예상보다 그리 좋아 보이지 않는다.

■ **비용, 범위관리:** 비용은 IT 운영비용, 개발비용, 장비비용, 인력비용, 사무실비용 등 많은 비용이 발생하나 여기서는 개발 및 운영과 관련된 비용견적에 대해서만 이야기하고자 한다.

■ 시스템은 추적이 어렵고, 가시성이 떨어지고, 통제가 어렵고, 무절제한 변경의 특성을 가지고 있어 기준선이 잘 설정되지 않으면 고객요구를 제한 없이 수용해야 하는 경우가 발생한다. 국제적으로 IFPUG(International Function Points Users Group)에서 프로젝트 규모를 산정하는 내용이 있는데 프로젝트 규모를 예측하기 위해서는 이력데이터를 이용하는 것이 제일 좋은 방법으로 제시하고 있다. 프로그램 코드만을 이용해서 비용을 산정하게

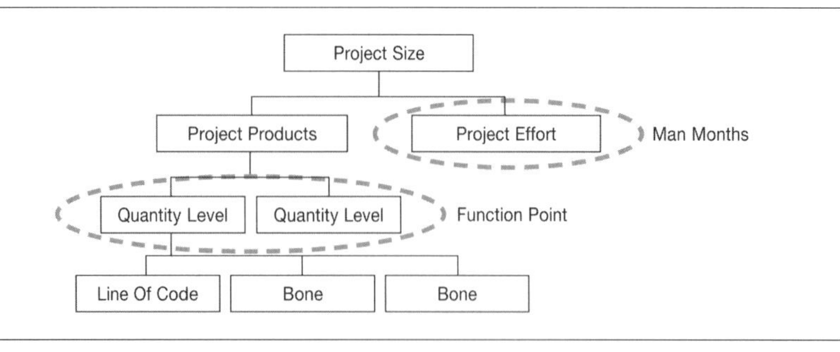

[그림 5-3] 비용견적에 대한 개념

되면 의사소통, 문서작업, 미팅, 관리비용, 번역 비용은 제외되기 때문에 이런 것과 기능과 데이터의 복잡도(Complexity)를 고려한 기능점수를 적용하면 좀 더 정확한 원가를 산정할 수 있을 것이다. 프로그램 코드만 고려한 비용산정은 제품 복잡도, 개인경험, 요구사항 레벨은 고려할 수 없다. 전에는 [그림 5-3]과 같이 나는 주로 소요공수나 LOC(Line Of Code)를 적용하고 가능한 많은 여유 위험 비용을 확보하려고 노력해 왔다. 요즘은 더 정확한 원가 산정을 위해 기능점수를 적용한다. 원가를 계산할 때 제안가격보다 원가가 초과되어 결국 고객에게 불완전한 시스템을 납품하는 것은 꼭 방지하고자 하는 것이 나의 목표이다. 델파이 방법론처럼 서로 다른 전문가가 최소 2가지 이상의 산출방법을 이용해 산정하면 좀 더 정확도 높은 예측을 할 수 있다. 견적과 관련된 나의 생각에는 최근 많은 변화가 있었는데 첫째, 제안 단계 시, 개발비용은 RFP에 정의된 SOW(Statement Of Work)가 기능레벨까지 구체적으로 명확한 경우는 간이 기능 점수법으로 산정하고, 그렇지 않은 경우는 과거 유사 프로젝트의 이력데이터나 경험자의 경험을 활용해서 산정한다. 둘째, 요구단계에서는 복잡도를 고려한 CPM(Counting Practice Manual)을 적용한다. 이때 FP를 MM으로 변경하는 로직은 FPs/1MM (제조업: 27FPs/MM, 금융업: 25FPs/MM, 정부분야: 22FPs/MM)를 적용한다. 그 방법을 활용해 PM을 수행한 SCM 프로젝트는 프로젝트 규모는 2,768FPs이고 총소요공수는 122MM, 본수로 산정하면 413본이 산정되어 개발생산성은 22.69FPs/MM이 산정되었고 회사의 시스템에 등록해 이력데이터로 활용할 수 있도록 한다. 셋째, 프로젝트 종료 후 최종 FP를 산정하고, 운영 환경 이관 후에는 변경관리를 통해 정확한 규모를 산정한다. 넷째, 예측은 게임이다. 즉 현재 수행 중인 프로젝트의 EAC(Estimate At Completion) 비용을 매주 1회 반복적으로 모니터링하고 예측해 비용초과를 미연에 방지하려고 노력한다.

■ 위험관리: 아키텍트는 특권계층(Aristocracy)으로 인식되고 행동해야 한다. 또한 개발자에게 업무를 지시하는 역할 외에 제안하고 개발자로부터 피드백을 받아 전체 시스템이 완성되도록 도와준다. 예를 들어 아키텍트가 단지 작업을 지시하고 모니터링 및 제어를 하다 보면 피드백을 받을 수 없으며 개발자는 시키는 일만 하게 되고 전체 시스템을 보면 누락되는 부분이 생길 것이다. 이것이 위험이고 나중에 알게 되면 그것을 수정하는 데 많은 비용이 발생한다. 개별 시스템은 잘 실행되어도 전체 시스템은 실행되지 않을 수 있는 상황이 발생할 수 있다. 아키텍트는 고객과 개발자의 중간에서 고객의 요구사항을 구체화시키고, 비기능 요구사항에도 보완해서 전달자가 아닌 조율자로 일을 수행해야 한다고 생각하게 되었다. 또한 이런 것은 나선형 프로젝트 모델과 같은 반복적인 개발 방법론을 통해서 요구사항 위험을 감소시키고 수용하는 변화관리가 필요하다. 또한 위험과 관련된 문제의 원인은 PM이 상당 부분 미연에 방지할 수 있다는 것을 새삼 느끼게 되었다. 개발 방법론 적용 시에도 반복적인 개발을 사용할 것인가 빠른 프로토타입핑 개발을 적용할 것인가 하는 문제부터 인력변동, 일정초과, 원가초과, 의사소통문제, 낮은 품질, 범위변동 등 모든 위험은 서로 복합적으로 작용해서 프로젝트를 하는 내내 발생할 수 있다. 그러기에 PM은 CEO처럼 문서만 보고 의사결정을 하는 것이 아니라 프로젝트의 모든 상황을 보고 듣고 느끼면서 결정해야 한다. 위험은 평소에 준비하고 해결하려고 노력해야 한다. PM이 PL로부터 보고되는 리포트를 수용하고 대화하면 중간에 위험을 방지할 수 있으나 내용을 충실히 보고하지 않으면 나중에 모든 문제가 한꺼번에 나타나 더욱 심각해진다.

■ **구매 및 통합관리**: 구매할 것인가, 개발할 것인가에 대해서는 항상 고민하게 된다. 아웃소싱 시 장점도 있지만 역기능 또한 존재한다. 특히 상용제품을 구매해서 통합하는 것 또한 개발하는 것과 거의 비슷한 수준의 위험이 발생되고, 구매한 소프트웨어는 프로젝트 내부에서 해결할 수 없는 위험이 발생되어 프로젝트의 임계경로에 영향을 줄 수 있으므로 선정 시 많은 요소를 고려하고, 기술 지원과 유지보수 등을 고려해 진행해야 한다. 또한 소프트웨어 개발은 한 가지를 잘 한다고 해서 모든 것이 성공적으로 끝나는 것은 아니다. 일정, 인력, 의사소통, 품질, 범위, 비용, 위험, 구매 등의 관계가 복잡하게 연결되어 있다. 극한 프로그램 방법론(Extreme Programming Explained, Kent Beck)에는 '9명의 여자가 한 달 안에 아이를 낳을 수 없다'는 내용이 나온다. 결과적으로 비용문제를 해결하면 일정이 늘어나고 반대로 품질을 높이려다 보면 비용이 더 들어가고 범위는 줄어드는 경우가 있다. 의사소통을 높이려면 관리 오버헤드가 증가되고 위험은 감소된다. 모든 요소들이 체인처럼 얽혀 있기 때문이다. TOC(Theory of Constraints) 이론에서 말하는 DBR(Drum-Buffer-Rope) 법칙과 같이 모든 것이 계획된 대로 순차적으로 진행되는 경우는 실생활에서는 찾아보기가 쉽지 않은 것이 사

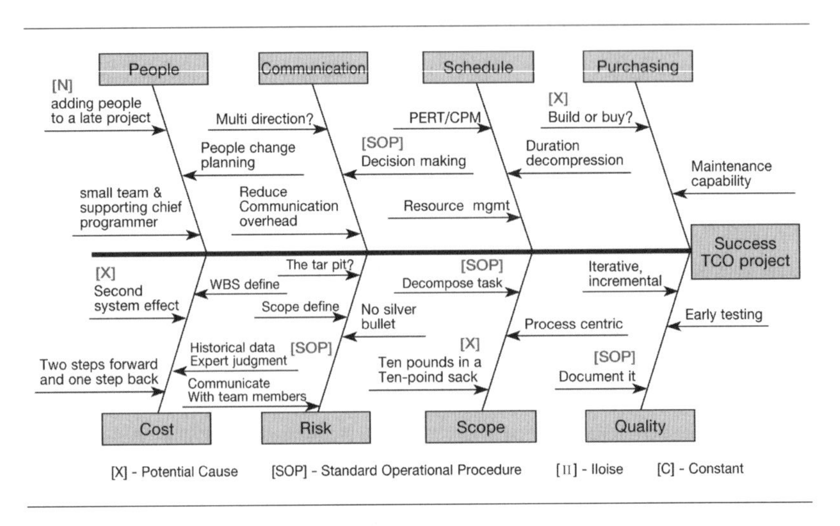

[그림 5-4] 성공적인 프로젝트를 위한 단계별 위험분석

실이다. [그림 5-4]와 같이 나는 여러 가지 원인을 해결하는 것이 좋은 효과를 내고 현재 수행하는 프로젝트를 성공적으로 마칠 수 있는 것에 대해 고민할 수 있었다. 그림은 프로젝트에서 쉽게 적용할 수 있는 원인추적 다이어그램(Fish-Bone Diagram)을 작성해 사용하고자 한다.

■ 나는 단순한 사실 하나를 발견했다. 현시점에는 정보숨김(Information hiding)이 OOD(Object Oriented Development)에서 추상화와 더불어 꼭 필요한 개념이지만 브룩스의 책을 보면 30년 전에는 그렇게 생각하지 않았고 당시에는 많은 부문을 하나로 해결하려 했으며 30년이 지나서야 'Parnas was right, and Brooks was wrong about information hiding(정보 숨김에 대한 이론은 파르나스가 옳았고 브룩스가 틀렸다고 선언했다)'. 당시에 옳았던 내용이 시간이 흘러 다른 이론으로 대체되는 것은 소프트웨어 생애에서도 동일하게 나타난다. 세월이 지나면서 폭포수형 모델이 쇠퇴하고 나선형 등 반복적인 개발모델이 주류를 이루고 있고, 이후 세대에는 CBD(Component Based Development) 방법론, 메타 프로그래밍(Meta programming), 애자일 등이 적용되고 새로운 패러다임이 고안될 수도 있을 것이다. '세상에 변하지 않는 사실은 모든 것은 변한다'는 것이다. 소프트웨어 업종에 종사하는 사람이라면 항상 패러다임 변화에 적응할 수 있도록 정통 고전적(Classic) 개념 등 기본을 정확히 알고 있어야 할 것이다. 스트자케(Stutzke)의 말처럼 신규 투입 인력에 대한 교육, 의사소통은 주로 야간 잔업시간을 활용하라고 권고한 내용도 좋은 생각인 것 같다.

■ 결론적으로 '소프트웨어 분야에서 늑대인간을 잡을 수 있는 은탄환은 없다'. 소프트웨어는 복잡하고, 쉽게 변하며, 가시성이 떨어지므로 그대로 받아들여야 한다. 특히 SI에서는 지식과 더불어 경험도 중요하기 때문에 향후 신규 프로젝트에서 과거의 잘못된 습관을 버리고, 실천에 옮기게 되면 내가 평소에 할 수 없었던 일을 수행할 수 있지 않을까 생각한다. 『피플웨어』에서 제시한 내용을 보면 10년 전 나의 경험과 비슷한 것 같다. 중국 제

조업의 재봉공정에서 생산모델에 따라 'U 라인', '일자형 라인'으로 분리해 생산방식을 결정하고 작업자의 생산성을 향상시키려는 노력을 하는 것을 본 적이 있는데 실제 10%까지의 생산성 향상을 이룰 수 있었다. 이러한 사실은 소프트웨어 개발 분야도 비슷하게 적용될 수 있다. 사무실 공간, 자리 배치, 가구, 식당, 개발자가 진정으로 원하는 일에 할당될 수 있도록 배려하는 것에 심혈을 기울여 프로젝트의 목표달성 성과를 내도록 노력해야 한다. 결론적으로 보면 개발자의 자질에 따라 생산성이 10배의 차이가 날 수 있으므로 사업을 추진하는 데에서 사람이 전부인 형태이다. 사람이 중심이 되어 모든 요소들이 관계를 맺고 있으며 이것을 풀어 주는 것도 사람인 것이다. 프로젝트 인력에 대한 사고 변화의 책임은 PM뿐만 아니라 팀 개개인에게 있음은 두말할 나위 없이 중요하다.

어려운 애자일을 적용할 때 고려사항

■ 제조업에는 린 생산방식(Lean Manufacturing) 방법론이 있는데 이는 불필요한 활동을 제거해 생산효율을 극대화하는 방법론으로 ① 원재료나 공정 간에 기다림을 제거하고 ② 불량의 원인을 효과적으로 찾아내서 단계별 제품을 표준화하고 ③ 과잉생산을 막을 수 있도록 효율화하고 ④ 불필요한 동작, 활동 그리고 배달이나 재고를 줄이는 생산방식이다.

■ IT 산업으로 돌아가 보면 애자일은 특정 개발 방법론이라기보다는 린(Lean) 생산방식처럼 좋은 것을 빠르고 낭비 없이 개발 가능하게 해주는 다양한 방법론이다. 극한개발 방법론(XP: eXtreme Programming) 또한 애자일 방법론의 일종이다. 우리는 S/W 업계에서 각종 혁신적인 도구와 최신기술 그리고 이전 고민을 해결한 새로운 방법론이 모든 것을 해결할 수 있다는 환상에 사로잡혀 있는 경우를 많이 볼 수 있지만 많은 사례에서 보듯이 새로운 도구, 프로세스, 방법론은 초기에 생산성과 품질이 저하되는 현상이

나타난다. 앞서 말한 것처럼 프로젝트 팀원이 얼마나 변화에 적극적으로 대응할 수 있는가가 핵심이라고 생각한다. 특히 개발자나 설계자가 새로운 방법론을 적용하려면 초기에는 생산성이 감소하며 어느 정도 경험적으로 습득한 이후 러닝커브(Learning Curve)가 안정화되어야 도입효과가 나타난다는 것이다.

■ 애자일의 탄생은 사용자의 요구사항이 지속적으로 변경되는 것이 S/W의 특성인 데 반해 전통적인 폭포수 모델은 요구분석단계에 모든 요구사항을 완벽하게 구현하려는 단점을 보완할 수 있다는 특징 때문에 1990년대 후반부터 활성화되었다. 이는 프로젝트 조직을 세부 조직, 즉 사용자, 개발자, 테스터를 하나의 스크럼으로 여러 개를 조직해 한정된 시간에 프로젝트를 수행하는 방법이다. 이는 특정 개발 방법론이라기보다는 기민하게 좋은 것을 빠르고 낭비 없이 개발을 가능하게 하는 다양한 방법론인 것이다. 극한개발 방법론 또한 애자일 방법론의 일종이다.

■ **애자일 개발 방법론과 전통적인 개발 방법론의 차이는 무엇인가?** 우리는 전통적인 방법을 적용했을 때 오픈 전에 문제점이 나타나 잦은 밤샘작업과 이에 불구하고도 납기일이 지연되어 고객에게는 비즈니스 영향을, 개발팀은 개발자 부족, 납기지연에 따른 배상금을 지불하는 부작용이 발생된 경험이 많았다. 기술의 발달로 현재는 개발기간이 더욱더 짧아지고, 비용도 효율화를 요구하나 시스템은 복잡해지고 여러 시스템과 연계를 중요시 하고 있어 그러한 문제를 해결하기 위해 제한된 시간과 비용 등 불완전성이 높은 프로젝트에 적합한 프로젝트가 애자일인 것이다.

■ 어떠한 개발 방법론을 적용할 것인가는 프로젝트 특성 분석을 통해 적용성을 평가하고 적용방식을 결정해야 하는데 여기에서는 애자일 적용전략 수립에 대해 알아본다. ① **프로제트 특성분석:** 납기, 비용, 범위의 우선순위 등 프로젝트 제약사항 및 투입인력규모 및 투입인력 특성을 고려하고 고객

[표 5-6] 애자일과 폭포수 모형 방법론 비교

구분	애자일	폭포수 모형
요구사항 관리	지속적 보완 및 개발 요구사항반영 • 실제 베이스라인 강조 안함	초기 요구사항 수집 및 엄격한 변경관리 • 다음단계 상세한 계획 수립
계획 수립 및 설계	경험/실행중심 기반 프로세스 • 기존 계획 개발자가 직접 변경 • 즉시설계(Just-In-Time)	계획기반 프로세스 • 상세계획 수립(up front) • 사전 상세설계로 변경대응력 낮음
역할	전체 팀워크 강조 • 개발자, Process, 테스터, 사용자	엄격한 역할 분리
아키텍처 정의	구현기능을 직접 개발해 아키텍처 실현 가능성을 증명	사양을 상세화하는 과정을 통해DB 및 어플리케이션을 초기에 정의
테스트	잦은 개발 및 테스트 주기관리 반복적인 방법론 Collaboration between self-organizing cross-functional teams	기능 구현 후 단위-통합-시스템 테스트 수행

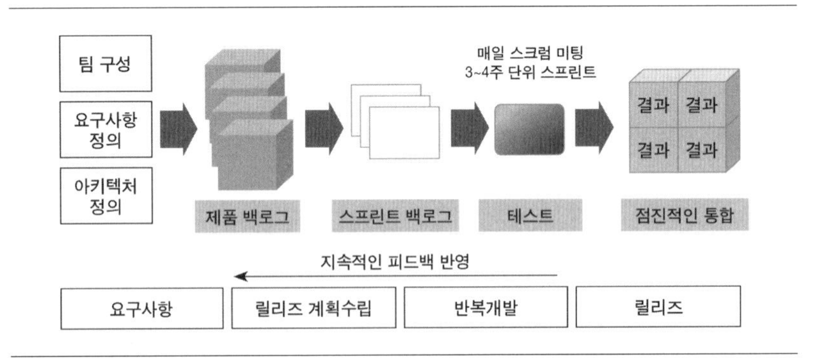

[그림 5-5] 단계별 산출물검증 및 피드백을 통한 점진적 통합

의 참여도, 업무이해도와 이해관계자, 관련 프로젝트의 복잡도, 아키텍트 역량 및 아키텍처 복잡도를 고려해야 한다. 그러나 무엇보다 중요한 것은 PM과 고객의 의지와 경영진의 스폰서십이 중요하다. ② 적용성 평가: 프로젝트 특성 분석결과를 바탕으로 항목별 5점 척도로 적용성을 평가해 3점 이상이면 적용이 가능한 것으로 1차 평가 후, 3~4점 미만인 경우 혼합 방식의 접근, 4점 이상이면 적극적인 애자일 방식을 고려한다. 결론적으로 규모가 중간, 업무이해도가 높은 고객의 적극적 참여, 아키텍처 조기 수립 완료, PM의 의지가 강력할수록 적용가능성이 증가한다. ③ 애자일 적용방

식 선정: 혼합, 애자일, 전통적 개발 방법론 중에 선정하게 되며 혼합의 경우 설계 전에 표준이 완료되고 개발, 테스트 환경이 구축되어 설계단계부터 개발자가 투입되고, 한 사람이 설계 및 개발이 가능한 경우 설계 및 개발단계 반복 작업을 적용할 수 있다. 또한 개발단계 개발자 투입, 설계자와 개발자의 역할이 다를 경우 개발자의 지속적인 개발의 반복작업을 적용한다. 버전원(VersionOne)의 2009년 애자일 설문('The State of Agile Survey 2009')에 따르면 애자일 방법으로는 스크럼, XP, 린 개발 등이 있으며 기업의 50%가 스크럼, 24%가 스크럼/XP 혼합 형태를 적용하고 있다. 여기서 활용되는 용어를 알아보자.

■ **스크럼**(Scrum): 애자일 프로젝트 관리방법론으로 7~10명 이내의 소규모 팀으로 경험적인 프로세스를 관리하게 된다. 스크럼팀 구성은 스스로 관리하고 운영하며, 제품 기능개발을 궁극적으로 목적으로 해 7~10명 이내의 소규모팀(Self Organization Team)으로 구성되며 스크럼마스터(SM), 제품책임자(PO), 팀원(5~9명: collocated-Cross-functional Self-organized, Full-time)으로 구성된다.

■ **제품책임자**(Product Owner): 프로덕트 백로그를 통해 업무 및 우선순위를 조정하고 각 스프린트별 고객리뷰를 통해 제품이 고객 요구사항을 반영했는지 확인한다.

■ **스크럼마스터**(Scrum Master): 프로젝트 내 스크럼팀 리더로 해당 스크럼팀의 이슈 및 문제를 적극적으로 해결하고 애자일 프랙티스를 스크럼팀 내부에 적용될 수 있게 통제하고 팀 외부의 영향력을 막아주는 역할을 한다.

■ **팀원**(The Team): 팀원으로서 스프린트 기간 동안 완료하기로 정한 작업을 수행하기 위해 최선을 다한다. 태스크를 정하고, 일의 양을 예측하며, 제품을 개발하고, 품질을 보장하며 프로세스를 성숙·발전시켜 나가는 역

할을 한다.

■ 스프린트(Sprint): 팀에서 개발계획을 수립해서 결정한 짧은 업무주기로 통상 4주단위로 하고 개발에만 집중할 수 있도록 보장하는 시간으로 처음 애자일을 적용하는 프로젝트에서는 초기에는 가급적 3주 내로 하는 것이 전체적으로 효과적이다.

■ 제품 백로그(Product Backlog): 프로젝트 전체 개발범위에 해당하며 도출된 요구사항을 사용자스토리 형태로 체계적으로 정리하고, 분류하며, 업무 중요도와 기술 난이도를 통해 수용 범위를 결정한다. 결정된 수용범위를 기준으로 업무의 우선순위와 규모를 산정해서 스프린트별 업무범위 및 담당자를 할당한다. 세부작성 항목은 ① 프로세스: 기능요구사항의 경우 표준업무 프로세스와 맵핑 관계를 확인해서 기재한다. ② 유형: 사용자스토리(요구사항)를 기능과 비기능으로 구분해서 분류한다. ③ Type: 스토리 규모에 따라 분류한다. (Theme>Epic>Story, Story는 최대 2주 이내에 완료가 가능한 단위이며 테스트 또는 검증이 가능한 단위를 말함) ④ Story ID: 도출된 사용자스토리 각각을 구분하기 위한 식별자(ID)를 기재하며 초기 릴리이즈 플래닝 시점 일련번호로 채번 이후 추가되는 스토리는 이후 번호로 채번하도록 한다. ⑤ 스토리 명: 사용자스토리 각각을 구분하기 위한 사용자스토리 제목을 기재한다. ⑥ 사용자 스토리: 사용자스토리의 주요 처리내용을 기술한다. 예를 들어 화면의 경우 '누가(어떤 사용자가) 무엇을 위해 어떤 기능이 수행되어야 한다'와 같이 구현하고자 하는 기능의 사용자, 목적, 수행기능을 반드시 표현되도록 기술한다. ⑦ 완료조건: 사용자스토리에 대한 전제사항 및 제약사항과 테스트에 고려할 주요 체크포인트를 기재한다. ⑧ 스프린트: 해당스토리를 구현할 스프린트를 구분한다. ⑨ 우선순위: 업무의 중요도에 따라 A, B, C로 구분하는데 비즈니스요소(A: 선도적용기능, B: 연말 결산기능, C: 배치업무), 기술적 요소(A: 공통모듈 - 인터페이스 - 메인프로세스 - Biz로직복잡, B: Biz 로직단순, C: 기본 생성 - 조회 - 수정 - 삭제 기능)로 나눌 수 있다. ⑩ 담당

자: 해당 스토리의 설계자 및 개발자를 기재한다. 세부적으로는 여러 명의 설계/개발자가 수행하는 경우 해당 스토리에 대한 책임자를 기재한다.

■ 스토리(Story): 시스템 구축을 위해 수행되는 과정에서 고객에게 검증이 가능한 독립적이고 가치 있는 단위로 기능적 요소(Popup Tab 메인화면, IF, 공통모듈, 배치, Report)와 비기능적 요소(개발표준, 개발지원, 교육, 디자인, 마이그레이션)로 구성한 단위로 도출된 요구사항을 사용자스토리 형태로 체계적으로 정리하고, 분류하며, 업무 중요도와 기술 난이도를 통해 수용 범위를 결정한다. 작성하지 않을 경우 요구사항이 불분명해 프로젝트의 납기, 원가, 품질 등에 영향을 미칠 수 있고, 시스템에 반영되어야 할 요구사항들이 누락될 수 있다. 또한 현업과 합의된 요구사항의 기준선이 불분명해 향후 요구사항 변경관리가 어렵다. 그리고 중요한 업무 기능이나 공통기능들의 우선순위가 잘못 파악되어 원활한 공정관리가 어려울 수 있다. 비기능적 요구사항을 명확히 정의하지 않을 경우 고객이나 실제 사용자, 개발완료 후 시스템을 유지보수 및 지원하게 될 유지보수팀의 요구사항을 만족시키지 못하는 시스템이 설계/개발될 위험이 있다. 스토리 작성 시 기본적으로 기능은 표준 프로세스의 최하위 레벨과 맵핑되도록 고려한다. 단, 공통모듈 또는 비기능 요구사항의 경우 관련 표준 업무 프로세스와 맵핑 관계가 식별되지 않을 수 있으며 그럴 경우 생략할 수 있다. 사용자스토리 내용을 작성할 때 사용자스토리 사용 목적을 포함할 수 있다. 테스트 항목을 기술해서 설계/개발자가 사용자스토리를 구현할 때 요구사항의 세부내용을 파악하는 데 활용하도록 한다. 서로 상충되는 시스템 속성이 있

[표 5-7] 프로젝트 내 스크럼팀 운영현황

모듈	Scrum명	리더	PO	AC	SM	분석설계	개발자	테스터
생산	생산관리	JiYeoun	Lim	Sam	Gene	Suji	Developer	Tom
품질	공정품질	Dong	Lee	Hee	Sam	Andreas	Park	Chung
...	...	...	...	...	...	...	...	...
...	...	...	...	...	...	...	...	...

을 경우 트레이드 오프(Trade Off)에 대해 비고란에 기술한다. 예를 들어 유연성, 안정성, 보안성 등이 높아지면 성능이 떨어질 수 있는데 이러한 경우 시스템 속성 간의 우선순위를 조정해서 고객과의 협의를 통해 결정하고 비고란에 결정사항을 기술한다.

■ 이터레이션(Iteration): 폭포수 모델의 단점을 극복하고자 비교적 짧은 기간 동안 특정 목표를 달성하는 것을 반복하는 행위로 스크럼에서 사용하는 스프린트와 동일한 개념이다.

■ 애자일코치(AC): 팀이나 개인이 애자일 방식을 도입하고 실천할 수 있도록 하며, 스스로의 작업방식을 개선하고 변화하도록 돕는 인력으로서 트레이너, 동기를 부여하고 조언자 역할을 수행한다.

■ 다음은 특정 프로젝트 내에서 PI컨설팅 완료 이후에 어떤 개발 방법론을 적용할 것인가를 고민해서 개발부문, 조직의 현재 구조 및 기타 아키텍처 등을 분석해서 애자일 적용성 여부를 검토한 결과이다.

■ 개발 및 테스트 부문: ① 아키텍처 중심의 선도개발을 통해 개발 표준 확정 및 아키텍처의 조기 안정화가 필요하며 이를 수행하지 않으면 초기 반복 개발물량의 재개발 위험이 증가한다. ② 릴리즈(Release) 및 반복계획 수립 시 비즈니스 관계 및 연계관계를 고려한 개발계획 수립 필요, 만약 수행하지 않으면 다양한 비즈니스 케이스의 통합테스트 수행지연으로 불완전성이 증가한다. ③ 초기 반복단계의 통합테스트 및 고객리뷰를 수행하기 위한 테스트환경 구축이 필요하며 만약 수행하지 않으면 반복 단계 단위로 개발완료 된 기능의 점증적인 통합 및 검증이 불가능하다. ④ 테스트 환경 구축을 위한 최소한의 테스트 데이터 이행이 필요(기준데이터, 코드성 데이터 등)하며 만약 수행하지 않으면 불완전한 통합테스트 수행으로 인한 시간낭비 및 기능의 불완전성이 증가한다. ⑤ 공통모듈, 모듈별 및 정의를

위한 프로세스, 역할자가 필요하며 만약 확보되지 않으면 미확정된 스펙으로 비즈니스 프레임워크 개발 시 재개발 위험이 증가한다. ⑥ 아키텍처의 조기 안정화가 필요하며 만약 안정화되지 않으면 초기 반복(Iteration) 개발물량의 재개발 위험이 증가하게 된다.

■ 조직 및 역할 부문: ① 모듈별 고객의 적극적인 참여 및 역할 정의 필요 ② 개발단계 초기, 전문적이고 독립적으로 테스트전략 수립 및 수행이 가능한 전문 테스트인력 투입 필요(테스트 매니저 1명, 테스트 엔지니어 ×명) ③ 애자일 방법론 및 프랙티스 가이드를 위한 전문 애자일 코치 투입 필요 ④ 기존조직구성을 기반으로 모듈별 스크럼팀을 구성하며 최대 9명, 최소 5명까지 구성하고 SM(Scrum Master) 역할자를 선행해서 선정 ⑤ 모든 관리자의 역할에 대한 전환 필요(Self-Organizing, Command Control → Servant Leadership)

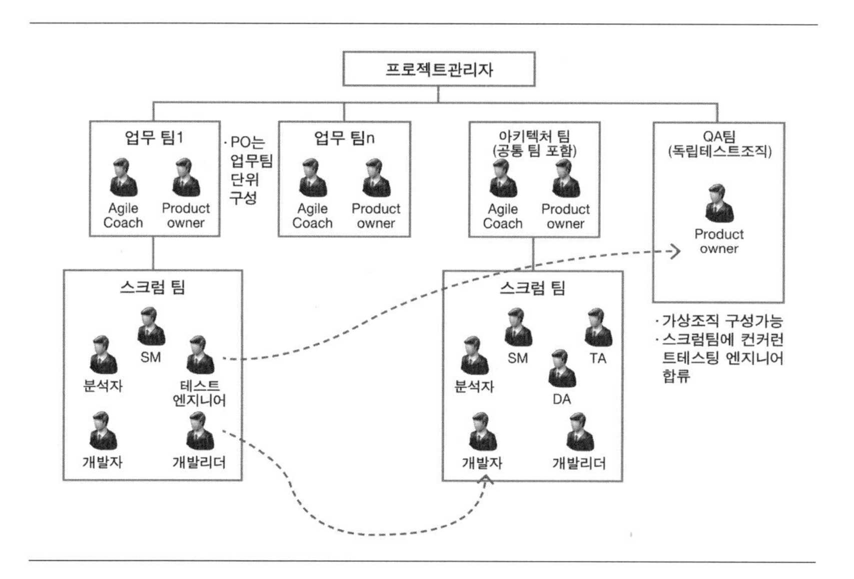

[그림 5-6] 애자일팀의 역할별 구성

■ 기타부문: ① 대규모 애자일팀과 애자일 프랙티스에 최적화된 관리 툴을 적용할 수 있도록 검토 필요 ② 감리(내/외부 포함) 대상일 경우 감리기준에

대한 감리팀과 사전협의가 필요 ③ 팀멤버와 고객을 포함한 최소 4시간 이상의 전원 애자일 사전교육이 필요하다.

■ 애자일을 적용했을 때 산출물을 추가해서 폭포수 모형과 다른 산출물 현황을 정리했다. 특히 XP(eXtreme Programming)의 프랙티스는 컨커런트 테스팅(Concurrent Testing), 리팩토링(Refactoring), 지속적인 통합(Continuous Integration), 동시개발(Pair Programming), 유지 가능한 정도로 일하기(Sustainable Pace), 테스트 주도 개발(Test Driven Development)이 있다.

■ 스프린트별 회고: 회고 시에 반드시 포함시킬 내용은 다음과 같다. ① 스프린트별 진행경과 보고 요약하고 스크럼팀에 대한 간략한 소개를 한다. ② 스크럼 업무요약 정리하고 릴리즈 플래닝(Release Planning) 결과보고를 통해 도출된 사용자스토리를 기반으로 업무량을 산정하고 스프린트별로 할당해 제품 백로그를 작성함으로써 전체적인 개발계획을 수립한 결과를 요약해서 발표한다. ③ 스프린트 플래닝을 통해 팀은 스프린트에 분배된 사용자스토리를 구현하는 데 필요한 태스크 단위로 분할되며 각 작업을 순수하게 작업에 소요되는 이상적인 시간을 기준으로 추정해 스프린트 백로그를 작성한 결과, 요약을 통해 첫째, 목표를 공유하고 둘째, 업무범위를 정확히 산정한다. ④ 이슈 및 향후 액션 아이템을 공유해서 다음 스프린트를 효과적으로 적용할 수 있도록 한다. ⑤ 스프린트 리뷰를 통해서는 목적과 해야 할 내용별로 주관담당자가 상세내역을 리뷰하고 ⑥ 마지막으로 다음 스프린트 계획에 반영된 일정계획을 공유한다.

■ 우리는 I사의 애자일 도구를 활용해 스토리별 실적 처리와 데이터를 처리할 데이터 왜곡현상을 알게 되었는데 시스템에 누적되어 관리되는 스프린트별 스토리 진행현황 및 진척관리가 역할자에게 제대로 관리되어야 하는데 실무자와 현업이 서로 일이 바빠서 팀 내에 스크럼마스터에게 모든 권한이 부여되어 완료까지 하게 하니 개발팀 내부적으로 처리하는 경우도

제품백로그(Product Backlog)									
						스토리 No.	SP 합	8	
서브 시스템	구분1	구분2	스토리 유형	사용자 스토리ID	사용자 스토리	스프린트 #	포인트	담당자	상태
F/W	비기능	지원	Epic	US-FW-1	개발표준 SPM 및 환경준비	SP2		지연	
F/W	비기능	지원	Story	US-FW-2	개발표준정의(패키지, 명명, 주석 등)	SP1	3	동영	완료
F/W	비기능	지원	Story	US-FW-3	서버단 개발가이드 작성	SP1	2	아린	진행중
F/W	비기능	지원	Story	US-FW-4	디버깅 가이드 작성	SP2	3	Sam	

[그림 5-7] 프로젝트에 수행한 제품 백로그 샘플

[표 5-8] 프로젝트 내 스토리별 완료처리 단계

구분	단계					
프로세스	새로 작성	진행 중	구현됨	테스트 완료	PO 확인	완료
역할/권한	담당자 완료 (설계, 개발, 단위테스트, 인스펙션결과 작성)			팀 내 리더검증 (테스터, 설계)	현업담당 검증	현업리더 검증

있고 임의로 잘못 완료 처리하는 문제가 지속적으로 발생하면서 데이터가 왜곡되는 현상이 자주 발생해 PO확인 및 완료에 대한 권한은 반드시 현업에서 책임을 가지고 다음과 같이 진행할 수 있도록 해야 한다.

서서(Standing) 매일 하는 스크럼 미팅

■ 지금은 담배를 피우는 사람을 찾기가 어려우나 생산현장에서는 흡연장소에서 정보를 교환하는 경우가 많은데 단기간 프로젝트를 하면서 항상 느끼는 것은 계획 없이 진행되는 경우가 많다는 것이다. 목적도 명확하지 않은 많은 회의, 사전에 준비 및 공유가 부족한 회의, 필수 참석자가 빠지는

회의, 시간계획 없이 진행하는 회의 등 수많은 경우가 있는데, 매일 매일 진행사항과 공유하는 회의의 중요성은 이루 말할 수 없으며 가능한 효과적으로 하기 위해서 아침미팅은 서서 10분 이내로 하는 것이 좋다고 생각한다. 특히 전 개발자를 대상으로 하는 스크럼 미팅을 하지 않으면 심각한 소통의 문제가 발생한다. 사람이 많아지다 보면 일일 스크럼 미팅을 하지 않기도 하고 심지어 일방적인 지시로 끝나기도 하는데 회의는 모든 팀원이 긍정적이고 자긍심을 가지고 일할 수 있는 상호 소통이 되는 장이 되어야 한다. 여기서 말하고자 하는 회의는 매일 하는 스크럼 미팅(Daily Scrum Meeting)으로 최대 15분간 팀원의 진척, 상태, 문제점 등을 공유하는 서서(Standing) 수행하는 회의로 특별한 준비사항은 없다.

(1) 참석자: 제품관리자(PO), 스크럼마스터, 팀원
(2) 문제 상황: 개발자 개인의 가진 병목상황을 공유할 때, 투명한 팀의 진척 관리가 필요한 상황, 출근 후 아침에 주의를 환기하고 작업에 집중할 수 있는 동기부여가 필요한 상황이다.
(3) 해결되는 사항: 이슈 공유를 통해서 유사한 경험과 문제를 해결한 사람을 팀원 중에 찾는다. 불필요하고 예정되지 않은 미팅은 사전에 막을 수 있다. 스크럼마스터에게 팀에서 해결하지 못하는 이슈가 무엇인지 알게 함으로써 문제해결에 도움을 받는다. 관리자는 개발자 개개인의 상태관리를 위해 별도 시간을 들이지 않고 말하는 분위기, 내용 등으로 파악한다.
(4) 미팅 시 주의사항: 특별한 문제점이 없는 상태가 지속될 때 미팅 자체의 필요성에 대해 의구심을 가질 수 있으므로 문제점을 이야기할 수 있는 편안한 분위기가 조성되어야 한다. 팀에서 우선 문제를 해결하고 해결할 수 없는 문제에 대해 팀 외부 자원을 통한 해결책을 구한다. 이 미팅이 어중간한 시간에 수행되면 업무의 집중도를 방해할 수 있으므로 아침 출근 후 바로 진행한다.
(5) 진행순서: 스크럼마스터가 정해진 시간에 팀원들에게 미팅 시작을 알림

스크럼마스터가 '체크인부터 시작하겠습니다'라고 말하고 체크인을 시작한다. 스크럼마스터부터 현재 상태의 기분을 한 마디로 짧게 표현하고 시계방향으로 모두가 짧게 현재 감정을 표현한다. 체크인이 끝나면 '자 그러면, 한 분씩 완료된 내용, 작업해야 할 내용, 작업 도중 잘 안 되거나 문제점이 있으면 말씀하세요'라고 분위기를 전환한다. 체크인과 동일하게 시계방향으로 돌아가며 이야기한다.

■ 스크럼팀이 여러 개일 경우 SOS(Scrum Of Scrums) 미팅을 하고 데일리 스크럼이 종료된 후, 각 스크럼마스터가 모여 스크럼팀에서 해결하지 못하는 이슈 해결 및 공통된 문제점을 공유하고 해결, 조정(Escalating)해서 상위조직에게 해결할 사간이 존재할 때 회의를 갖는다. 이를 위해 스크럼마스터는 팀 내에 이슈를 정확히 파악해야 하며, 특정 이슈 담당이 모호할 때 명확하게 담당자 지정이 가능하고, 여러 스크럼팀의 협업하는 장을 만들어 전체이슈를 공유하고 문제해결이 가능해야 한다. 관리자는 어느 팀이 프로젝트 전체의 병목이 되는지 식별하고 도움을 줄 수 있다. 물론 전제조건으로 스크럼마스터들이 스크럼에서 나온 이슈를 공유하고 말할 수 있는 분위기가 조성되어야 하며 이 회의를 통해 얻을 수 있는 내용은 ① 이슈 담당자가 모호할 때 명확한 담당자 지정이 가능하다. ② 분리된 여러 스크럼팀이 협업해야 할 토론장이 될 수 있다. ③ 전체의 이슈를 공유하고 해결할 수 있다. ④ 특정 팀의 전체에 임계경로에서 병목현상이 되는지 구별할 수 있고 도움을 줌으로써 문제해결이 가능하다. SOS 회의를 진행할 때 주의할 사항은 ① 스크럼팀 간 마찰이 생기지 않도록 R&R을 명확히 정의해야 한다. ② 전체 스크럼마스터가 참석할 수 있도록 한다. ③ 항상 정해진 시간에 미팅을 해야 한다. ④ 이슈가 해결되지 못한다는 분위기가 지속되면 미팅의 필요성 자체에 의구심을 품을 수 있으므로 주의해야 한다. 진행순서는 스크럼 미팅과 유사하게 ①'스크럼의 스크럼 미팅을 시작하겠습니다'라고 개회선언을 한다. ② 이슈담당자가 이슈 목록을 보고 지난 미팅에서 나온 이슈 중 해결된 것과 미결된 것을 공지한다. ③ 순서에 관계없이

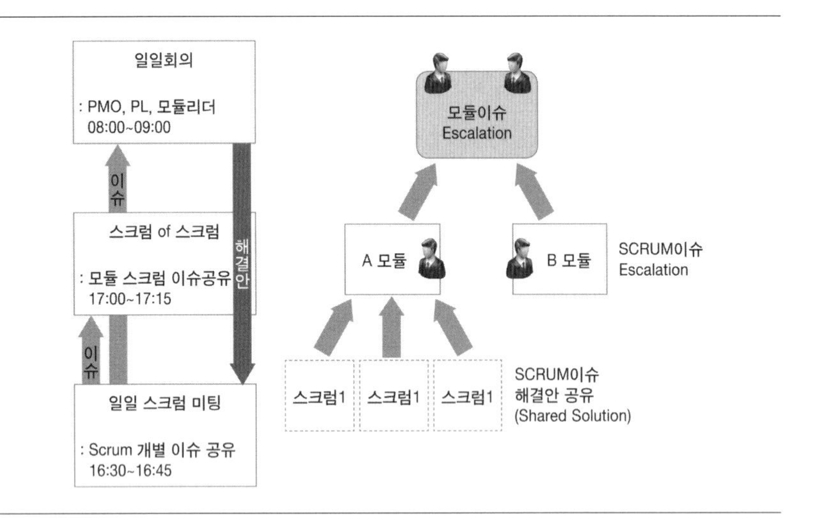

[그림 5-8] 스크럼팀을 활용한 의사소통 및 이슈관리체계

[표 5-9] 스크럼 미팅에서 협의할 내용

구분	상세 수행내역
개별 이슈보고(수시)	업무진행이 어려운 문제사항 발생 즉시 이슈내역 등록
개별 이슈보고(정기)	매일 일일 스크럼 미팅(Daily Scrum Meeting)을 통해 개별 또는 팀 내 이슈사항을 제기하고 팀 내 해결방안을 공유함
	이슈조치를 위한 스크럼 내 담당자 할당
이슈조치	이슈해결을 위한 실행항목 진행내용 기록(RTC 등 Tool활용) 이슈 조치결과 등록 후Daily Scrum Meeting을 통해 해결내용 공유
스크럼 이슈 모니터링	팀 내 등록된 이슈현황 (발생, 완료, 잔여) 검토 및 모니터링 스크럼의 스크럼(SCRUM of SCRUM) 이슈제기사항 도출
스크럼 이슈 모니터링(정기)	SCRUM of SCRUM 을 통해 스크럼별 이슈를 제기하고 모듈 내 해결방안을 공유함
	이슈조치를 위한 스크럼 내 담당자 할당

자유롭게 이슈가 있는 팀이 이야기할 수 있도록 한다. ④ 다른 팀에 발언권을 주어 비슷한 문제를 해결한 방안을 공유하도록 하고 질문에 대해 사업관리나 전체 공통리더들이 자유롭게 답하게 한다. ⑤ 새로운 이슈는 판서나 빔 프로젝트를 이용해 모두가 보면서 파일에 기록한다. 이때 담당자가 모호한 경우 명확히 하고 담당자의 업무가 과중해 문제해결이 어려우면 도움이 될 사람을 찾아 대체자를 지정하거나 직접 해결하도록 한다. ⑥ 마지

막으로 '금일 스크럼의 스크럼 미팅을 마치겠습니다'라고 폐회 선언을 하고 이슈내용을 전체 인원에게 메일 등으로 공지하고 해결된 것, 미해결된 것에 대한 담당자를 명확히 한다.

■ 결론적으로 Daily Scrum Meeting을 통해 스크럼 내 또는 개별 문제를 도출해서 일차적으로 문제 및 해결방안을 공유하며, 스크럼 내에서 해결이 불가능한 경우는 스크럼마스터와 모듈 리더가 스크럼별 이슈 및 해결방안을 공유하고, 해결이 불가능한 경우는 PMO에게 보고해 투명하고 신속하게 문제 및 개발이슈를 해결해야 한다.

UI 이후 UX 적용을 위한 준비사항

■ 올해 초 구입한 레이저 포인트를 보면서 이전에는 없던 배터리 잔량표시가 있는 것을 보면서 '내가 전에 생각했던 기능인데 경험적 편의성에 의해 누군가 고안을 했구나' 하는 생각을 했다. 애플의 스티브 잡스는 발표를 할 때 KISS(Keep It Simple Short 또는 Keep It Simple Stupid)의 원칙을 지키는데 짧고, 간단하게 그리고 우둔한 사람도 쉽게 알 수 있도록 자료를 만든다는 것이다. 이는 설명보다는 인간의 기본적인 경험을 활용할 수 있는 것이라 생각한다. UX는 애플에서는 시각적 형상, 상호작용 및 사용자에게 도움을 주는 소프트웨어의 능력 등을 아우르는 용어로 쓰이기도 하고, www.nngroup.com에 따르면 사용자와 회사, 서비스 및 회사가 제공하는 제품과의 상호작용 등 모든 부분에 걸쳐서 기본적인 사용자 경험에 기반한 요구를 받아 기능적인 요구를 만족시키는 것이고, 물건 또는 시스템을 즐겁게 사용할 수 있도록 만드는 것이다. UX디자인과 혼용되어 사용되는 용어는 상호작용설계(Interaction Design), 인터페이스 설계(Interface Design)이다. 인터페이스 설계는 사람이 어떤 서비스와 대화를 통해 특정 목표를 달성하고자 할 때, 행동을 촉발시켜 이어주는 역할을 하는 것이고, 상호작

용 설계는 사용자와의 커뮤니케이션이 원활하게 진행되도록 상호작용을 설계하는 것이다.

■ 나는 사용자 인터페이스(UI)가 아닌 사용자 경험(UX)에 근거해 화면을 디자인해야 한다고 줄곧 주장했는데, 현업에 종사하는 사람들은 도대체 UI와 UX의 차이가 무엇인가를 묻곤 한다. 감성적 기업문화, 컨텍스트 기반의 UX를 중요시해서 프로젝트 진행 초기부터 구글처럼(Google Like), 애플처럼(Apple Like)이라는 용어를 아주 많이 사용했는데, 과연 무엇을 닮게 하라는 것인가? 잘 따라 하기만 해도 된다면 그렇게 할 것이다. 나름대로 요약하면 Apple Like는 정보의 접근성을 아주 쉽고 편하게 하자는 것이다. 아이폰에 내가 원하는 메뉴를 앱스토어를 통해서 서비스 기반으로 받아 설치하고 직관적으로 사용할 수 있게 하자는 것이다. 즉 시나리오 기반으로 메뉴에 접근하는 것이다. 실례로 고객에게 시장품질에 대한 문제가 발생하면 당시 문제가 있는 공정조건에 있던 생산물량 세트를 다 찾아서 회수 조치를 내릴 수 있도록 조치하는 사람이 있고, 당시 공정조건과 펌웨어정보, 작업조건, 작업자를 분석해서 문제의 원인을 분석하고 조치하는 사람도 있다. 이러한 내용을 표준화하는 것이 시나리오 기반의 접근 방법을 효율화하는 것이고 Apple Like라고 정의하고자 한다. 그렇다면 Google Like는 무엇인가? 이는 정보의 활용성을 높이자는 것이다. 한 가지 정보를 볼 때 유사한 정보를 묶어 보여주는 것이다. 판매자가 물건을 판매할 때 고객의 특성을 분석하고 유사상품을 교차 판매(Cross Selling)하는 것처럼 내가 원하는 정보를 함께 보여줘서 여러 화면을 들어가지 않고 업무를 진행시키는 것이다.

■ UX 가이드라인 및 효과: 사용자의 행동유형과 인지체계를 반영한 인터페이스를 일관되게 적용하기 위해 가이드라인을 제작해야 하는데 사용자 중심의 화면구성을 제공해 일관성 있고 직관적 인터페이스로 학습성 및 효율성을 향상시킨다. 이를 적용하면 첫째, 사용자 측면에서는 시스템 총사용

[표 5-10] UX 적용 시 수행단계 및 작업 범위

단계	범위	상세단계
시스템 및 고객연구	경영층 및 현업사용자 비즈니스 요건정의 정보 아키텍처 정의 및 데이터의 구조화 모델링 및 핵심경로 시나리오 정의 사용자 상호작용 정의 프로젝트 전체 방향을 제시	조사 및 요건정의 ↓ 모델링 ↓ 비전공유
상호작용 설계	범위 및 기능 정의 내비게이션 정의 및 프로토타입핑 실시 핵심 경로 시나리오의 유효성 체크 사용자의 상호작용 정의	범위 및 기능정의 ↓ 프로토타입핑 ↓ 상호작용 개선
인터페이스 설계	화면레이아웃설계 우선순위 시각화 시각적 흐름 구성	인터페이스 요소정의 ↓ 비주얼 디자인 ↓ Look Feel 개선

[표 5-11] UX 사용자 그룹별 가이드라인 및 활용방법

사용자그룹	단계	활용내용	활용방법
제안자	제안단계	프로젝트 진행 방향에 대한 원칙수립, 가이드 작성	가이드 숙지
메뉴설계	정보구조설계	메뉴구조기준 정의, 메뉴구조 설계, 추가 등 변화관리 원칙	정보구조설계 원칙숙지 체크리스트
화면설계	화면설계단계	개발화면 배치방식 정의 기능사용방식 정의 화면요소별 적용 스타일 원칙 정의 화면구성원칙 정의	화면구성원칙, 스타일가이드 인스펙션 시 체크리스트
UX품질	전 단계 및 적용 후	체크리스트 기반으로 UX가이드 준수검증 및 개선방향 도출	사용성 평가 및 평가기준으로 사용

시간이 단축되고 사용자 교육 등 학습시간 단축, 사용자의 환경, 형태, 경험을 고려해서 업무 효율성을 향상시킬 수 있다. 둘째, 제작자 측면에서 보면 인터페이스 설계시간을 단축할 수 있고 화면설계의 효율성을 증대하며 일관성을 유지할 수 있다.

■ **UX에 포함되어야 할 개념:** 철학적인 개념으로는 크게 4가지로 나눌 수 있

는데 첫째, 사용자의 기억이나 학습에 의존하기보다는 정보에 대한 인지를 통해 업무의 흐름과 일치하는 자연스러운 정보의 흐름과 업무처리에 명확한 피드백을 제공할 수 있는 워크 플로이다. 유사정보의 묶음, 여백을 사용한 시선 흐름 유도 및 업무 흐름 표시, 선택정보 명확한 표시 및 피드백으로 정보 제공, 즉각적인 에러복구를 지원해야 한다. 둘째, 정보의 신속한 접근을 보장할 수 있는 정보 아키텍처이다. 여기는 사용자의 인지 범위를 고려해 정보의 우선순위, 가시성 확보, 중복 없는 구조와 자주 사용하는 업무는 한눈에 시각적으로 파악할 수 있게 하고 상세한 정보는 드릴다운해서 찾아가거나, 즐겨찾기나 필터를 통해 신속히 정보에 접근할 수 있도록 한다. 셋째, 사용자 경험에 기반을 둔 맞춤기능을 제공하는 등 유연한 사용자 인터페이스이다. 사용자 유형에 따라서 맞춤정보를 제공하고 자주 사용하는 기능에 대해서는 개인화를 지원한다. 넷째, 끊김 없고, 쉽게 사용할 수 있는 템플릿 제공이다. 즉 칼럼 형태, 사용자 인지범위를 고려한 이미지, 정렬, 정보표현방식 등 공통요소를 정의하고 화면 등에 적용될 수 있는 일관성을 유지할 수 있도록 한다.

■ 3대 설계의 원칙: UX를 적용하는 정보설계의 원칙, 화면 구성의 원칙, 내비게이션 흐름의 원칙으로 구성할 수 있다. 첫째 정보설계의 원칙은 직접적으로 표현하면 메뉴원칙으로 접근성과 조작을 고려해 3단계 이내로 독립적인 업무나 독립적인 정보단위로 묶고, 첫 단계를 전체 시스템에서 5개 정도로 그룹핑한다. 여기서는 메뉴 배치 기준을 수립하고 업무흐름, 사용빈도, 정보속성을 고려해 중복을 지양하고, 표준용어, 확장을 반영한 보편적인 메뉴, 사용자가 직관적으로 알 수 있는 단어 및 결합단어를 사용한다. 둘째, 화면구성의 원칙은 중요정보는 시선의 흐름에 따라 필수정보 위주로 배치하고, 업무 프로세스를 기반으로 흐름 및 조작방식을 고려한다. 또한, 메뉴, 아이콘, 타이틀, 콘텐츠 영역, 메시지 영역별로 표준화한다. 마지막으로 내비게이션 흐름의 원칙은 사용자 및 경영자 등 역할자별로 실제 업무의 흐름과 바로 접근이 가능한 바로가기 기능을 고려한다.

■ 다음은 실제 프로젝트에서 사용한 몇 개의 샘플이다. ① 달력은 한 번만 누르자. 국내외 출장이 잦은 우리는 항공권을 예약할 때 항상 왕복으로 예약을 하며 항상 한 화면에서 출발일정과 도착일정을 선택하게 되어 있는 것을 볼 수 있다. 우리는 생산 계획을 세우기 위해서 일별로 조회하는 화면이 많은데 도대체 왜 시작일자와 종료 일자를 각각 클릭해야 하는가? 여기서 개선 포인트를 찾을 수 있다. 한 번 클릭해서 달력 2개가 한 화면에 조회되어 시작과 종료를 선택하게 하면 사용자는 한 번만 선택하면 된다. ② 모든 화면은 2개의 프레임으로 분리해서 왼쪽에는 항상 사용할 수 있는 조직정보, 제품정보, 작업자정보, 설비BOM 등을 메뉴 특성에 맞게 보여 주도록 하자. 첫째, 조직정보 내에 사업부관점에서 사업부 - 사업장 - 대표공정 - 제품군 - 라인 정보를 선택하게 하고, 순수한 조직관점에서는 사업부 - 사업장 - 팀-그룹 - 제품군 - 셀 및 라인정보를 조회하게 한다. 둘째, 제품정보는 사업부 - 제품군 - 제품 및 모델을, 작업자는 라인 및 셀별 할당된 작업자나 설비를 조회하게 한다. ③ 모든 화면의 검색조건인 공용필터와 화면별로 세분화된 디테일필터를 만들고 활용하자. 검색조건을 입력하다 보면 1,000개 화면이 10개 정도의 검색조건으로 표준화할 수 있을 것이다. 그것을 공용필터라고 하는데 여기에는 검색일자(기간, 주, 월), P/O 등 오더정보, 모델정보, 작업리소스(작업자 및 설비), 작업유형, 품질유형, 설비유형, 기준정보 유형으로 나눌 수 있어 표준화할 수 있고 표준화가 어려운 화면은 상세 필터에 특화정보를 넣고 모든 검색조건을 화면별로 관리 할 수 있도록 해서 사용자의 선택범위를 넓혀주어야 한다. ④ 칼럼 필터를 관리하자. 화면에 60개가 넘는 칼럼을 그리드 형태로 모두 포함시킬 수는 없다. 그래서 반드시 사용하는 칼럼은 화면에 보여주고, 개인별로 데이터베이스에 60여 개의 칼럼을 등록해서 사용자가 원하는 시점에 선택해서 화면에 조회할 수 있게 해야 한다. ⑤ 아이템필터를 관리하자. 특정 제품그룹에 해당하는 모델별 아이템에 대해 공용적으로 선택해서 조회하는 기능을 관리한다. 검색범위를 줄여 나갈 때 필수항목은 제품그룹, 제품, 타입, 기본명, 프로젝트, 모델그룹, 고객명별로 별도의 조건을 관리하고 사용자가 선

택하게 한다. 제품필터는 제품 계층구조와 속성에 따라 필터링할 수 있어야 하는 '제품그룹 - 제품 - 모델그룹 - 기본모델 - 아이템'과 같은 체계로 구성되어 있다, 속성은 제품의 특성에 따라 재그룹을 할 수 있으며 모바일의 경우 세대, 카메라, 제품타입, TV의 경우 인치, 클래식, 브랜드 이름 등이 있다. 여기에 속하는 PO 정보 필터정보는 PO 유형(정상, 예외, 샘플 등), PO 상태(계획, 진행 중, 완료, 취소) 등을 포함해야 한다. 모든 필터 정보는 서버에 저장되어 공통 아이템 필터로 사용되기도 하고, 개별사업장의 경우 사용자 PC에 저장되어 개인화되어 사용된다. 여기에 사용되는 버튼은 실행(선택 조건으로 조회), 리셋(선택조건 모두 해제 후 다시 선택), 초기화(선택조건 모두 해제 후 모든 조건으로 조회), 저장(사용자 필터 조건 저장), 삭제(저장된 필터를 불러온 다음 삭제함), 확인(현재 필터 상태를 메모리 함), 닫기(필터 화면 닫음)를 포함한다. ⑥ 왼쪽 부분에 조직도와 필터 사이에 위젯을 두어 필요한 시점에 사용할 수 있는 권한을 부여하자. 그 위젯에는 서브메뉴, 탭기능, 화면의 특화 기능도 포함될 수 있다. ⑦ 들여쓰기(Indentation)는 탭 사이즈를 4칸을 표준으로 하고 들여쓰기 사이즈를 4칸으로 표준으로 한다. 길이 제한은 입력 필드에 입력 가능한 길이가 정해져 있고 이에 대한 길이 체크나 메시지 처리기능을 공통으로 사용한다. 공백문자 처리는 한글 필드 컨트롤, 그리드 컨트롤 한글타입, 멀티라인 컨트롤 등에서 만 입력이 가능하도록 제한해 사용자의 직관성을 높인다. 필수 입력항목은 필수 표시를 직관적으로 표시(*, 또는 색상)하고 미입력 시 메시지를 표시한다. 탭의 이동 순서는 좌상 - 우하 기준으로 처리한다. 메시지 표시 처리기준을 표준화하고 공통모듈에서 제공한다. 엑셀저장 및 그리드 컨트롤의 엑셀 저장 예외 칼럼처리를 하고 속성정보를 '엑셀속성'을 미적용으로 처리한다. 조회결과 정렬 기준은 그리드 컨트롤 기능으로 오름차순 내림차순을 정의하고, 텍스트 정렬 기준은 숫자타입(우측정렬, 콤마패턴 적용), 영문타입(좌측정렬 및 경우에 따라 '-' 패턴 등 적용), 영문 날짜는 중앙정렬에 YYYY-MM-DD 패턴을 적용하고, 코드정보는 중앙정렬한다. 모든 화면에 조회되는 건수는 좌측 상단에 전체건수: [ ], 현재건수: [ ]로 표시한다. 마지막으로 메인 화면의 버튼 순서는 [행추가], [행삭제], [저장], [수정], [삭제], [등록]으로 하고 팝업 화면은 [확인], [적용], [저장], [수정], [삭제], [취소], [닫기] 순서로 처리한다.

설계검증을 위한 데이터 품질관리

■ 생산현장에서는 데이터가 모든 정보의 핵심이다. 정보와 실물의 일치, 즉 정물 일치가 제일 중요하므로 이에 대해 시스템을 구축할 때부터 정확히 고려해서 운영단계에서도 데이터의 품질을 관리할 수 있도록 해야 한다. 다시 말해 시스템 적용 전후에 데이터의 품질을 확보하고 이를 지속적으로 유지 및 개선할 수 있는 프로세스를 PMO 차원에서 사전에 정립을 하고 설계자 및 개발자는 정의한 검증요건을 기반으로 검증룰을 정의하고, 주기적으로 검증결과를 설계자, 개발자 및 현업사용자에게 피드백해서 데이터의 품질을 개선해야 한다. 리더는 검증결과에 대해 상시적인 모니터링 및 결과를 분석하고 문제점에 대해 정제조치를 할 수 있도록 프로세스화하고 과정을 주기적으로 반복 관리해야 한다.

■ 프로젝트에서 수행할 수 있는 룰 기반의 생산실행 정보 품질 검증 절차는 ① **검증요구 분석**: 대상 범위 및 현황파악, 검증요건정의, 검증프로세스 및 역할 정의, 검증 유형정의, 룰 도출 프로세스의 정의 ② **검증 룰 정의**: 검증룰 작성 및 주기적인 스케줄러 등록 관리 ③ **데이터 품질 분석**: 검증 실행, 검증 결과 분석, 추이분석 및 결과 보고를 통한 개선 포인트 도출 ④ **데이터 정제 및 개선**: 오류 데이터 정제, 매핑설계 및 프로그램 개선의 단계를 거친다.

검증요구 분석 → 검증 Rule 정의 → 데이터 품질분석 → 정제 및 개선

■ 한국 데이터베이스 진흥원(KDPC, 데이터 품질 성숙도 모형 참고)에 따르면 정보 중에 생산정보는 다음과 같은 항목이 데이터 품질 정보로 관리가 되

[표 5-12] 데이터 품질 성숙도 모형

대분류	중분류	설명	소분류	설명
정확성 (안정성)	적합성	데이터 값이 정해진 데이터 유효 범위를 충족하고 있음을 의미	범위 유효성	지정된 칼럼의 코드 데이터가 사전에 정의된 코드 목록에 포함되어 있음 지정된 칼럼의 정량 데이터가 사전에 정의된 허용값 혹은 범위에 포함되어 있음
			형식 유효성	지정된 칼럼의 데이터가 사전에 정의된 도메인의 표준형식(Format)을 준수함 • type, 길이, 소수점 자리수 등
	필수성	조직의 업무 지원을 위해 반드시 필요한 필수항목에 데이터의 누락이 발생하지 않음을 의미	단독 필수성	필수 속성인데, Null, 0, 공백(Space) 혹은 무의미한 값이 없어야 함
			조건 필수성	특정 속성의 데이터 값이 동일 혹은 다른 테이블의 다른 속성의 조건에 따라 반드시 존재함
	연관성	연관 관계를 갖는 데이터 항목 간에 논리상의 오류가 없음을 의미	Row 내 칼럼 간 연관성	업무 프로세스상의 일관성이 유지됨 2개의 데이터 간에 선/후, 대/소관계의 일관성이 유지됨
일관성	정합성	정합성은 기능, 의미, 성격이 동일한 데이터가 상호 동일한 용어와 형태로 정의되어 있음을 의미	테이블 간 연관성 (참조 무결성)	특정 테이블의 속성 값이 다른 정보의 식별자를 갖는 경우, 마스터 테이블 內에 존재하는 식별자여야 함
	무결성	무결성은 데이터 처리의 선후 관계가 명확하게 준수되고 있음을 의미	유일성	불필요한 중복 데이터 없이 본질 식별자에 대한 유일성이 보장되어야 함
			추출 연관성	2개 이상의 칼럼 또는 테이블 간에 적용된 계산식에 의한 결과값이 정확해야 함 여러 테이블에 존재하는 동일 속성(반정규화 속성)의 데이터 값이 일치해야 함

자료: 한국데이터 베이스 진흥원.

어야 한다. 개발프로젝트를 진행하면서 부문별로 반드시 선행해야 할 상세한 검증 내용은 다음과 같다.

■ **정확성 - 적합성 - 범위 유효성 검증:** 범위는 첫째 코드 유효성 부문인데 이는 지정된 칼럼의 코드 데이터가 사전에 정의된 코드 목록에 포함되어 있는지 확인하는 것으로 코드범위를 검증하고 공통코드, 기준정보와 일치여부를 검증한다. 둘째는 데이터 범위초과의 경우로 지정된 칼럼의 정량 데이터가 사전에 정의된 허용 값이나 범위를 초과하는지 검증하는 것으로 ① 수치범위 검증: 지정된 칼럼의 수치값이 정해진 최소, 최대 범위 또는 평균

값 및 음수 영역 내에 존재하는지 검증한다. ② 백분율 범위 검증으로 특정 칼럼이 최소, 최대범위에 존재하는지 검증하는 것으로 공정 불량률은 0보다 커야 하고 100보다는 작아야 한다. ③ 일자검증: 지정된 시작범위 및 종료범위 내에 존재하는지 검증한다.

■ **정확성 - 적합성 - 형식 유효성 검증**: 사전에 정의된 도메인의 표준형식을 준수하는지 검증하는 것으로 타입, 길이, 소수점 자리 등을 검증한다. ① 사용자명이 일정한 형식에 위배되지 않도록 특수문자, 한글, 공백 등 문자열 형식 검증 ② YYYY-MM-DD, MM-DD-YYYY 등 일자 형식 검증 ③ YYYY-MM-DD HH24:MI:SS 등 일시 형식 검증 ④ 조합 룰을 통해 생성된 형식에 일치하는지 조합코드 형식 검증이 여기에 포함된다.

■ **정확성 - 필수성 검증부문**: 먼저 단독 필수성에 대한 단순누락으로, 필수 속성인데 Null, Zero, 공백 혹은 무의미한 값이 포함되는지 검증하고, 둘째, 조건검증으로, 특정 속성의 값이 동일 혹은 다른 테이블의 다른 속성의 조건에 따라 반드시 있어야 하지만 누락되어 조건누락검증에 해당해 실제 PO완료가 되었는데 완료일시가 없거나 공정검사에서 합불 판정이 완료되었는데 검수 수량이 없거나(Null) 0인 경우가 해당된다.

■ **정확성 - 연관성 - Row 내 칼럼 간 연관성**: 첫째, 업무프로세스상의 일관성이 유지되지 않는 경우로 업무인과관계를 데이터로 검증한다. 둘째, 순서 및 크고 작은값의 일관성 오류로 2개 데이터 간의 선후행 관계나 크고 작은값의 관계가 불합리한 경우로 ① 시작일자가 종료일자보다 크거나 계획일자 및 해지일자가 완료일자나 가입일자보다 큰 경우가 해당된다. ② 수치 대소검증은 재고수량이 요청수량보다 클 수 없는 경우가 해당한다.

■ **일관성 - 정합성 - 테이블 간 연관성 검증**: 코드마스터에 존재하지 않는 기준정보가 상세테이블에 존재하는 참조 무결성 검증으로 상세테이블에는

있으나 마스터에는 없는 경우를 검증한다.

■ **일관성 - 정합성 - 유일성 검증**: 설비 마스터에 설비코드가 중복되는 경우 등 불필요한 중복데이터가 존재하는지 검증한다.

■ **일관성 - 무결성 - 추출연관성 검증**: 첫째, 상호 간 연산결과 부정확을 검증하는 것으로 공정 불량률은 불량수/생산수 등의 계산식에 의해 산출된 값을 검증한다. 둘째, 상호 연관성이 있는 요약정보의 수치값의 동일 속성값을 검증하며 마지막으로 하위 테이블의 누계, 건수값이 상위 테이블의 비교값과 일치하는지 검증한다.

■ 개발된 기능검증을 어떻게 할 것인가? 데이터의 정합성과 품질을 향상시키는 방법은 무엇인가? 전문가의 테스트도 중요하지만 위에서 말한 데이터 검증을 개발팀에 요구하게 되면 바쁜 일정 때문에 간과하는 경우가 많은데 오류데이터의 사전검증 및 정제활동은 개발뿐 아니라 운영에도 중요하며 반드시 독립적인 인력에 의해 수행해야 한다. 앞서 이야기한 것처럼 생산부문의 정물일치 철학과 먼저 경험한 역사를 존중해야 한다.

프로그램 소스 점검과 채찍 효과

■ 1990년대 후반부터 기업이 SCM을 도입하고 어떤 시점에 문제가 발생했을 때 공급망을 거슬러 올라갈수록 변동폭이 커지는 현상이 발생되면서 채찍효과(Bullwhip)라는 용어가 사용되었다. 이는 말을 몰 때 쓰는 긴 채찍이 손잡이에 작은 힘을 가해도 끝부분에는 큰 파동이 생기는 현상을 보고 붙여진 것으로서 S/W 개발 시 현업의 설계단계의 작은 변동 요인이 개발 및 구현 시에는 큰 영향을 주므로 개발회사 입장에서는 매우 불확실하게 현상을 보는 것이다. 그러면 코드 인스펙션은 무엇인가? 우리는 최종

산출물을 만들기 위해 프로젝트 수행 중 많은 산출물을 생성·수정·배포·폐기한다. 여기서는 주요 소스 산출물에 대한 룰 기반으로 검토를 통해 결함을 조기에 발견하고 신속한 조치를 취함으로써 양질의 응용시스템 개발에 대한 기반을 마련하고자 한다. 여기서 인스펙션 대상은 개발단계에 작성된 UI 및 API 소스이며 개발단계 계획된 품질활동에 대한 계획이다.

■ 코드의 엄격한 검사 또는 인스펙션을 통해서 처음 테스트 케이스를 실행하기 전에 프로그램 오류의 90%까지 제거할 수 있다고 글래스는 『소프트웨어 공학의 진실과 오해』에서 말한다. 물론 이것이 테스트를 대체할 수는 없지만 그만큼 개발자가 흔히 갖게 되는 잘못된 습관을 빠른 시점에 점검해 주고 이러한 활동을 통해 완전히 제거될 수는 없으나 오류를 최소화하는 것이 중요한 목표가 되어야 한다. 코드 인스펙션은 개발단계에서, 프로젝트 팀원 및 관계자가 소스의 코딩표준 및 효율성 분석을 정적분석 도구 및 눈으로 직접 검증(Eye Checking)을 통해 코드의 표준준수 여부를 찾아내는 활동으로서 방법은 크게 2가지로 볼 수 있는데 첫째, 체크리스트에 의한 방법으로 개발 SPM에 따른 표준 준수성을 검증하고 개발자는 가이드에 맞는 코딩을 수행했는지 테스트가 완료된 소스에 대해 수행하는 것으로 개발자 눈으로 확인하기 어려운 부분을 찾을 수 있도록 전수 검사를 해야 한다. 둘째, PMD(Programming Mistake Detector: Java 소스코드의 문제를 추적

[표 5-13] PMD 기준 샘플(총 314개)

Rule Sets	설명 Samples
Basic Rules	기본적으로 지켜야 할 규칙 ex) Empty CatchBlock, Empty If Stmt
Braces Rules	괄호사용에 관한 규칙 ex) If Stmts Must Use Braces
Design Rules	좋은 디자인 패턴을 유지하기 위한 규칙 ex) Position Literals First In Comparisons, Close Resource
Naming Rules	naming과 관련된 규칙 ex) Suspicious Constant Field Name, Variable Naming Conventions
String and String Buffer Rules	임포트 구문에 대한 점검룰 ex) String Instantiation, Use Equals To Compare Strings

하는 오픈소스로 Possible bugs, Dead code, Suboptimal code, Overcomplicated expressions, Duplicate code로 구성)와 같은 툴을 이용한 방법이 있는데 이는 유지보수성을 고려해서 소스 내 불필요한 코드를 제거하고 기능적으로 문제되지 않으나 향후 시스템의 성능에 문제가 될 구문들을 제거하기 위해 툴을 이용한 분석활동이다.

■ 툴에 의한 소스코드 분석 후 변경처리 방법

(1) Unused Local Variable: 지역변수를 사용하지 않을 경우 해당 메소드가 수행되는 동안 메모리를 불필요하게 사용하게 되므로 이에 사용하지 않는 지역변수는 삭제해야 한다.

조치 전)

```
public void aMethod( ){
  int I=0; ←미사용
}
```

조치 후)

```
public void aMethod( ){
  삭제함
}
```

(2) Only One Return: 하나의 메소드에는 반환값(Return) 포인트가 1개만 있어야 하며 그 위치는 메소의 맨 마지막이어야 한다. Return 포인트가 하나가 되도록 관련 프로그램을 수정해야 한다.

조치 전)

```
If( x>0 ){
  return true;
}else{
  return false;
}
```

조치 후)

```
Boolean flag;
if( x>0 ){
  flag=true;
}else{
  flag=false;
}
return flag;
```

(3) For Loops Must Use Braces: for문을 사용할 때는 소스코드의 가독성을 위해서 { }를 사용하도록 한다.

조치 전)

```
For( int i=0; i<10;i++)
  aMethod( );
```

조치 후)

```
for ( int i=0; i<10; I++){
  aMethod( ):
}
```

(4) 아래 룰 및 조치방법은 경험상 반드시 적용해야 하는 항목을 정리했다. 이를 통해서 몇 가지 효과가 있는데 ① 고객 측면: 개발프로그램의 품질 보증 신뢰도 향상, 고객 요청에 능동적인 대처, 시장에 확산되는 인스펙션의 주도적 리딩 기능이 있고 ② 인식 측면: 개발자가 필요성을 직접 인식하고, 체질화, 개발 완료 전 반드시 개발자가 검증하는 프로세스를 만들어 통합테스트의 완성도 향상 ③ 업무 측면: 프로그램의 성능에 영향을 주는 코드를 사전제거, 코드 인스펙션을 개발단계 주요일정(Milestone)으로 활용, 통합테스트 이전 결함의 1차 검증을 가능하게 한다.

[표 5-14] PMD 내 빈번하게 지적되는 룰

Rule	SetRule	설명	조치방법	품질
Braces Rules	ForLoopsMustUse Braces	중괄호 없이 사용된 for문 사용금지	중괄호 추가	유지 보수
Controversial Rules	Unnecessary Parentheses	불필요한 괄호 사용 시 메소드 호출처럼 보여 코드의 가독성이 저하됨	불필요한 괄호 삭제	유지 보수
Controversial Rules	DoNotCallGarbage CollectionExplicitly	gc를 명시적 호출금지	gc 호출문장 삭제 System.gc() 삭제	유지 보수
Design Rules	SwitchStmtsShould HaveDefault	Switch구문에는 반드시 default label 표시	default label 추가	유지 보수
Design Rules	AvoidDeeplyNestedIf Stmts	중첩된 if구문이 많으면 가독성 저하	메소드로 나누거나 로직 단순화	유지 보수
Design Rules	FinalFieldCouldBe Static	final field를 Static 변경 시 overhead 감소	static 추가	성능
Design Rules	CloseResource	리소스는 사용 후 항상 종료 (대상connection, statement, resultset)	명시적으로 close 호출	오류
Design Rules	BadComparison	Double.NaN과 동등비교 금지	a==Double.NaN 대신 Double.isNaN(a) 을 사용하라	유지 보수
Design Rules	EqualsNull	null 값 비교를 위해 equals 함수 사용	null 비고는 (x== null) 형태로 변경	유지 보수
Design Rules	IdempotentOperations	변수에 동일변수를 대입금지	해당 코드 삭제	유지 보수
Design Rules	AvoidSynchronized AtMethodLevel	method 레벨의 synchronization보다 block 레벨 synchronization을 사용. 새로운 코드가 메소드에 추가 시, 메소드 레벨 동기화는 역효과 발생	블럭레벨 sync로 변경한다	유지 보수

Design Rules	MissingBreakInSwitch	switch 구문이 break문으로 막을 것	break가 없으면 다음 label도 수행	유지보수
Design Rules	CompareObjectsWithEquals	객체참조를 비교할 때 equals()를 사용, 비교는 사용하지 말 것	equals로 변경	오류
Design Rules	UnnecessaryLocalBeforeReturn	불필요한 로컬변수 리턴	로컬 변수에 값 미할당 후 해당 값 return	오류
Design Rules	UncommentedEmptyMethod	Empty Method 사용, 필요 시 주석기재	불필요할 경우 삭제	오류
Design Rules	UseCollectionIsEmpty	컬렉션이 요소를 가지고 있는지 여부 검사. size()의 값을 0과 비교하는 것과 동일	size() → isEmpty()	오류
Design Rules	SingularField	한 메소드 내에서 사용변수가 Local로 선언되지 않음. 전역 변수가 아닌 로컬 변수로 변경할 수 있음	변수의 범위를 로컬 변수로 변경	보안
Import Statement Rules	DuplicateImports	import문 중복 선언	중복 import 삭제	오류
Import Statement Rules	ImportFromSamePackage	동일 패키지에서 import문 사용 불필요	import 삭제	유지보수
J2EE Rules	UseProperClassLoader	getClassLoader()는 미동작. 대신 Thread.currentThread().getContextClassLoader() 사용	getClassLoader 대신 Thread.currentThread().getContextClassLoader() 사용	유지보수
J2EE Rules	DoNotCallSystemExit	J2EE/JEE application에서는 System.exit()를 호출해서는 안 됨. 자원 미반환	System.exit 코드 제거	유지보수
J2EE Rules	DoNotUseThreads	J2EE 호환성을 위해 webapp는 어떤 쓰레드 사용금지	쓰레드 사용 코드 제거	유지보수
Java Logging Rules	SystemPrint1n	디버그 작업을 위한 System.out.print1n()문 잔존, 불필요한 System.out.print1n()문 시스템에 부하 발생	삭제 또는 Logger 사용 고려	유지보수
Naming Rules	VariableNamingConventions	다음 2가지 경우 중 하나임. • final 변수 이름이 대문자가 아님 • non-final 변수에 underscore가 포함	명명규칙준수 • final 대문자 • 일반변수는 _ 제거	성능
Naming Rules	AvoidFieldNameMatchingTypeName	필드명, 클래스명을 동일하게 사용 시 혼선, type, field명을 명시적으로 작성	필드명 또는 클래스명을 다르게 할 것	유지보수
Naming Rules	AvoidFieldNameMatchingMethodName	지역변수명, 메소드명을 동일하게 사용하는 것을 피하는 것이 좋음	메소드명 또는 지역변수명을 다르게 작성	유지보수

Optimization Rules	AvoidArrayLoops	배열의 값을 루프문을 이용하는 것보다 System.arraycopy() 메소드를 이용해서 복사해야 속도가 빠름	System.arraycopy 메소드 사용	성능
String and StringBuffer Rules	StringInstantiation	필요 없는 Instance가 생성	new 생성하지 말고 직접 문자열에 대입 ex) String bar = 'bar';	오류
String and StringBuffer Rules	StringToString	String 객체에서 toString()함수 사용 불필요	toString 삭제	오류
String and StringBuffer Rules	InefficientEmptyString Check	Empty String 체크를 위해 String.trim(). length() 사용금지, Character.isWhitespace() 사용	isWhitespace를 이용공백 체크 로직으로 변경	성능
String and StringBuffer Rules	UselessStringValueOf	String append 시, String.valueOf 함수를 사용하지 않고, Valueof() 대신 직접 사용	valueOf 제거	유지보수
String and StringBuffer Rules	UseEqualsToCompare Strings	문자열 비교에는 ==,!= 대신 equals 사용	==,!= 대신 equals, ! equals를 쓸 것	성능
Unused Code Rules	UnusedLocalVariable	미사용 지역 변수는 삭제	사용하지 않는 지역변수 삭제	오류

■ 체크리스트에 의한 인스펙션 활동: 자동화된 툴과 병행해서 표준준수 여부를 눈으로 확인(Eye checking)해서 프로그램의 완성도를 향상시키는 내용은 아래와 같다.

(1) 패키지 표준: 프로그램의 1, 2, 3레벨 등 패키지 명명규칙 준수여부, 종류별 클래스(App, Biz, DAO, VO, Common, System 등)가 존재하는 패키지의 정확성, 공통기능, 유틸리티, 모듈 패키지 사용적합성

(2) 명명규칙 준수성: App 클래스 명명규칙 준수여부(클래스명, 메소스, 변수 명명규칙 적합성), Biz 클래스 명명규칙 준수여부(종류별 Biz 클래스, 메소드, 변수 명명규칙 적합성), DAO(DEM, DQM, DAO) 명명규칙 준수여부, VO(SVO, DVO) 명명규칙 준수여부, 메시지 ID 부여규칙 및 사용 적합성

(3) 주석의 충분성: 코드 템플릿을 사용해서 시작(Beginning) 주석, 패키지

[표 5-15] 프로젝트 개발단계에서 매일 인스펙션 대시보드

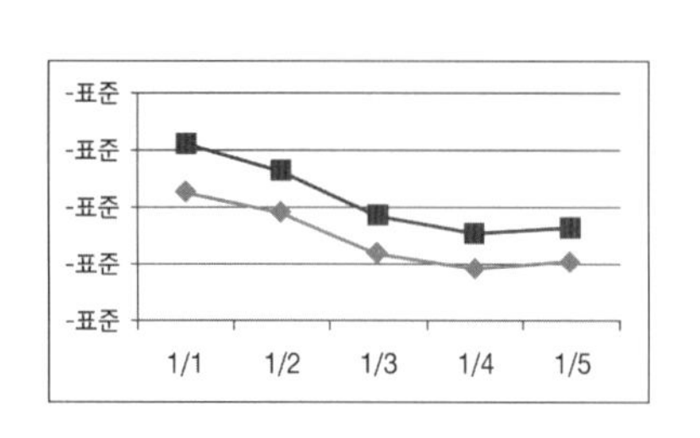

	1/1	1/2	1/3	1/4	1/5
작업지시	197	209	188	191	146
생산관리	477	468	412	328	338
자원관리	151	149	151	120	121
품질분석	66	71	128	158	219
기준정보	31	28	19	18	13
FDS	247	224	228	237	156
F/W	1,113	1,016	775	335	180
총합계	2,282	2,165	1,901	1,387	1,173

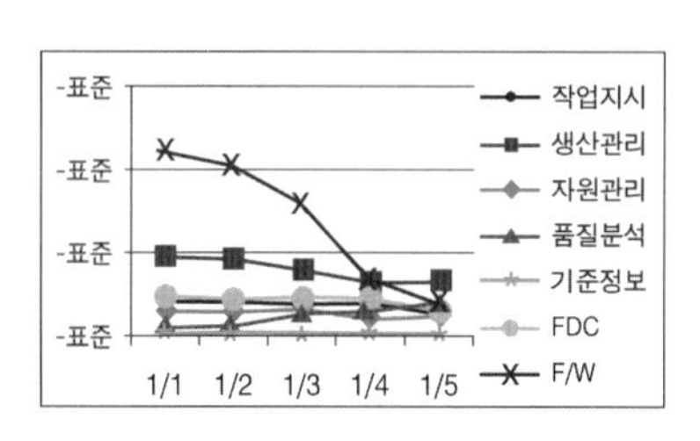

위반	1/1	1/2	1/3	1/4	1/5
평균위반 건수(표준)	2.3	1.94	1.22	0.94	1.04
평균위반 건수(전체)	3.14	2.66	1.88	1.56	1.69
대상	690	714	737	754	667
위반건수	2,282	2,165	1,901	1,387	1,173

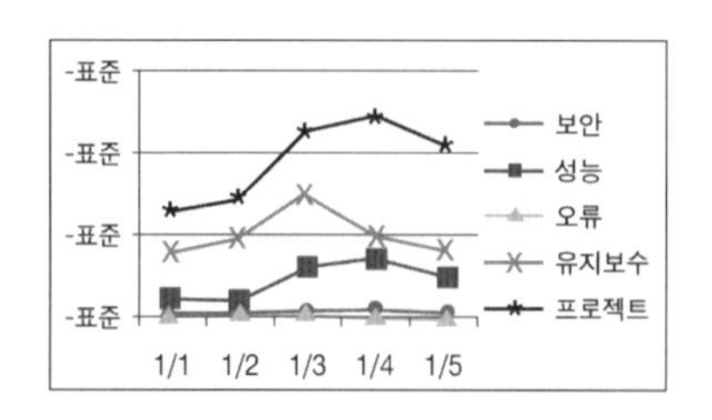

위반	1/1	1/2	1/3	1/4	1/5
보안	26	31	58	76	44
성능	235	223	618	720	511
오류	12	17	17	10	4
유지보수	1288	1425	2291	2426	2073
프로젝트	788	945	1491	945	780
총합계	2,282	2,165	1,901	1,387	1,173

(Package)와 임포트(Import) 문장 클래스와 인터페이스 정의의 순서

(4) 아키텍처 준수성: App, Biz, DAO, VO 사용규칙 준수여부

(5) VO Editor: 모든 SVO, DVO는 VO Editor를 거쳐서 생성(Generation)되어야 하며, 추상(Abstract) 클래스 누락 또는 잘못된 경우 확인, 수작업으로 필드 추가, 삭제 등을 했더라도 반드시 다시 VO를 통해 재생성(Rege-neration)을 거쳐야 한다.

(6) DAO Manager: DEM, DQM은 DAO 매니저(Manager)를 거쳐서 생성(Generation)되어야 하므로 수작업으로 편집해서 소스를 수정해서는 안

되며, 동적칼럼(Dynamic Column)의 경우 DQM에서 DAO로 이름을 변경하고 DQM만으로 이용이 불가피한 경우는 각 경우마다 아키텍트팀에서 확인을 거쳐 DAO로 이름을 변경해야 한다.

시나리오 기반 테스트 방법론

■ 테스트의 시작은 어디이고 끝은 어디인가? S/W 공학을 공부하면서 의외로 테스트 영역에 박사 학위자가 많다는 것에 놀랐던 적이 있다. 테스트라는 것이 그냥 시나리오대로 수행만 하면 되는 것이라고 생각했기 때문이다. 경험적으로 보면 개발자가 완전하게 테스트했다고 하는 경우에 많아야 50% 정도 로직에 대해 테스트한 경우가 허다하다. 자동화된 툴을 활용해도 또 다른 코딩을 해야 하므로 테스트 커버리지가 높아질 수 있으나 100%를 테스트하는 것은 불가능한 것 같다. 테스트 방법에는 요구사항 중심의 테스트, 구성된 기능에 대해 동작을 확인하는 테스트, 랜덤하게 진행하는 통계적 테스트와 위험한 상황에 대해 적절히 조치가 되는지에 대한 도달하기 어려운 상황에 대한 테스트가 있으며, 글래스에 의하면 100% 테스트를 했다 해도, 35%는 누락된 로직 경로에서 40%는 로직경로의 조합으로 발생되어 100% 구조적 테스트도 불충분한 방법이어서 가급적 자동화된 테스트 툴을 권장하고 있다. 보통의 경우 개발자가 하는 단위테스트, 전체 수행하는 통합테스트, 시스템의 속도나 볼륨 등을 파악하는 시스템테스트가 존재하는데 여기서는 시나리오 기반의 현업사용자 중심의 통합테스트에 대해 이야기를 하고자 한다. 통합테스트에는 크게 기능 및 연계테스트를 개발팀에서 알파테스트 형태로 수행한 후 사용자와 더불어서 가상환경에서 실제 환경과 동일한 환경(설비 및 데이터 수집장비 등)을 준비하고 라인에서 발생된 불량자재나 제품을 직접 투입해서 실행한 후에 라인에서 병행테스트를 실시한 이후 문제가 없으면 실제 라인으로 이관하는 방법을 적용해야 한다.

[표 5-16] 통합테스트 단계별 책임과 역할

단계	액티비티	현업담당자	테스트담당	현업책임자	테스트 매니저
계획수립	테스트 방안수립	수행방안 검증		수행방안 검토	기본수행방안 작성 작성가이드 작성
	제품/공정별 계획	수행체계도 작성 기준데이터 준비 시나리오 검증	시나리오 작성/보완 상세데이터 준비 수행 환경 준비 (장소, 설비 등) 외부연계사항 준비	시나리오 검토	시나리오취합/검토 시나리오작성가이드 시나리오 결과Tool 반영 통합테스트 계획 수립 테스트수행 가이드
	프로세스별 계획	작성시나리오 검증			
	외부연계 계획	작성시나리오 검증			
실행	프로세스별 테스트	테스트 수행 요구사항 등록 결과확인	테스트 수행 (스크럼별) 수행 결과 등록 결함조치결과 등록	테스트수행 관리 모듈 간 이슈사항 해결결과 확인	테스트 지원
	제품/공정별 테스트		테스트 수행 (모듈통합) 수행 결과 등록 결함조치결과 등록		
	외부연계 테스트		테스트 수행 (모듈통합) 수행 결과 등록 결함조치결과 등록		
결과관리	이슈사항 관리	요구사항결과 확인	요구사항 검토/ 의견 제시	요구사항 검토, 반영 여부 확정	결과 모니터링 결함처리 현황관리 결과 보고
	결과관리	진척현황 파악	개발자 결함 조치 관리	진척현황 관리	

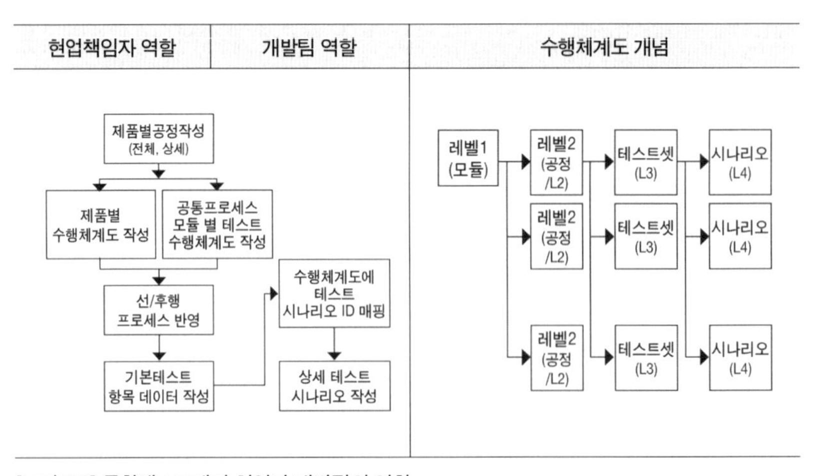

[그림 5-9] 통합테스트에서 현업과 개발팀의 역할

■ 테스트는 기능, 성능, 안정성을 진단하고 결함을 최소화해서 구축 시스템의 완전성 및 품질을 확보하기 위한 테스트로 영역은 기능테스트(표준준수, 요구기능 구현, 사용의 용이성, 데이터 검증), 데이터정합성 테스트(데이터 정합성 검증, DB 컨버전 결과확인), 인터페이스 테스트(내외부 시스템연계), 성능 및 부하테스트(실행속도, 시스템용량), 시스템 환경테스트(서버 운영체계 점검, 시스템 S/W테스트), 볼륨테스트(백업/복구처리, 배치데이터 처리)가 있다.

■ 먼저 통합테스트 이전에 완성도를 높이기 위해서 첫째, 현업이 요구한 기능 개발의 80%가 완료된 4차 스프린트(보통 5차 스프린트가 일반적임)부터 모듈 단위로 프로세스에 대한 사전검증을 수행해야 하고 둘째, 통합테스트의 시나리오를 제품별 생산공정 흐름을 반영한 '테스트수행체계도'를 현업 리더가 직접 작성해야 한다. 이후 개발팀에서 통합테스트 시나리오를 작성하고, 현장 상황을 감안해 테스트 수행 환경을 구성해야 하며 이때 식별되는 결함은 툴이나 엑셀을 이용해 실시간 현황관리를 해야 한다. 나의 경우에는 툴을 활용해서 통합 테스트 결과를 관리했는데, 이는 생산공정이 복잡해서 테스트 수행범위가 많아 일일이 수작업관리 및 실시간 결과 취합 및 공유, 피드백에 많은 공수를 필요로 하고, 결함조치에 대한 모니터링이 이뤄지지 않으면 정해진 기간 내에 종료하기 어렵다.

■ 시나리오 작성 절차는 제품별로 해서 실제업무 수행 공정 순서별로 절차를 작성하고, 제품별 특성을 감안하고 모듈별 구분 없이 통합관점에서의 테스트를 수행해야 한다. 현업은 각 모듈별로 테스트 수행체계도를 작성하고 제품별 공정별로 작성된 수행체계도에 대해 프로세스ID, 프로세스명, 프로그램ID, 프로그램명, 포인트 성격(실적수집, 불량수집, 설비정보연계), 테스트 시나리오 Set ID, 타모듈에서 선/후행 프로세스ID 및 필요데이터를 추가적으로 반영해야 하며 개발팀에서는 상세 테스트 시나리오 작성 시 예외적인 상황 및 상세한 테스트 데이터까지 작성되도록 한다. 또한 통합테스트 수행 전에 실제 개발된 프로세스를 사전검증하기 위해 모듈 내에

프로세스 테스트를 수행하도록 했다. 둘째 통합테스트를 위해서 제품별 생산공정에 기반한 시나리오 기반의 테스트를 수행하도록 했다. 이는 제품별 생산공정의 흐름을 반영한 테스트로 현업 담당자 또는 제품오너가 제품별 공정별로 분리해서 작성하도록 한다.

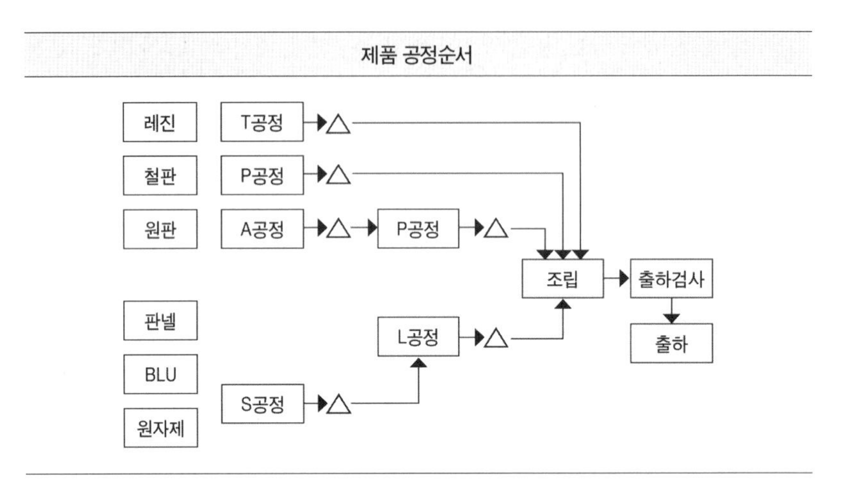

[그림 5-10] 물류흐름을 고려한 제품의 공정흐름

[표 5-17] 공정별 테스트 수행체계도

대공정	S공정 라인						
공정	P부품 투입	프린트 검사 마운터 검사 납땜 기능검사	S공정 라벨부착	완성실적 처리	매거진 구성	시생산 실적 처리	PN결번 처리
프로세스	S반제품 생산	품질검사	S반제품 생산	S반제품 생산	S반제품 생산	S반제품 생산	S반제품 생산
프로그램	오투입 방지	검사실적입력	-	완성실적	실적등록	실적등록	PN결번
선행 프로세스	계획 연계 계획 조정 예외 계획 Kitting	-	라벨발행	-	-	-	-
후행 프로세스	생산 실시	공정검사실시	-	반제품 입고	-	반제품 입고	-
테스트 데이터	생산계획(모델, 생산오더, 수량, 라인, 공정), 이동지시(번호,수량), 품질정보(불량증상, 원인, 검사자, 수리코드, 수리사, 출하검사Lot, 검사종류, AQL, 파레트NO 등)						

■ 우리는 통합테스트 시나리오 목록을 작성하면서 생산계획연계 및 생산계획 조회, 이동지시 조회 등 전체라인 공통테스트 기능을 분리하고, 시나리오기반 테스트로써 10개의 테스트 빌드를 정의했는데 ① 자재창고 등 생산준비: 자재창고에서 수행되는 업무를 테스트 하면서 주요 자재입출고, Kitting 준비 등이 속한다. ② S공정: 생산계획 연계부터 S공정생산, 반제품창고 입고까지의 테스트로 생산계획 조회, S공정 생산 실적, 불량 등록, 매거진 물류표 발행, Kitting 등이 속한다. ③ P공정라인: 생산계획 연계부터 P공정생산, 반제품 창고 입고까지의 테스트로 생산계획조회, P공정 생산실적, 불량등록, 매거진 물류표 발행, 반제품창고 입고가 여기에 속한다. ④ M 공정라인: 생산계획 연계부터 M공정생산, 출하검사 의뢰까지로 생산계획조회, S/N관리, 라벨발행, 생산실적 등이 포함된다. ⑤ 출하검사: 출하검사 Lot생성, 검사실시, 판정, 완제품 입고까지의 테스트로 출하검사 Lot 구성, 검사실시 판정 및 입고 등이 포함된다. ⑥ 수리실: 공정검사에서 문제가 발행된 제품에 대해 수리실에서 작업하는 내용을 정의한다. ⑥ 완제품 출하: ERP로부터 출하계획 연계부터 출하실행까지로 계획연계 및 조회, 출하실행이 포함된다. 그 외에도 프레스, 사출과 관련된 서브라인에 대해 메인공정 수준과 비슷한 수준으로 테스트 시나리오 계획을 수립했다.

■ 3자 전문가 테스트: 앞서 말했듯 테스트의 시작은 어디이고 끝은 어디인가? '중이 제 머리 못 깎는다'는 속담처럼 본인이 개발한 것을 테스트하기는 정말로 어려운 일이다. 프로젝트 시작부터 종료할 때까지 모든 것이 범위에 포함되는데 특히 프로젝트에 독립적인 3자 테스트가 중요하다. 스모크 테스트(Smoke Test)는 개발팀이 제작한 모듈을 제3자에 의해서 하는 것으로 테스트 환경에 문제가 없는지 확인한 다음 이상이 없을 때 실시한다. 물론 제품의 완성도가 낮은 경우, 개발이 60% 정도 진행된 다음에 실시해 제품의 완성도를 높이는 분석정보를 제공하는 데 효과적으로 활용될 수 있다. 이때 기능 흐름에 대한 탐색적 테스트 기법과 비정상적인 경우의 Negative 테스트를 수행하고 UI, 메시지, 동적 처리 등 표준준수와 일

관성 여부에 분석정보를 제공해 주면 개발의 속도와 완성도를 배가시킬 수 있다.

■ CRP를 통한 가상환경 테스트: 라인과 동일한 인프라를 가지는 가상의 장소를 만들어야 한다. CRP(Conference Room Pilot)는 실제상황과 유사한 소규모의 시스템을 구축해서 테스트하는 것이며 프로세스보다는 기능, 비기능 중심의 테스트이며 시스템을 적용하는 도중에 하는 인수테스트와 소프트웨어를 구입하기 위한 테스트로 나눠지며 제조현장 시스템의 경우, 자재입고 생산준비, 창고관리 인프라, 공정검사 인프라, 공정별 실적처리, 수리실, 재작업라인, 출하처리 등 작업자의 실제상황과 유사한 소규모의 하드웨어 환경과 시스템을 구축해 일정기간 동안 한 장소에 모여서 집중테스트 하는 것이며, 프로세스와 기능, 비기능 중심의 테스트를 진행하는데 첫째, 소프트웨어를 구매하기 위해 적절성과 기능성, 요구사항에 맞는지 수행하는 테스트와 둘째, 개발된 시스템을 적용하기 위한 가상 현장에서 수행하는 테스트 의미로 사용된다. CRP에서는 수행 조직의 역할자별, 신규정책, 업무절차, 요구 프로그램 등에 대해, 단위 테스트나 프로토타이핑 결과에서 도출된 업무 요구 사항을 반영한 CRP를 수행하고 변경된 프로세스는 최고경영자, 프로젝트 추진위원회 등의 승인을 얻어 현업 파워유저에게 집중교육을 실시한 후 전체 사용자들에게 교육을 실시하게 된다.

개발 품질 향상을 위한 활동, 새벽시장 VS 클린징데이

■ 새벽을 여는 사람들을 볼 수 있는 곳은 '새벽시장'이라고 생각한다. 삶이 지치고 힘들 때는 새벽시장에 가보면 해가 뜨기 전 새벽시장은 열심히 살아가는 사람들로 북적인다. 어떤 사람들은 아침에 일어나는 것을 싫어할 때 어두컴컴한 곳에서 많은 사람들이 아침을 준비하고 새벽을 알차게 보내고 있는 모습이 눈에 선하다. 제조업종에서 야간시장, 아이디어 시장이라

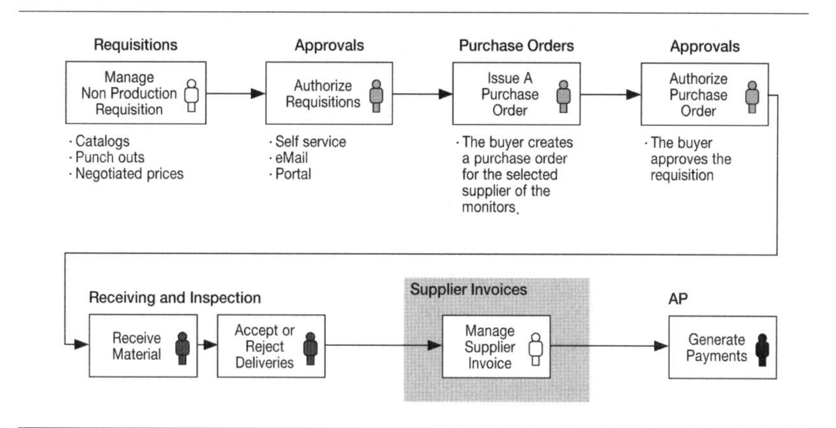

[그림 5-11] CRP에서의 지불프로세스 점검 프로세스

는 것을 운영해 해당 부서나 공정에서 필요 없는 것을 타 부서에 주고, 타 부서에서 잘 하고 있는 것을 모델로 삼기도 한다. 즉 공정별로 불필요한 물건을 다 가지고 나와서 타 부서나 타 공정 사람들에게 판매하는 활동을 거쳐 전체 효율을 높이는 것이다. 이럴 때가 되면 전체 인력은 여기에만 몰두해서 문제점을 한꺼번에 해결을 한다. 시스템 구축으로 돌아가서, 우리가 시스템 오픈이라는 큰 잔치를 성황리에 치르기 위해 많은 과정을 거쳐야 하는데, 그 과정 중에 하나가 새벽시장에 참석해 전문가의 경험에 기반한 탐색적 3자 테스트결과나 코드 인스펙션 결과, DA관점에서 잘 지키지 않는 위배사항, UI, 리포트, I/F 표준 등 일괄적으로 고치는 이틀 정도의 '대청소의 날' 운영이 반드시 필요하다.

■ 바쁜 개발일정에 다 끝나고 하면 될 것을 '왜 끝나지도 않은 프로그램을 사전에 이러한 활동을 해야 하는가', '당신이 납기에 대해 책임을 질 수 있는가'라는 말이 나오더라도 반드시 해야 한다. 채찍 효과처럼 늦게 시작할수록 변경 범위가 많아지고, 개발자 습성에 젖어 고착화되기 쉬우며, 나중에 가서 보면 엄두가 나지 않는다. 경험적으로 보면 개발단계에서 화면, 소스코드, DB 및 테스트 측면의 완성도를 높이기 위해서 2번 이상의 클린징

[표 5-18] 표준 미준수 항목에 대해 대청소 실시항목

클린징 항목	설명
DB표준준수 (DA, DBA Check)	중복 엔티티 목록, 사업장 정보 단독 사용, 모듈Prefix/Postfix 누락 엔티티 현황, 표준화 위배 테이블, 최대길이 초과 테이블 현황, 동일속성이 다른 데이터 타입을 갖는 항목, 마스터와 이력테이블 속성이 다른 항목, 이력테이블, 누락 테이블 목록, 필수 속성 누락현황, 표준화에 미등록된 용어 사용테이블, 테이블 간 관계 누락 엔티티
인스펙션 결함사항 (품질담당 Check)	PMD에 정의된 룰 보안, 성능, 유지보수 부적합사항 (Method에 Exception 누락, Error Throw 무시 등)
외부전문가 테스트 결함 (외부 3자 Check)	전문가에 의해 자체 심층 탐색적 기법에 의해 테스트한 결함사항
자체 테스트 결함사항 (현업위주 PMO)	현업 및 자체 테스트 인력에 의해 결함으로 판정된 항목
개발 표준 미준수 항목 (UI 등 SPM 체크)	버튼, 접속방법, 스타일 가이드 등 UI표준, I/F표준, Batch 트랜젝션 표준, 리포트 및 차트 표준, BRMS 등 체크리스트로 점검했을 때 표준 미준수사항
아키텍처 표준적용 (개발 SPM)	공통 서비스 API 미사용 트랜젝션 등 계층적 구조 등 위배사항

이 필요한데 개발이 50% 진행된 이후와 90%가 진행된 경우에 해야 하며 대상항목은 첫째 화면 및 공통기능 적용검증으로 화면구성요소의 위치, 색상, 사이즈 등 표준안 및 조직, 필터, 메일, 등 공통기능에 해당하는 스타일 가이드를 준수하는지 조치해야 한다. 둘째, DB표준 모델 준수로 지속적인 데이터모델 표준화 점검 및 보완으로 테이블명, 사이즈, 유일성에 대한 수정 및 신규인력 교육을 통한 표준화 위배 방지를 해야 하며 설계 완성도가 80% 정도될 때 DB 관리통제(Freezing, 중복 엔티티, 모듈명 및 유형명 누락 엔티티, 표준화 위배 테이블, 최대길이 초과테이블, 동일속성이 다른 데이터 타입을 갖는 케이스, 마스터와 이력테이블이 속성이 다른 것, 이력테이블 필수 속성 누락, 이력테이블 미생성 목록 등)를 수행한다. 셋째, 소스코드 표준 및 일관성 준수에 대한 수정사항으로 PMD을 이용한 코드 인스펙션을 사용한 소스코드 점검 및 보완사항을 조치하고 표준 코딩 규칙 위배사항을 조지하며 마지막으로 전문가가 실행한 3자 테스트 결과에 따른 메시지 처리 및 화면 기능결함을 개발자에게 통보해서 주기적으로 실행하도록 한다.

■ '대량 데이터를 조회할 때 정확히 처리하지 않으면 시스템이 죽는다.' 대량 건 조회 시 동시 사용자가 많다면 배수로 WAS의 메모리가 소요될 것이다. 예를 들어, 1만 건을 조회하는 화면에서 동시사용자가 10명만 몰린다고 가정하더라도 WAS의 메모리는 1만 건 × 한 행(1KB) × 10명 = 100MB의 메모리가 소요되고 이러한 업무화면이 10개가 된다면 1GB의 메모리가 소요될 것이며 이는 결과적으로 메모리초과(Out Of Memory)가 발생해서 장애를 유발하거나 그렇지 않더라도 풀 가비지켈렉션(Full GC)이 발생해 WAS의 순간적인 Hang이 걸릴 것이다. 결과적으로 이에 대한 처리기준을 정의해야 하는데 UI에서 기능 구현되어야 할 내용은 처리기준 정의에서 허용하는 경우는 업무적으로 요건을 따져 조회 사용자가 제한된 일부 몇 명일 때는 반드시 필요한 업무는 허용해도 무방하며 이 경우 대량 건을 처리하는 방식을 클라이언트가 응답을 모두 받아서 화면에 조회되는 것이 아닌 일부가 넘어오면 바로 표시해 사용자가 응답시간에 지연을 느끼지 않도록 해야 한다. 모든 리포팅 툴은 이런 형식으로 되어 있다. 허용불가의 경우, 가장 간단한 방법은 UI에서 페이징(Paging)처리를 해 페이지별로 요청/처리하는 것이며, UI에서 요청 시 WAS에서 DB 패치 후 WAS에서 파일 등으로 만든 후 클라이언트에게 스트림(Stream)으로 내려주는 방법이 있다.

■ 영어에 'Two heads are better than one'이라는 속담이 있다. 우리 속담의 '백지장도 맞들면 낫다'라는 말과 일맥상통하는 말인데 설계나 개발을 하다 보면 아무리 좋은 프로세스라고 해도 여러 인력이 점검하게 되면 문

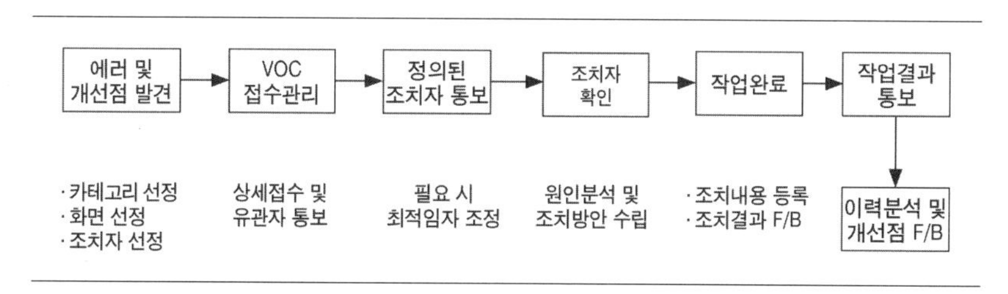

[그림 5-12] 아이디어 플라자 운영프로세스

제가 쉽게 발견될 수 있기 때문이다. 따라서 설계의 공통기능을 포함한 최적화된 프로세스를 적용하기 위해 모듈별 기능 및 화면의 완성도 제고를 위해 현업을 포함한 프로젝트 T/F 인력 전원이 [그림 5-12]와 같은 프로세스의 아이디어를 제시하고 제시된 안건에 대해 담당자 선정 및 조치결과를 피드백해서 개선아이디어를 관리하는 툴이 필요하다.

■ **수요(Demand) 등록 및 조치**: 아이디어 프라자의 목적은 프로젝트 T/F 전체가 감시자가 되고 창의적인 사람이 되어야 한다는 취지로 시스템을 구축하는 인력이나 사용자가 문제 및 개선사항이 발견되어 의뢰분야와 유형과 내용, 희망 완료일을 등록하면 담당자가 자동등록 및 통보가 된다. 조치담당자는 완료예정일을 배정하고 세부개발자에게 할당하며 개발을 완료하고 조치결과를 등록하면 프로세스는 완료된다. 개선사항은 유형별로 주기적으로 집계해 최고 개선을 의뢰한 사람을 시상해 활성화를 유도한다.

■ **아이디어 플라자 운영시기**: 개선 아이디어 요청은 반드시 개발 중에 시작되어야 한다. 개발이 완료되면 그만큼 수정해야 할 범위가 커지므로 개발 중에 하고, 프로젝트 상황에 따라 다르기는 하지만 개발자 1인당 20건 정도(개발자가 100명이면 2,000건) 발생하는 것이 효과적인 것 같다.

■ **프로세스 기반으로 잘 개발된 화면을 어떻게 사용할 것인가?** 내가 아는 사장님은 모든 회의를 할 때 시스템을 열어 놓고 회의를 하는데 처음에 시작하는 내용이 시스템 활용도 화면을 회의시간에 들어가서 누가 많이 활용하고 있는지 어떠한 기능을 주로 많이 사용하고 있는지 확인을 수시로 해서 필요 없는 화면은 과감히 제거해 나간다. 우리가 10,000개 넘는 화면을 1,000개로 줄이는 과정을 첫 1년 동안 활용도가 낮은 화면을 구분해서 제거해 나가는 과정을 거쳤다. 물론 사용빈도는 낮은 화면도 관리자가 아닌 현장 사용자 2명을 선별해서 정말 필요한 화면은 50개를 유지하기로 했다. 둘째로는 화면의 슈퍼 세트를 만들어서 모든 업무를 수행할 수 있도록 통

합하는 과정을 거쳤다. 기술의 발달로 프레임워크에서 모든 트랜젝션의 정보에 대해 처리 속도로깅을 남기기도 하고, 주요한 어플리케이션에서 또는 통합상황실의 APM 솔루션에서도 남기기도 한다. 이런 내용이 시스템에는 부담으로 적용될 수 있으나 안정화 시기에 충분히 테스트를 거쳐 검증된 어플리케이션을 릴리즈할 수 있도록 변화관리를 해야 한다.

■ 일별로 활용도 분석은 어떤 식으로 할 것인가 고민을 하는데 ① 일별추이 분석: 기간, 시스템별, 주요모듈별, 어플리케이션 그룹별로 일별 추이분석 그래프와, 일자별, 사용횟수, 사용자수, 로그인수를 관리한다. ② 시스템별 사용분석: 시스템별, 주요모듈별, 어플리케이션 그룹별, 화면별 사용회수를 분석하고 총화면대비 사용한 화면 비율을 관리한다. ③ 부서별 현황: 부서별 총사용현황 및 부서개인별 사용회수를 관리한다. ④ 직급별 현황: 직급별, 화면별 사용횟수를 관리한다. ⑤ 사용자, 소속부서를 포함해서 사용횟수를 관리하고 화면별로 사용횟수 및 응답시간을 관리한다. ⑥ 화면별 현황: 화면별 사용횟수 및 응답시간을 관리한다. ⑦ 처리별 현황: 시스템별, 모듈, 어플리케이션 그룹, 화면별, 화면유형별 조회, 삽입, 수정, 삭제, 기타 기능에 대해 해당되는 사용빈도를 관리한다. ⑧ 이력별: 사용자별 화면별 시작일시, 종료일시, 응답시간 및 IP주소를 관리한다. ⑨ 사용자별 상세현황: 사용자별 화면별 사용횟수 및 화면별로 액션(조회, 수정 등)에 해당하는 시작일시, 종료일시 및 응답시간을 관리한다.

■ 월별 활용도 분석은 일별분석에 해당하는 내용을 월별로 이관하고 응답시간은 평균 응답시간을 관리하고 사업장별 관리현황을 별도로 관리해 모듈, 사용자, 총사용횟수, 총프로그램수, 사용프로그램수, 사용률 및 평균 응답시간을 관리한다.

■ 시스템 분석은 ① 전체현황: 업무영역, 업무구분, 시스템별로 대상인원, 실사용자, 사용률, 총사용횟수, 인당사용횟수, 총화면수, 사용화면수 등을

관리한다. ② 사용률 분석은 모듈 및 프로그램별 월별 사용자수와 실사용자수, 사용률을 월별 트렌드와 그래프로 함께 관리한다. ③ 사용횟수 분석은 모듈 및 프로그램별로 월별 사용횟수 및 사용률을 관리한다.

■ 품질관리 영역은 개선 포인트를 찾는 내용으로서 ① 화면사용률: 그래프와 더불어 화면사용률, 응답시간 저조화면, 미사용화면을 관리해야 하는데, 여기서는 그래프와 더불어 시스템, 모듈, 화면별, 월별 화면수 및 사용률의 추이를 보여줘서 속도 개선이 필요한 화면 및 필요 없는 화면은 개선을 해야 한다. ② 응답시간 상태: 시스템, 모듈별, 업무구분별, 월별, 총프로그램수, 사용프로그램수, 평균응답시간을 관리하고, 3초 이내 화면수, 3~5초 응답화면수, 5초 이상 화면수를 관리해 개선 포인트를 찾는다. ③ 사업장별 응답시간: 사업장별, 프로그램수, 평균 응답시간을 관리하고, 3초 이내, 3~5초, 5초 이상 걸리는 화면을 관리한다. ④ 평균응답 시간은 시스템별로 월별 평균 응답시간 및 전체 누적평균을 관리해 시스템의 개선 포인트를 자원, 프로그램 유형별로 찾아서 진행해야 한다.

제6장

나는 비행기 엔진 바꾸기와 혁신활동

이 장에서는 시스템 오픈을 위해 준비해야 할 사항과
이후 '제2의 물결(Second Wave)', 즉 새로운 물결의 시작에 대해 살펴본다.

■ 나는 '시스템은 식물과도 같다'라는 표현을 자주 쓴다. 나무는 물을 적절히 주면서 관리를 잘하면 탐스러운 열매를 얻을 수 있고 신선한 공기도 제공해 주지만 물을 너무 많이 주거나 아예 주지 않으면 썩거나 말라 죽기 마련이다. 과도한 관심으로 요구사항을 다 수용하면 시스템은 복잡한 구조로 인해 확장성이 떨어져 너덜너덜해지고, 경영자나 사용자의 요구사항이나 관심이 없으면 자연스럽게 없어지기 마련이다. 이 장에서는 날고 있는 비행기의 엔진을 바꾸는 것과도 같은 실시간으로 운영 중인 시스템의 정지를 최소화해서 신규 시스템으로 전환하는 방법에 대해 설명하고, 시스템을 오픈한 이후 '세컨드 웨이브, 시작이 반이 아닌 끝이 반'에 대한 설명과 지속적인 혁신활동에 대해 알아본다.

■ 비용적으로 보면 오픈 후 유지보수 및 혁신단계에서(비용의 소프트웨어, 전체 소프트웨어 비용 중 이 단계에서 쓰는 비용이 가장 많다) TCO(Total Cost of Ownership)의 60% 이상을 차지하는 것으로 알려져 있다. 따라서 운영단계는 시스템 생애주기 중 가장 중요한 단계이며 유지보수단계의 비용구조도 60%가 안정화를 위한 개선작업에 소요되는 비용으로 모든 문제를 해결하는 단계이다. 따라서 좋은 개발 방법론이 적용된 프로젝트는 전통적인 방법보다 더 많은 운영항목이 있다는 것을 염두에 두어야 한다.

나는 비행기 엔진 바꾸는 계획 수립하기

■ 달리고 있는 자전거의 바퀴를 바꾸거나 날고 있는 비행기의 엔진을 바꿀 수 있을까? 우리가 만든 시스템이 비행기의 엔진이라면 우리는 반드시 날고 있을 때, 즉 공장 라인에서 생산하면서 엔진을 바꿔야 할 것이다. 새로운 시스템을 적용하기 위해서는 원칙을 지켜야 하는데 첫째, 개발 조직과 현장 적용팀의 역할을 명확히 해야 한다. 한 개의 소스를 여러 사이트에서 사용하기 위해서 긴급대응을 위한 1선 대응 개발인력을 제외하고는 중앙개

발팀에서 모든 것을 대응할 수 있는 체계를 유지한다. 둘째, 원 소스(One Source) 유지를 위해서는 형상관리를 중앙개발팀에 두고 이원화를 방지하고 형상관리 서버를 거치지 않은 현장 빌드는 엄격히 통제하고 현지 긴급 대응이 필요한 경우는 본사에 통보 후 형상서버에서 체크아웃(Check Out)한다. 셋째, 적용팀의 지원 프로세스를 명확히 해야 한다. 적용팀이 국내 원거리이거나 시차가 다른 해외에 있을 경우 중앙개발팀은 인도의 '해외사업(Off Shore)'이나 24시간 운영이 가능하도록 하고 화상회의 등 일일 점검 회의를 정례화하고, 현지 소스 배포관리를 정기배포와 긴급배포 프로세스를 준비해야 한다. 넷째, 조기 안정화를 위해서는 파워유저 중심의 교육과 현장 테스트가 완료된 이후에 엔드유저에게 교육을 실시한다. 마지막으로 이행을 위한 제조생산실적 마감, 마이그레이션, Cut-Over, 시스템 적용일정에 대한 전략을 명확히 하고 비상 대응을 위한 기존 시스템의 한시적 운영을 고려한다. 더욱 적용 사이트가 국내 원거리이거나 해외일 경우는 4단계로 준비를 해야 하는데 ① 사전준비 단계 ② 현장 테스트 및 적용준비 단계 ③ 적용 단계 ④ 적용 후 사후 운영 단계로 구분되어서 관리되어야 하며 상세 준비항목은 다음과 같다.

■ **사전준비 단계:** 사전준비 단계에는 사업장별 시스템을 적용하기 전에 적절한 현장 개선과제를 정의하고 혁신활동을 수행해야 한다. 또한 품질정보, 모델 정보, 라인 정보, 조직 등 기준정보의 표준화 방안을 수립하고 데이터를 사전에 준비하며, 시스템 인프라를 설치한다. 그리고 시스템 운영 방안을 확정하고 확정된 운영체제를 매뉴얼화한 후 변경될 프로세스와 시스템에 대해 사전에 파워유저 및 엔드유저의 교육 및 매뉴얼을 현지 언어로 준비해야 한다.

■ **현장 개선 과제실행:** 시스템 적용을 위해서 사전에 프로세스, 업무기준, 시스템, 데이터, 인프라, 변화관리 측면에서 공정별, 조직별로 현장개선이 필요한 과제를 도출해 개선활동을 수행한다. 이때 현장 자체과제 수행활

동 및 관련부서 간 역할을 명확히 해서 공정별 개선활동을 수행할 수 있는 역량을 강화하고, 과제별 개선방안 수립과 실행을 병행해 현장의 지원 인력은 사업장 개선과제 가이드 및 진척관리, 과제별 개선결과를 검증하는 역할을 수행한다.

■ 기준정보 코드 표준화 방안 수립 및 데이터 정비: 데이터 마이그레이션을 위한 기준정보 코드 표준화 및 기존에 운영되는 데이터에 대해 클린징 작업을 선행해야 하며 마이그레이션은 신규정의, 코드 변환이 필요하지 않은 것, 단순치환 코드 표준화가 필요한 것으로 구분해야 한다. 사업부의 프로세스 오너로 구성된 코드 표준화 조직구성 및 표준화를 승인하는데 코드 표준화에 따른 연계된 시스템의 영향도 분석 및 시스템 변경은 사업부 및 시스템 오너 부서에서 추진하고 이를 인수받아야 하며 추진단계는 코드 표준화 방안수립 → 유관부서 협의체 구성, 조직간 책임과 역할 정의 및 검토 코드 표준화 합의 → 데이터 클린징 및 정비 → 신구 코드 매핑 미래 테이블 분석 → 기준정보 마이그레이션 툴 설치 및 테스트를 진행한다.

■ 시스템 인프라 설치: 신규 및 재활용 운영장비 인프라 설치 및 성능, 백업 등 가용성 점검을 실시하는데 장비는 Unix, NT, 스토리지, N/W 스위치, 모바일 인프라를 점검하며 복구 계획을 위한 기존 장비와 신규장비는 병행 운영할 수 있도록 하고 각종 데이터 수집, RFID 외 모바일 업무적용을 위해서 모바일 인프라 공사 및 환경을 구축해서 현장 서비스에 만전을 기해야 한다.

■ 운영체계 설치: 서버 대상으로 상황실을 구축하고 서버별 성능, 장애 모니터링 대상업무를 정의하고 운영방안을 구체화해야 하며 상황실 구축 및 장애 대응 프로세스를 체계화해 현장 테스트 및 적용 준비를 지원하고 모니터링 및 원격지원을 실시한다. 이때 범위를 SMS(운영서버 모니터링), DMS(DB 모니터링), APM(WEB, WAS 모니터링), AMS(어플리케이션 모니터링)

[표 6-1] 테스트 베드 테스트 및 현장적용 테스트

구분	테스트 베드 테스트	현장 적용 테스트
목적	시스템의 실환경에서 완성도 향상 (알파테스트)	시스템의 실환경에서 적용가능성 검증 (베타테스트)
범위	신규개발 시스템	사업장 생산시스템, Legacy, I/F시스템, 인프라
점검 주체	현업 핵심사용자 중심	최종 사용자 중심
방식	CRP구성, 사무실에 현장 환경 구성 후 테스트	운영라인에 적용 후 테스트
기준	시나리오 기반 업무 위주	생산되는 모든 제품별 상세 업무 프로세스 위주의 End-To-End

과 운영지원을 위해서는 CMDB 구축(장애 이력 및 권한관리), 상황분석, 운영관리(장애 대응 및 관리 프로세스), 화상회의 인프라를 포함해야 한다.

■ 교육자료 및 매뉴얼 준비: 사용자 계층별로 교육 자료를 필요한 수준으로 준비하고 나라별 적용언어에 따라 번역을 수행해야 하는데 현지 담당자, 실행 시스템 담당자, 파워유저, 현장 작업자 등에 대해 공정별 표준 프로세스 변경사항에 대해 표준 중심으로 상세히 설명해야 하며 사용자 매뉴얼은 자체교육 및 사용자를 위해 온라인, 오프라인 동영상 및 문서를 제작해 신규인력 등 지속적인 시스템 보완에 대응해야 한다.

■ 현장 테스트 및 적용준비 단계에는 테스트 베드를 활용한 가상라인 테스트, 현장 병행적용 테스트, I/F 항목별로 본부와 연계테스트를 구분해 단계별로 실시하고 기존 데이터에 대한 마이그레이션을 최적화하는 가상라인 테스트 후 파워유저 및 엔드유저의 교육을 진행해야 한다.

■ 현장 모의 테스트: 실제 업무환경과 동일한 상황을 별도의 공간에 가상라인을 구축해 신규 개발된 시스템의 업무 시나리오별 대응력 점검 및 시스템의 완성도를 제고하며 생산계획부터 출하 상차까지의 전 공정을 대상으로 1개의 가상라인을 만들어 데이터 수집 및 테스트를 파워 사용자가 수행하

고, 바코드 발행, 자재준비(Kitting), 자재투입, 검사, 수리, 완성실적, 상차실적, 예방보전 등의 프로세스를 점검해 생산장비로부터 투입, 실적, 품질검사 데이터 수집의 정상동작 여부를 점검한다. 이때 모듈별 정의된 업무시나리오 기준으로 파워유저 중심의 모의테스트를 실시하고, 모의테스트 환경을 사전 설치를 통해 효율성 및 결과의 효율성을 확보할 수 있게 하며 기준정보 배포, 테스트데이터 설치, 가상환경구축(장비설치: 라벨프린터, 스캔장비, 모바일 기기 설치, 설비I/F) 등을 점검해야 한다. 단계는 대상업무 선정 → 업무별 시나리오 수립 → 체크리스트 작성 → 가상라인 데이터 준비 → 환경 셋업 및 파워유저 교육 → 가상라인 테스트 실시 → 결과정리 및 보완의 반복적인 단계로 실행한다.

■ **현장 적용 병행테스트**: 신규 개발된 시스템의 제품별 현장 적용 및 병행테스트를 통해 실업무 적용 가능성 검증 및 적용 시 업무혼선을 최소화하는 활동으로 대표 생산라인을 대상으로 생산계획부터 상차까지의 전공정을 대상으로 실제 생산현장에 신규 시스템을 적용해 생산 전 과정을 대상으로 테스트를 실시하며 현장 작업자 교육을 병행할 수도 있다. 이때 제품별 집중테스트를 통해 제품별 특화 프로세스 및 업무기준 실적 포인트 등에 대한 검증을 강화하는데 불량품과 실제 제품을 이용해 동일한 프로세스를 반복적으로 흘릴 수 있도록 준비해야 한다. 이때 ERP 등 외부 및 현장에서 특화된 시스템과의 I/F 연계테스트를 병행실시하고 공정의 복잡성 및 제품 특성과 우선순위를 고려한 적용테스트를 진행한다.

■ **현장 핵심사용자 및 최종사용자 교육**: 조기 안정화 및 시스템 활용도 제고를 위한 프로세스 및 시스템 적용 교육을 실시하는데, 신규 시스템의 구조 및 운영방법론, 공정별 주요 변화 프로세스 및 운영기준을 집합 및 실습교육을 사무실과 사업장 현장에서 병행해 진행하고 추가 요구사항에 대해서는 중앙개발팀에 피드백을 줌으로써 신속히 개선할 수 있는 체계를 마련해야 한다.

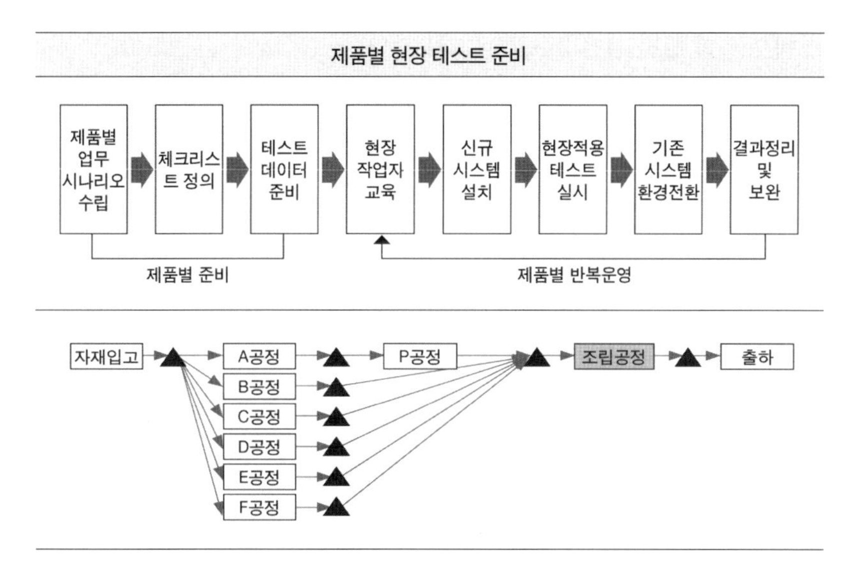

[그림 6-1] 제품별 현장 테스트 준비 프로세스

■ 적용단계: 이력데이터는 사전에 운영되는 오픈데이터는 적용시점에 데이터 마이그레이션을 실시하고 시스템 전환을 위한 Cut-Over 계획을 상세하게 수립하고 만들어진 체크리스트로 최종 점검 후 신규 시스템을 적용한다.

■ 데이터 마이그레이션 실시: 기존 특화 시스템의 운영데이터 변화를 통해 사업장 업무의 연속성을 보장하고 시스템 활용도를 제고하는 활동으로 기준정보(5대 마스터), 계획 및 실적데이터(생산계획, 이동지시, 원자재 입출고, 공정검사 및 출하검사, 설비보전 등), 제조현장 데이터(공정별 이력, 검사설비이력정보, 설비운영정보), KPI(산출을 위한 집계용 데이터)를 대상으로 한다. 정비된 데이터를 기반으로 단계적인 마이그레이션을 실시하고 데이터백업을 선 진행하고, 1차는 과거 실적데이터, 2차는 실제 운영 중인 오픈데이터 및 최근 실적데이터를 대상으로 한다.

■ Cut Over 계획: 데이터 마이그레이션이 완성된 후 시스템을 전환하고 시

스템오픈 및 현장 점검 후 업무에 적용한다.

■ 사후관리 단계: 제조현장 운영상의 시스템 이슈를 점검하고 조기안정화를 위한 현장의 VOC 및 현장지원을 하고 시스템 하드웨어에 대해 시스템 운영조기 안정화 지원, 즉 성능점검 및 튜닝, 아키텍처 기준 시스템 재구성을 통해 신규 및 기존장비를 재구성하고 상황실 운영을 통해서 원격지에서 지원할 수 있는 체계를 가지고 가야 한다. 이때는 24시간 지원이 가능한 글로벌 상황실을 운영하고 프로세스 및 운영기준 시스템 보완 개발 등 제조현장 VOC를 신속히 대응하며 RMS를 이용한 H/W, S/W, N/W 인프라의 모니터링을 통해 조기경보 체계를 운영한다. 또한 시스템 활용 현황 모니터링으로 그 분석을 통해 사업장에 피드백을 통한 시스템 활용도 개선을 유도하고 시스템 활용성 점검을 통한 비효율, 비활용 기능 및 시스템과 인터페이스를 점검하는 활동을 지속적으로 운영해야 한다.

신규 제조시스템 오픈 시 고려사항

■ 지식경제부에서는 스마트팩토리에 대해 "설계, 개발, 제조 및 유통, 물류 등 생산과정에 디지털 자동화 솔루션이 결합된 정보통신기술(ICT)을 적용하여 생산성, 품질, 고객 만족도를 향상시키는 지능형 생산 공장을 의미한다. 공장 내 설비와 기계에 사물인터넷(IoT)을 설치하여 공정 데이터를 실시간으로 수집하고 이를 분석해 목전된 바에 따라 스스로 제어할 수 있는 공장을 말한다"라고 정의하고 있다.

■ 등급을 매길 수 없다는 무등산(無等山)이 있는 곳, 토지가 좋아 땅속에서 나는 모든 열매가 맛있고 음식을 잘하기로 소문난 빛고을 광주에서 6개월간에 걸친 노력 끝에 여러 제품이 단계적으로 오픈했는데 이번에는 우리가 예상하지 못한 여름 시즌에 불티나게 팔리는 제품으로 인해 여러 제품을

동시에 오픈할 수 없었으며 제품군별로 세 차례에 걸쳐서 적용하게 되었다. 느낌을 한마디로 이야기한다면 처음은 복잡한 공정이었으나 다소 오프라인, 즉 자전거를 세워 놓고 바퀴를 교체하는 격의 시스템 적용이었고, 둘째는 달리는 자전거에서 핸들을 교체하는 수준이었으며, 마지막 오픈은 예상해 보건데 막 정지하려는 자전거의 바퀴를 바꾸는 느낌일 것이다. 그나마 다행인 것은 처음 오픈하는 제품에 대해서는 상반기 재고조사를 겸해 일부 시간을 더 확보할 수 있었다는 것이다. 준비는 철저히 했으나 나름 오픈하면서 몇 가지 교훈을 얻었기에 느낀 점을 글로 남기고자 한다.

■ 첫째, 'Cut Over 계획은 한 장으로 정리해야 한다.' 현장 인프라 설치 및 설비와 프로토콜 정의부터 현업의 재고조사의 오픈데이터 반영, 검증계 시스템에서 Go-Live, 마이그레이션, 기준정보 검증, 현장 인프라 재검검, DB Full Back up, DB 복구 및 테스트 데이터 삭제, 시스템 인스턴스 재가동 및 I/F, 배치 등 서비스 정상가동 여부 점검, 테스트 데이터 삭제 T/F 운영 등 철저한 준비가 필요하며, 활동별 진행사항 기록 및 문제 발생 시 대안을 즉각 결정해야 한다. 이때 많은 사람이 함께 동시에 적용을 실행하므로 아무리 잘 세운 계획도 보기 어렵게 만들어 가시성이 떨어지고 이해하기 어렵다면 한낱 그들만의 잔치이자 계획으로 그치고 만다. 항상 한 페이지 내로 계획을 세우고 공유하고, 상황실에서 이행 결과 및 다음 활동 시작, 대안 준비 등 추적관리를 해야 한다.

■ 둘째, '검증계 시스템을 정합성을 향상시키고 검증 인프라를 통해 사전 검증을 보장해야 한다.' 실패는 성공의 어머니라고 하는데, 성공하기 위해서는 개발계, 테스트계, 검증계, 단계적 운영계, 운영계의 5가지 인프라를 운영해야 한다. ① 개발계는 개발자가 개발을 하는 영역으로 Source Code나 DB의 Freezing이 발생하기 전의 공간이다. ② 테스트계는 개발자가 완성된 기능에 대해 개발팀 리더가 사용자 입장에서 테스트를 수행하는 알파 테스트 단계로 여기서부터는 각종 기준정보, 이력정보, 오픈데이터가 실

질적으로 운영되어야 한다. ③ 검증계는 최종 현업사용자가 실제 환경과 동일한 수준으로 테스트하는 베타테스트 단계 또는 파워유저가 수행하며 실제 환경과 동일하게 물동흐름, 각종 장비연계, 기준정보, 이력정보, 계획 정보가 운영과 동일하며, 주기적으로 현행화된 정보를 운영해야 한다. ④ 단계적 운영계는 MOS, APS, EES 프로그램의 변동이 발생하면 전체 생산에 영향을 미치므로 DB 외 기타 오브젝트는 실제 환경과 동일하게 운영하되 어플리케이션은 일부 사용자만 알 수 있도록 별도의 경로를 만들어서 현장라인에서 직접 테스트하는 단계로 운영한다. ⑤ 운영계는 실제 운영하는 공간으로 필요에 따라 이중화, DR 등을 적용해 복구 계획을 수립해야 한다.

■ 셋째, '모든 진행정보는 실시간으로 공유해야 한다.' War Game을 해본 사람은 모든 정보의 소중함을 잘 알 것이다. 현장의 모든 정보의 실시간 중계는 신속한 의사결정을 하게 되는 원동력이며 모든 Cut Over와 관련된 인력을 하나의 방향으로 흐르게 만들어 참여도를 높일 수 있는 과정이다. 기업의 의사소통 도구가 활성화되어 모바일 메시지나 모바일 기기를 활용하는 정보공유가 제일 좋다. 이때 ① 현업과 함께하는 정보공유 채널과 ② 시스템 구축팀 자체의 정보공유를 할 수 있는 자체 소통채널을 이원화해 가져가면 불필요한 오해를 줄일 수 있어 정보공유 운영에 효과적이다. 이런 활동을 하다 보면 항상 프로젝트 계획과 관리를 총괄하는 PMO 조직 역할의 중요성을 새삼 느끼게 된다. 긴급한 상황으로 인해 플랜 A를 더 이상 지속할 수 없을 경우는 불가피하게 플랜 B를 수행하는 의사결정이 모든 정보의 공유를 바탕으로 한다. 플랜 B는 ① 오픈 전에 Cut Over 시 가동되는 경우가 있다. 현장 테스트가 지연되거나, 마이그레이션 문제, 동기화 문제 등이 발생해 시간계획이 미뤄지는 긴급한 상황에서도 대응이 가능한 시나리오를 만들어야 한다. ② 시스템 오픈 이후에 현장 또는 시스템상의 문제로 가동되는 경우가 있는데 많은 프로젝트에서 비상계획을 수립하지 않아서 이전 단계로 복구하지 못해 막대한 영향을 받는 경우를 종종 봐왔다. 우리

는 '더 이상 물러날 곳이 없어, 무조건 가야 해'라는 말보다 원복이라는 최악의 순간이 발생하지는 않아야겠지만 '군이 한 번의 전쟁을 위해 존재하듯 비상대책 복구 방안도 단 한 번의 활용을 위해서 반드시 준비 여부를 검토해야 하고, 비용이 소요되더라도 필요하다면 반드시 준비해야 한다'. 따라서 하나하나 차근차근 복구(Rollback) 계획을 수립하고 스위치할 수 있는 체계를 가동해야 한다.

■ 넷째, '현장에서는 반드시 실물기준으로 물류흐름 테스트가 실행되어야 한다'는 것이다. 현장에서 실적지표를 마무리하고 상반기 재고조사를 겸해 라인정지 시간을 조금이라도 더 가져가서 Cut Over를 시작한 팀은 처음 현장 위주의 테스트에서 각종 바코드, 재료 등을 파워유저들이 직접 스캔하고, SCB 100 등을 이용해 프린터된 라벨을 손으로 하나하나 처리하고 결과를 눈으로 확인하고 있는지 살펴야 하며, 시간도 다소 많이 소요되고 실물의 위치에 따라 처리되는 프로세스가 다르므로 반드시 불량품, 연구용, 기타 부자재를 활용해서라도 실물을 가지고 공정에서 흘려 봐야 한다. 공정의 작업자를 조기 출근시킬 수 있도록 협조를 요청하고 그들이 직접 운전하게 하여 자연스럽게 교육을 대체해야 한다. 어떤 사장은 현장 작업자 20명을 선발하여 개발된 모든 프로그램을 직접 사용하게 하고 불편한 점, 개선점을 리포팅하게 하기도 한다. 마지막으로 공정에서 발생된 테스트용 데이터는 반드시 제거할 수 있는 '테스트 데이터 삭제 T/F'를 계획하여 계획 수립 라벨 발행, 생산준비, 실적처리, 이동실적, 파렛트 및 출하 부문, 설비제어 및 각종 지표정보별로 실물흐름 테스트 시 발생된 데이터를 제거할 수 있도록 해야 한다.

■ 다섯째, '휴식시간을 정확히 파악하고 비상시 이 시간을 활용해야 한다.' 공장의 공정, 생산제품별 라인의 근무시간, 휴식시간, 식사시간은 서로 상이하게 운영한다. 정확히 파악하여 각종 의사결정을 해야 한다. 안정화를 얼마나 빠른 시간 내 할 것인가가 중요한 지표임에는 틀림이 없다. MOS는

일주일 내에 실물과 정보, 각종 지표 등을 맞추면 성공이라는 사람도 있고, 공장이 멈추지만 않으면 성공이라는 사람도 있다. 이 안정화라는 단계까지 가기 위해 오픈 후 2~3일 정도 휴식시간은 동시에 실시할 수 있도록 제조부서의 협조를 반드시 얻어야 한다. 시스템이 불안정하여 긴급히 재부팅을 하거나, 생산운영에 필요한 부족한 기능을 업그레이드하기 위해 릴리즈를 새롭게 할 때는 반드시 라인이 정지되어 있거나 생산물량이 적거나 재공이 적게 움직이는 시간에 진행되어야 한다.

■ 여섯째, '설비 프로토콜 정의서를 현장 체크리스트에 포함시키자.' 설비제어, 물류제어, 안돈장비와 관련된 시스템, 생산설비 및 물류 컨트롤러와 관련된 부문은 산출물에 State Diagram 및 Sequence Diagram이 반드시 포함되어야 한다. 예를 들어 검사이력을 Fool Proof하는 SCB 100(물류이동장치, 경광등, 고정 스캐너, 감지기 센서, 건 스캐너, 시리얼 케이블로 연결된 검사이력과 관련 있는 OI 및 자동라벨기 등)과 상태전이 및 단위 순서별 인과관계를 반드시 포함시켜서 쉽게 설명되어 많은 현장 PC의 셋업을 누가 해도 쉽게 할 수 있어야 한다. 보통의 경우 개발된 프로그램의 기능 점검, 하드웨어 인프라 점검, 물류흐름은 반드시 테스트를 진행하나 놓치기 쉬운 곳은 HMI나 서버를 통하지 않고 시리얼 통신하는 부문으로 세밀하게 관리하지 않으면 테스트의 우선순위가 낮아질 수 있고, 실제 작업자에게 불만이 제일 많이 발생할 수 있는 분야이다. 예를 들어 물건을 인식하는 센서가 화면에 정보를 송신하고 화면은 이 정보를 활용해 적절히 가공해서 어느 포트를 이용해 어떠한 정보를 어느 컨트롤러에 줄 것인지 섬세하게 정의해 놓아야 한다. Read Only, Write Only, Read/Write인지 명확히 표현할 수 있는 도면을 작성해서 해당 내용대로 테스트가 진행될 수 있도록 한다.

■ 일곱째, '당일 발생한 이슈는 당일 해결의 원칙을 지키자.' 오픈과 더불어 예상치 못한 일이 발생한다. 경영진, 고객, 업체 등 Shake holder 방문, 일부 기능 원복, 현업의 자재조달 부족에 따른 생산성 저하, 외부 인력이 라

인을 투어하면서 작업자에게 영향을 주는 이유로 발생하는 각종 품질불량 증가에 따른 라인 이탈, 라인을 정상화하는 데 큰 문제가 없지만 신경을 많이 쏟는 현장 작업자의 잦은 VOC 등. 그러나 이들 항목 중 제일 중요한 부문은 라인을 정상화하는 데 필요한 제약조건에 해당하는 기능적·프로세스적 이슈일 것이다. SL(Self Line), ML(Move Line) 및 ACO(Auto Carrier Over)와 관련된 프로세스 이슈를 오픈일에 재정립하는 것보다는 가장 중요한 기능적 이슈를 무조건 당일에 해결해야만 프로젝트 전체 인력의 대고객 신뢰성을 향상시킬 수 있다.

■ 여덟째, '오픈데이터 처리를 위한 단기 T/F를 만들어야 한다.' 재고조사를 효과적으로 하기 위해 데이터 성격에 따라서 ① 임시 데이터 수집 프로그램을 만들기도 하고, 이를 신규 기준정보(라인, 스토리지, 빈 등)로 매핑해야 하기도 하고, ② 재고조사를 수작업으로 진행해 모델, 자재 코드별 수량을 사전에 정의된 엑셀 포맷에 입력하기도 하고, ③ 반제품이나 완제품에 대한 정보를 스캐닝해서 데이터를 수집해야 한다. 이러한 데이터 변환과 정제를 반복해 신규 시스템에 적합한 상태로 만들어야 하는데 이것은 현업, 시스템 담당, 프로세스 담당 전체 인력이 모여서 Cut Over 24시간 전부터 오픈 후 24시간까지 단기 T/F를 운영, 생산정보의 정확도를 높이는 활동을 통해 운영에 차질이 없도록 준비해야 한다.

■ 아홉째, '오픈 후 24시간이 프로젝트 완성에 제일 중요하다.' 경험상 왜 이슈가 오픈을 하루 앞두고 발생하는지 이해가 가지 않는 경우가 많다. 장기간 아주 세밀하게 검토한 프로젝트도 오픈 최종 리허설에서 이상하다 싶을 만큼 한두 가지 이슈가 튀어나온다. 한번은 세탁기 자동라벨 발행 장비가 그랬고, 냉장고 판금설비 연계 부문이 그랬다. 예상되는 이슈는 이미 문제가 되어 버렸으니 해결하면 그만이고 T/F에서 잘 파악되지 않은 이슈가 프로젝트에 더 영향을 주므로 오픈 후 24시간까지는 긴장의 끈을 놓지 말아야 한다. 오픈 전후에는 특정 이슈에 대해 원인을 파악하기보다는 핵심

이슈별 책임자를 할당하고 되었는지 되지 않았는지 결과만 가지고 Cut Over를 전개해 가야 한다. 특히 실적마감 전후에 데이터의 정합성을 검증하는 T/F를 운영하여 오픈 후 24시간 내 성공 여부를 자체적으로 판단해야 한다.

■ 열째, '임시 상황실 운영체계를 실질적으로 가동해야 한다.' 공장 내에 Job Shop, Cell, 컨베어 라인 또는 라인별로 인프라를 포함하는 주간·야간의 계획을 수립하고 역할별 점검항목과 실행항목을 체계화하고 정기·수시 결과보고를 할 수 있는 프로세스를 만들어야 한다. 이때 공장라인 순찰을 반드시 포함시키고 이슈 유무를 한 시간 간격으로 상황실에 집계하여 살아 움직이는 수시긴급·정기보고 대응 체계를 운영해야 한다.

■ 열한째, '마이그레이션 완료 결과를 수치화해서 보고하는 체계를 만들어야 한다.' 결론부터 말하면 마이그레이션에 대한 결과, 즉 '공정별·모델별·테이블별 주요 건수, 평균값, 최대값, 최소값에 대한 이전 시스템과 새로운 시스템에 대한 비교정보를 추출할 수 있는 보고서를 받아 완료 여부를 검증해야 한다.' 마이그레이션은 크게 3가지로 나눌 수 있다. ① 기준정보 마이그레이션: 라인 변동으로 인한 신규 라인정보, 새롭게 사용되는 설비 마스터 코드 등 오프라인 정보를 온라인화하면서 발생하는 정보와 기존 정보가 세분화되면서 발생하는 정보 등. 예를 들어 라인정보가 물리적인 라인 정보에서 여러 복합제품 생산에 따른 공정과 가상라인 정보를 매핑하는 결과를 정리해야 한다. ② 실적 등 이력정보 마이그레이션: 실적정보는 빅데이터는 사전에 마이그레이션을 완료해야 하고, 오픈 월에 해당하는 월 결산 정보에서 제외된 정보는 Cut Over 시 진행되어야 한다. ③ 오픈데이터 마이그레이션: 오픈데이터는 시스템 간에 이전을 통해서도 가능하고 실제 재고 조사를 통해 관리가 가능한데 많은 회사에 적합한 전략을 수립해야 한다.

■ 열두째, '생산공정의 특성을 반영하는 흐름제어가 필요하다.' 예를 들어

가전제품을 생산하는 컴프레서나 반제품 등의 물류흐름과 생산제어를 위해 발생한 라벨 발행기 물류흐름 속도를 확보해야 한다. 예를 들어 컴프레서의 경우 Stator, Rotar, Block, Valve로 구성된 압축하는 공정으로써, 크게 가공공정에서 일부 설비를 가동하여 DOI 형태로 정보를 수립하고, 수조에서 용접 후 압축되는 수준을 판단하고 조립공정에서는 Pump Assy의 실적 및 불량을 처리하고 마지막으로는 출하에서 팔레트 매핑을 통해 처리하게 된다. 이때 완성실적은 특성상 4개 라인을 2개 물리적 라인으로 진행하고, 라인 내 완성품이 거의 1초 안으로 처리되어야 한다. 이를 위해 물류공간 10cm 정도 간격에 거울을 삽입 후 바코드를 반사시켜 실적을 개선하기도 했고, 4장이 동시에 출력될 때 넷째 바코드를 탈취했을 때 센서식 바코드를 감압식으로 변경시켜서 필요한 시점에 처리하는 구조로 변경했다. 또한, 라인제어를 위한 안돈장비와 라인스톱을 연계시켜야 하는데 에어컨 라인이 오픈된 후 예상치 못한 일 중 하나는 안돈 라인정지 데이터가 발생한 후 해제되지 않아 모니터링 화면에 계속 'LINE STOP'이 표시되는 경우이다. 특정 라인 안돈 발생 데이터가 화면에 조회되지 않는 현상도 있었다. 안돈 데이터의 발생 구조는 ① 이상발생 시 현장에서 작업자가 안돈 시스템 줄을 당겨서 라인을 정지시키면, ② 각 사업장 내 정보팀에 설치된 에이전트가 데이터를 수집 후, ③ 설비 I/F 배치에 의해 수집PC에 집계된 데이터를 처리 후 화면에 보여 주게 된다. 이때 정지 시에는 안돈 발생 데이터를 추가하고 안돈 해제 시에는 동일한 위치에서 발생한 정지 데이터를 찾아 상태 및 해제 시간을 수정해야 한다. 그런데 안돈 데이터가 1초 간격으로 동시에 발생하면서 에이전트 및 설비 IF 배치에서 순서가 뒤바뀐 채 처리되어, 정지 데이터가 선처리된 후 해제 처리되어야 하지만 해제 데이터가 정지 데이터보다 먼저 들어와서 해제 데이터에 의한 수정이 이루어지지 않아 모니터링 화면에 'LINE STOP'이 발생되게 되었다. 정상적인 FIFO 처리는 되어 있지만 에이전트와의 통신문제로 나중에 발생한 데이터가 선처리되는 현상이 생긴 것으로 추정되며 정규 프로세스상 정지 및 해제 정보가 동시에 발생하는 경우는 없으나, 테스트를 위해 정지 및 해제 신호가 동시에 발생한 것으로 판단되었다. 그리고 청소기 중량체크 로직과 물류장비를 개선해야 한다. Fool Proof를 이용한 오투입 방지 경고 시스템과 이를 생산현장에서 품질보증 활동을 강화하기 위해 이상발생 제품에 대해 라인 생산진행을 막는 인터락(Inter-lock) 시스템은 분리되어 설계되고 적용성이 검증되어야 한다. 냉장고를 생산하기 위해서는 전압검사, 온도검사, 성능검사, 소음검사, 컴프레서 매핑검사, 에너지 라벨, 힌지 사양검사, 고객사양 라벨 등 각종 검사가 선행되어야 하고 이 검사에서 합격되어야만 완성실적으로 계산하고 출하를 시킬 수 있다. 그런데 검사설비는 아웃소싱 업체를 활용하다 보니 검사기 업체별로 수준이 다르고 MES에서 통제가 가능한 수준까지 연계하기 위한 정보(Serial No, 검사기 번호, 검사항목, 검사규격)가 실시간으로 연계되어야 완성실적 처리 시 실시간 인터락이 가능하다. 업체별로 다른 수준의 완성도를 적용하면 유지보수나 안정화에 시간이 많이 소요될 수 있으므로 검증된 검사기, 유지보수 및 소스에 대해 애크로스 제도 도입이 가능한 업체를 선정하고 연계에 포함시켜야 한다. 또한 청소기의 많은 부품을 고객에게 포장해서 판매하는데, 판매에 해당하는 부품 누락을 검사하기 위해 포장된 청소기의 상한값, 하한값을 정의해서 아웃라이어가 되었을 때 경고음, 라인정지 프로세스를 도입하게 되고, 재검사 후 투입 처리하는 프로세스를 만들어야 한다.

■ 열셋째, '가용한 모든 편의수단을 준비해야 한다.' 우리는 하루에 한 공장을 열 번 이상 돌기도 하므로 발에 물집이 잡히는 것은 물론 체력 고갈도 기본이다. 개인별로 운동화를 준비해야 하며, 차량도 출입할 수 있게 하고, 편한 옷차림과 사무실 내에 영양을 보충할 수 있는 각종 식음료를 준비하는 것도 장기적으로 보면 효과적일 것이다. 그리고 '네트워크 및 인프라 부문도 프로젝트의 핵심이라고 생각해야 한다.' 현장에서 문제가 발생하면 종합적인 판단이 필요하다. 프로그램 문제, 데이터 문제, 장비 문제, 서버 문제, 네트워크 문제, 사람의 실수 등이 복합적으로 작용한 것일 수 있다. 회사 조직상 프로젝트의 한 부문이지만 프로젝트의 조직도 다르고, 인력

운영도 자체적이므로 효과적인 커뮤니케이션을 초기단계부터 기획하고 거국적 수행조직으로 운영되어야 하며 고객 채널은 프로젝트 PMO로 통합 운영되어야 한다.

바쁠수록 돌아가는 글로벌 오퍼레이션(형상관리)

■ 소스 통합에 따른 제2의 물결(Second Wave): 많은 제조업이 글로벌 오퍼레이션을 언급할 정도로 글로벌 오퍼레이션이 낯설지 않은 세상에서 초기 계획은 거창하게도 많은 로컬 법인을 하나로 묶는 글로벌 하나의 공장(Global one Factory)을 실현하기 위한 프로세스 운영전략, 동일한 운영기준, 통일된 기준정보 등과 더불어 시스템 기반의 동일한 운영체계와 소스의 운영은 예전에 없었던 거창한 하나의 이론을 만드는 것과도 같은 상황에 직면하고는 한다. 우리는 CI/CD(Continuous integration and Continuous Deployment) Pipeline을 적용하여 운영하기로 했다. 특히 여러 사업장을 통합하면서 이미 첫 법인을 적용하고 둘째로 적용할 때는 초기 시간부족으로 인해 이미 많은 구조변경이 이루어졌고, 이를 다시 한 번 리팩토링을 할 필요가 있었다. 셋째 사이트를 적용하기 위해 우리는 전진하고자 뒤돌아보지 않는 전략, 즉 뒤를 명확히 하고 갈 필요가 있어 첫 적용 사이트인 브라질에 다시 가야 할 상황에 도달했던 것이다. 그런데 고객과 리더들 간에 문제가 발생했다. '과연 우리가 그러한 위험성을 다시 가지고 해야 하는가', '일부 VOC(Voice Of Customer)는 설득하고 장기 과제화하자', '가보니 이 산이 아닌가 싶다면 어쩔 것인가?', '데이터는 어떻게 맞출 것인가', '사고라도 난다면……', '앞으로 일정은 어찌할 것인가?' 개인적으로는 하고 싶지 않았던 것이 사실이지만 우리가 항상 하지 못하는 것 중 하나인 '바쁠수록 천천히 돌아가자'를 실천해 볼 필요가 있다. 프로젝트를 하다가 한 번쯤은 초심으로 돌아가 제로 기반에서 되짚어볼 필요가 있다. 여하튼 이제 적용하기로 한 이상 사전에 고려해야 할 요소를 생각해 보면 ① 과거를 다

시 짚으면서 기존에 적용된 사이트에 제2의 오픈을 적용하는 것은 좋으나 앞으로 진행해야 할 일정에는 문제가 없도록 한다. ② 한 번의 실수는 용서할 수 있다. 즉, 다음에 또다시 이러한 리팩토링은 없도록 해야 한다. 또한, 기술의 발전으로 RFID, 모바일 Feeder, 룰(Rule) 체계 변경, 빅데이터 처리 등 많은 부문이 새롭게 적용되므로 이에 대한 현업의 결정이 선행되어야 한다. ③ 해외공장 현지 생산목표 등 현지에 다운타임 등에 대해 사전에 협조를 이루고 필요하면 파워유저 인력이 투입될 수 있도록 협조를 구한다. ④ 큰 규모의 회사에서는 기간 시스템이라고 부르는 ERP, PLM, SCM과 인프라 책임자 등과도 사전에 협조 요청을 해서 문제 발생 시 공동으로 대응할 수 있도록 해야 한다.

글로벌 시간, 번역 & 장비통관 등 사전준비

■ 글로벌 시스템은 본사의 서버, 사업장의 DB서버, 개별 PC가 시간을 동기화시켜서 데이터 수집 및 문제 발생 시 추적이 가능한 안정적인 시간 동기화를 위한 체계로 진행해야 한다. 그러기 위해서는 DB서버 시간을 모든 프로그램에서 사용하도록 하고 주(Primary) DB서버를 NTP(Network Time Protocol)서버로 구성하며 그 외 서버 및 UI/OI용 PC는 NTP서버에서 주기적으로 시간을 받아서 동기화한다. 즉 서버는 NTP를 이용해 동기화하며, PC는 클라이언트에서 시간동화 API를 사용하는 데 기업의 타임서버를 별도로 구성하거나 time.windows.com을 통해 시간동기화를 설정하고 이에 따른 NTP서버 UDP Port 123에 대해 방화벽을 열어놔야 한다. 동기화 주기는 기본으로 도메인 구성원에 대한 기본값 3,600초(1시간) 및 서버와 독립실행 클라이언트 기본값은 604,800초(7일)로 하고 time.windows.com 서버 작업이나 이슈사항 발생 시 일시적으로 동기화를 중단해야 한다. 또한 세계시간표에 날짜 변경선과 같은 실적정보 변경선을 사업장별, 공정별로 관리해 일일 생산실적 결산체계를 실시간으로 운영할 수 있도록 한다.

■ 제조업체는 많은 해외 사업장이 많은 관계로 해외로 배송 시 해당국가의 수입과 통관절차를 꼼꼼하게 따져 봐야 한다. 처음 사이트인 V국가에 장비(H/W, 및 N/W 모바일 장비 등)를 납품하기 위해서 수입허가증(Import License) 때문에 준비를 하고도 오픈을 못할 뻔했던 일이 있었다. 우리가 적용할 사이트는 해외 사업장이 많은 관계로 해외로 배송 시 해당국가의 수입과 통관절차를 꼼꼼하게 따져 봐야 한다. 특히 장비업체, 현지법인 납기 및 절차를 정확히 판단해야 한다. 적용 사이트인 해당국가에 장비(H/W, 및 N/W 모바일 장비 등)를 납품하기 위한 관련 업무는 ① 설치를 위한 구체적인 일정관리 및 프로젝트팀과 장비업체, 현지 법인과의 명확한 R&R을 정리, 출장인력 및 일정, 일정별 해야 할 일, 체크리스트, 테스트 방안, 현지 운영인력 교육 및 인수인계 사항 ② C/I 및 P/L의 정확성 및 현지 전달 ③ 목재 진공포장 방역증 ④ 해당국 현지 수입허가증 접수 및 해당 법인에서의 서류준비 ⑤ 해당법인에서 수입허가서 접수 및 한국 배송 ⑥ 공항 계류대에서 현지 배송 및 도착 ⑦ 현지 도착 후 KGL에서 통관 및 현지 배송 업무 진행이 필수적이다. 특이사항은 일반적인 서방국가의 경우 국내외 세관통과를 위해 C/I 및 P/L을 동시에 진행하고 물건을 발송했으나 해당국은 특이하게 수입허가신청서의 승인을 받지 않고 물건을 보낼 경우 3개월 정도 압류 및 패널티가 5,000달러 정도 된다고 한다. 사업의 일정 등 여러 어려움이 있으나 해당국가의 수입허가서를 받은 후에 한국에서 출발하는 것이 위험을 줄일 수 있을 것이고, 현지의 수입허가증 접수 담당자에 대해서는 한국의 배송업체가 직접 법인에 연락할 때 정확한 담당자 선정이 필요할 것으로 생각된다.

■ 드디어 8개월간에 걸친 30개 사업장 방문과 초안 작성, 업무협의 공청회를 거치고 실제 구현가능성의 PoC와 현장검증을 통해 기업의 제조실행과 관련된 헌법이라 불리는 최고의 표준 업무 매뉴얼도 모두 만들었다. 이제는 해외사업장을 대상으로 적용하기 위한 번역작업을 해야 할 때이다. 세계 30개국에서 사용되어야 하는데 어떤 언어로 누가 번역할 것인가? 먼저

글로벌 언어인 영어는 기본이고, 중국 작업자는 영어를 거의 모르고 공장도 지속적으로 증설할 것이니 중국어는 번역해야 한다. 그리고 세계 인구 분포 및 중남미 공장 확산을 고려할 때 포르투갈 언어의 번역이 필요한 것 같다. 국내에서 영어나 중국어는 번역을 하는 것이 효과적이나 중남미 등 특수 언어는 현지 유학생에게 번역을 의뢰해서 진행하는 것이 제일 좋은 방법인 것 같다.

■ 번역의 양과 비용은 어떻게 판단할 것인가? 우리가 수행한 범위 산정은 다음과 같다. 번역자 1명은 1페이지에 평균 200단어가 존재하는 문서를 하루에 10페이지를 번역할 수 있으며 1달 22일 기준으로 220페이지를 번역할 수 있다. 번역 대상인 프로세스 매뉴얼은 3,500페이지(실제 5,003페이지 기준해서 이미지 등을 포함하고 있어 0.7의 보정계수를 고려하면 200단어 기준으로 3,500페이지)이므로 약 18M/M이 소요되며 사용자 매뉴얼은 1,200페이지([화면수 + 탭수] × 평균 2페이지, 1,714페이지의 0.7 보정계수)로 약 6M/M이 소요된다. 여기서 중요한 것은 반드시 별도 4M/M의 검수 인력이 필요하며 부문별로 이를 지원하기 위한 현업 담당자가 배정되어야 한다.

■ 최고의 전문가가 투입되어도 제조 분야의 용어나 유형에 익숙하지 않으므로 번역자는 몇 가지 교육을 수행해야 한다. 첫째, 우리가 구현하고자 하는 사상을 충분히 이해해야 원하는 방향의 데이터가 나올 수 있다. 둘째, 용어와 업무에 대한 교육을 수행해야 한다. 하루에 최소 30분씩은 교육을 진행하고 30분은 검토한 결과나 의문시되는 내용을 주기적으로 현업인력과 협의해서 실제 업무에 적합한 프로세스 매뉴얼이 도출되어야 한다. 셋째, 번역에 해당되는 내용은 반드시 별도의 검수자를 두어야 한다. 번역자 3명당 1명의 검수자가 번역 중반에 투입되어 다른 번역가들이 작업하는 내용을 연계 검토할 필요가 있다.

'시작이 반이 아닌 끝이 반'과 지속적 혁신활동

■ 2002년 1월 1일 베트남에서 ERP와 MES를 오픈하는 날이었다. 하루 2만 개의 신발을 OEM으로 생산하는 회사인데, 생산 라인에는 15가지 사이즈와 30여 개의 모델, 그리고 남성, 여성, 아이용 3가지 유형별로 구성된 2만 7천(15사이즈×30모델×3성별×평균 20개별 부품) 가지의 부품이 2만여 개 존재하는 아주 복잡한 공장이었다. 생산부서에서는 조립(Set) 비율을 맞추어야 최종 조립 라인에 투입할 수 있었기 때문에 108개의 공정에서 실시간으로 데이터를 입력해야 다음 재고 공정에서 재고를 확인해 혼류생산을 방지할 수 있었다. 이렇듯 제조에 투입하는 프로세스와 시스템은 매우 중요하다. 완벽한 ISP와 고객의 요구사항을 완벽히 만족하는 개발이 끝난 후 4번에 걸친 통합테스트와 2천여 명의 현지인에 대한 사용자 교육을 마치고 오픈하는 그 날 오픈 30분이 지나고 시스템이 정지해 버렸다. 고객인 CEO는 그날 하루 휴무를 결정하고 우리에게 신속히 원인파악을 지시했다. 80여 명의 팀원 중 담당자들이 확인해보니 DB의 재고테이블의 기본 크기가 100K로 되어 있었고 확장(Extents)도 2개까지로 제한되어 있어 많은 트랜젝션을 처리할 수 없었다. 지금 생각해보면 영어의 'Ten pounds in a five-pound sack(5파운드짜리 가방에 10파운드를 넣음)'처럼 공간과 성능을 고려하지 않은 최악의 상황을 초래한 것이다. 만약 당시 CEO가 하루 휴무를 결정하지 않았다면 현재 재고까지 틀려지고, 프로그램뿐 아니라 데이터 무결성을 맞추는 작업까지 해야 했고 시스템 오픈을 상당기간 연기해야 했을 것이다. 당시 기능 테스트, 시스템 테스트, 통합 테스트는 다 수행했으나 700여 명의 C/S 환경에서의 동시 사용자를 계산한 스트레스 테스트를 수행하지 않았던 것이다. 브룩스는 '1/3은 설계, 1/6은 개발, 1/4는 기능 테스트, 1/4은 시스템 테스트'라고 말한다. 여기서 프로젝트의 1/2이 테스트 기간이라는 것이다. 만약 당시 품질계획서에 테스트 체크리스트에 PM이 확인하고 스트레스 테스트가 수행되지 않은 것을 알았다면 오픈 시 문제는 예방할 수 있었을 것이다. 그만큼 문서작업과 검수는 중요한 활동이다.

■ 앞서 언급한 브룩스는 시스템을 'Two steps forward and one step back (2보 전진을 위한 1보 후퇴)'라고 표현했는데 K사에 ERP 시스템을 오픈한 순간부터 사용자 수 증가에 따라 운영비용이 급격이 증가하게 되고, 사용자는 수많은 L/T, BOM 관리, 코드 표준화, 재공 및 재고 데이터 관리 등의 수많은 작업이 늘어나는 현상이 발생했다. 딜로이트 컨설팅에서는 ERP 시스템 오픈 후에 대해 다음과 같이 이야기한다. '컨설팅 및 구축단계는 제1의 물결(First Wave), 시스템 오픈 이후는 제2의 물결(Second Wave)'이라고 하며 시스템 오픈이 프로젝트의 종료를 의미하는 것이 아니라 새로운 시작이라는 것이다. '시스템 적용 후 얼마만큼의 경제적인 ROI가 있었는가'에 경영자의 모든 관심이 집중되던 시기가 있었으나 시스템 오픈 후에는 '절망의 계곡'을 빠르게 극복하고 시스템 문화에 적응해 새로운 혁신활동을 지속적으로 추구해야 변화와 혁신활동을 통해 예상했던 효과를 달성할 수 있을 것이다.

※ 쉬어 가며: 섬나라 대한민국, 대륙으로 대동맥을 이어라!

■ 베트남에 주재원으로 나가기 2년 전 가을 무렵, 우리 가족은 오두산 통일 전망대로 여행을 갔다. 고향이 문산이라 어릴 적부터 많은 군사시설을 본 나로서는 이러한 여행이 그다지 낯설지는 않았다. 딸과 아들에게 이곳에 대해 자세히 설명한 기억이 있는데, 이곳은 김정호의 대동여지도에서 백제의 관미성이 있던 곳으로 고구려의 광개토대왕이 1만 명의 군사로 정복할 만큼 한강과 임진강 그리고 바다로 나가는 서해를 관망할 수 있는 군사적인 요충지이고 이러한 역사적인 사실이 '광개토대왕비'에 자세히 적혀 있다고 이야기를 해주었었다. 아이들은 강 하나를 두고 북한과 38선 군사분계선에서 제일 가까운 이곳이 한편으로는 무섭다고 했다. 망원경으로 본 강 건너편에는 깡마른 북한 군인이 경계를 서고 있었는데 손을 뻗으면 그를 만질 수 있을 듯했다. 아버지는 "서부지역 최북단에서 고등학교를 졸업했다"고 하면서 옛날 학창시절에 이곳을 '강 건너'라고 불렀고 할머니께서 이곳으로 일하러 가시면 아버지가 제일 불안해하셨다고 했다. 이곳의 실제 지명은 장단반도로, 1년 사계절 동안 포사격 훈련을 해 공부하기 어려웠다는 이야기부터 고구려, 고려, 조선을 연결하는 역사적인 이야기 외에 많은 이산가족을 양산한 슬픈 분단상황에 대해 이야기했다. 가족 여행에서 느낀 한국이 통일되어야 하는 이유는 다음과 같다.

■ 첫째, 통일전망대를 지나서 임진각에 도착했을 때 '철마는 달리고 싶다'는 글을 보며 가슴 뭉클한 느낌을 받았다. 몇 해 전 떠난 가족 유럽여행에서 '왜 우리나라는 대륙과 연결된 반도이면서도 여느 나라처럼 기차나 버스로 국가 간 이동을 하지 못할까?'라는 생각을 한 적이 있다. 섬나라 일본처럼 비행기나 배를 타야 해외로 나갈 수 있는 현실이 안타까웠다. 비행기의 물류비용은 기차의 50배 이상이라고 한다. 그나마 다행이라면 경부고속도로도 이제는 '아시안 하이웨이'라고 하여 부산에서 서울, 평양, 신의주를 거쳐 중국, 터키를 연결하는 모습을 꿈꾸고 있다고 한다. 통일은 한반도

를 번영시키고 물류와 교통의 연결로 끝나는 것이 아니라 고대의 비단길과 같은 신문물, 물류, 경제의 핵심기지의 출발점으로 남북한이 아시아 및 유럽을 연결하는 시작점으로서 철마가 연결되어 쉼 없이 달리는 날을 통해 선진국의 경제적인 것뿐만 아니라 세계 여행, 대한민국의 문화적인 소개 등 사회적으로 세계에 기여했으면 한다.

■ 둘째, 세계의 마지막 분단국가로서 내부적으로 한민족의 이산의 아픔을 달래고, 세계 평화에 기여해야 할 책임이 있다. 작년에 아이들과 함께 현충원에 참배를 하러 갔다. 국가를 위해 산화한 분들을 기리며 만일 6·25라는 전쟁이 일어나지 않았다면 수많은 이산가족이 고통받지 않았을 것이고 여기 누워 있는 꽃다운 청년들이 전장에 나가는 대신 다른 식으로 국가발전에 이바지했을 것이며 남북한도 하나의 대한민국으로서 발전하고 있었을 것이라는 생각이 들었다. 하지만 38선이라는 군사분계선은 민족의 끈을 잠시 나눠 둔 것 같다. 삼국시대 이후 천 년 넘게 통일되었던 시절로 돌아가야 한다. 세계는 남북이 개성공단을 세울 때 울었다. 이는 우리 민족만의 문제가 아니라 안중근 의사가 이야기한 동양평화론, 세계평화론의 연장선이라고 생각한다.

■ 셋째, 통일을 위해서는 철저하게 오랫동안 준비해야 한다. 섣부른 통일론은 혼란과 대립을 야기할 수 있을 것이다. 60년을 넘게 분단된 국가는 언어도 많이 달라진다고 한다. 북한에서는 코너킥을 '골목차기', 어린 거지를 '꽃제비'라고 한다는데 통일 전에 언어 및 문화에 대한 공동 연구가 이루어질 필요가 있을 것이다. 또한 통일을 위해서는 여러 세대에 걸쳐 많은 사람들이 통일비용을 지불해야 할 것이다. 사회주의 국가인 동독과 자본주의 국가인 서독이 통일될 때 통일 후 독일 경제가 어려워지고 실업자가 늘며 도둑이 많아질 것이라 예상했지만 오랜 기간 통일세를 걷어 준비한 독일은 제2차 세계대전 이전의 경제대국으로 발전했다. 우리는 독일의 사례를 보고 오랜 시간 더 좋은 통일 방법을 연구해야 한다.

학자들의 말에 따르면 "통일은 어느 한순간 모두가 걷잡을 수 없이 오게 될 것이다". 독일이 그러했다. 언어, 경제, 문화, 사회적으로 투자를 하고 철저히 준비하면 통일이 새로운 시발점이 되어, 광개토대왕이 저 넓은 대륙을 누볐던 시대가 도래해 자손만대가 존경을 받을 것이지만, 준비되지 않은 통일을 하게 되면 19세기에는 부유했던 남미국가들이 부익부 빈익빈이라는 과거에 사로잡혀 발전하지 못하는 것처럼 낭떠러지로 떨어질지도 모른다. 남북한이 신뢰 가능한 체계를 만들어 섬나라 대한민국이 아니라 대륙으로 가는 대동맥을 연결하여 수천 년을 잇는 새로운 통일대국이 되는 흐뭇한 미래를 그려 볼 때이다.

주요 용어

- 4M: 제조공정에서 생산에 필요한 4M은 작업자(Man), 설비(Machine), 자재(Material), 작업방식(Method)로 구성되고 수준에 따라서 산포가 발생하는 원인이 된다.
- AQL(Acceptable Quality Level): 합격품질 수준으로 제조업체에서 샘플링 검사에서 합격해서 좋은 공정평균의 상한치. 불량률(%) 또는 100단위당 결점수로 나타낸다. AQL보다 좋은 품질의 검사 Lot는 샘플링 검사에서 큰 확률로 합격한다.
- BOM(Bill Of Materials): 제조공정에는 상위품목, 부품, 자재명세서, 사용량, 최종 품목, 중간 조립품, 구매부품, 제품 생산공정 등으로 구성되어 있다. 자재명세서(BOM)는 모든 품목에 대해 상위 품목과 부품의 관계와 사용량, 단위 등을 표시한 리스트이다.
- Cp(공정능력지수): 공정변동에 대한 규격변동의 양적인 표현을 나타낸 지표이다.
- Cpk(치우침이 보정된 공정능력지수): 공정평균의 위치를 반영해 공정능력이 산포의 중심에서 벗어난 정도를 나타낸 지표이다.
- EC(Equipment Controller): 공정 설비제어 MC(Machine Controller), BC(Block Controller), TC(Tool Controller) 등으로도 부른다.
- FP(Function Point): 사용자 관점에서 SW 규모를 정량적으로 측정하기 위한 기법으로 SW가 제공하는 기능을 사용자 관점에서 식별하고, 기능의 복잡도와 가중치에 근거해서 SW 규모를 산정하는 기법이다.
- GEM(Generic Equipment Model): 모든 반도체장비가 SECS 프로토콜에 의해 통신을 하지만, 그 동작 방식이나 사용하는 메시지가 모두 다르다면 정말로 복잡한 일이 아닐 수 없다. 이런 이유로 SEMI에서는 장비의 동작에 대한 시나리오와 용어로 이때 사용되는 메시지를 묶어서 장비 구동에 관한 표준을 마련했는데, 이 표준이 E30 생산설비 통신과 제어를 위한 핵심 모델(Generic Model for Communications and Control of Manufacturing Equipment)이고, 이를 간단히 줄여서 GEM이라고 부른다.
- HSMS(High Speed SECS Message Service): 독립적인 개발자들이 특정한 지식

없이도 기기들을 연결하고 상호 동작될 수 있도록 고속의 통신 기능을 만들어 낼 수 있는 수단을 제공한다.

- ISP(Information Strategic Plan): 미래 비즈니스 창출을 위한 정보화 방향 도출 및 정보화 추진 이행 계획을 수립하는 IT 마스터플랜으로 선진 경영기법 도입, 패러다임 변화, 글로벌화 정보화 측면을 고려해 실행과제를 도출한다.
- Lot: 사전적인 정의로는 '같은 종류의 사람/물건' 무리를 말하며 제품의 Lot는 고객별, PO별, 물류 이동 단위별로 구성된다.
- Kanban(간반): 관리자 및 작업자가 눈으로 문제점을 관리할 수 있도록 표면화시켜 개선할 수 있는 기반을 마련하는 도구로, 필요한 것을, 필요할 때, 필요한 만큼 공급, 인수해서 필요 최소의 WIP 관리로 다음 공정에 대응하며 크게 작업 지시 기능, 현품관리 기능, 개선의 도구 등의 역할을 수행한다.
- MBO(Management By Objectives): 제반 경영활동이 목표설정 및 실행평가에 의해 이루어지도록 하고, 그 활동이 효과적으로 수행될 수 있도록 책임과 권한을 분산 위임할 수 있도록 각 목표에 대한 관리지표를 개인 및 단위 조직까지 전개시키고 평가 및 목표 관리하는 것이다.
- OQC(Outgoing Quality Control): 품질관리에서 출하검사로 제조에서 양품으로 판정된 제품을 고객에게 인도하기 전에 품질을 보증하기 위해 실시하는 검사로서 제품의 품질수준을 판정기준과 비교해 합격, 불합격의 판정을 내리는 활동이다.
- Pegging: MRP와 MPS에서 한 부품의 수요가 어느 완제품 또는 독립수요제품을 생산하기 위해 발생했는지의 정보를 제공하는 것으로 하드 페깅(Hard Pegging)은 수요예측, 생산계획, 자재구매까지 오더로서 연결되어 오더 추적이 가능하게 만든 정보 또는 구조로 생산오더가 특정한 수요예측에 대한 할당이 이루어지면, 모든 단계가 완료되기 전까지는 그 연결고리가 이어지며, 소프트 페깅(Soft Pegging)은 각 단위의 연결을 오더단위가 아니라 수량 중심으로 개략적으로 페깅한 것으로 수량 중심으로 연결되어 있기 때문에 특정수요에 생산계획이 연결되었다고 하더라도 납기준수율 등 실행 측면에서 더 유리한 것으로 판단되면 기존 연결고리를 무시하고 다른 수요와 결합해서 진행할 수 있다.
- Routing: 반제품 또는 완제품을 생산하기 위해 수행되어야 하는 공정의 순서를 정의한 기준정보이다.
- RTY(Rolled Throughput Yield): 완제품을 생산할 때 불량으로 인한 수리, 재작업, 폐기 없이 모든 공정을 직행하고 설비 고장, 품절, 모델 바꾸기 등에 의한 대기 없이 최종 공정까지 완료되는 확률이다.
- CMMI(Capability Maturity Model Integration): 카네기멜론대학 SEI에서 만든 SW

프로세스 능력 및 개발 조직 성숙도 평가, 인증 모형 SW-CM, SE-CM, IPD-CM (Integrated product Development)를 통합, 국제표준 ISO 15504(SPICE)를 준수하는, 능력 성숙도 모델 기반의 통합 프로세스 개선 활동 모델이다.

- SCM(Supply Chain Management): 고객 요구에 가장 좋은 제품을 적기에 공급할 수 있도록 유통 협력회사, 부품 협력회사, 물류 협력회사 및 판매, 서비스, 마케팅 등 전체 공급망을 대상으로 프로세스, 시스템, 조직을 재구축하는 총체적인 혁신활동이다.
- SECS-I(SEMI Equipment Communications Standard 1): 반도체 처리 장비와 호스트 간의 메시지 교환에 적합한 통신 인터페이스를 정의한 것이다.
- SEM(Specific Equipment Model): GEM을 통해 일반적인 장비의 동작 규약을 정하고는 있지만 GEM만으로 반도체생산에 투입되는 모든 장비의 사양을 규정하는 것은 실제로 불가능하다. 특히 다른 공정 장비와 비교할 때 작업 자체가 색다른 반송장비나 스토커(Stocker) 등의 경우는 더욱 그렇다. 이런 이유로 특별한 장비에 적용되는 사양은 따로 SEM(Specific Equipment Model) 사양을 정해서 관리하고 있다.
- ST(Standard Time): 문제 발생 없이 정상적인 작업속도로 설비나 작업자에 의해 부품, 완제품을 생산하는 데 직접적으로 소요되는 시간을 말하며 사이클 타임(Cycle Time)은 어떤 제품을 한 번 생산하고 동일제품을 두 번 생산할 때 주기이다.
- T/T(Tact Time): 제품 한 개를 생산하는 데 필요한 기준 시간. 만약 설비가 1시간에 3,600개의 생산을 하면 텍 타임(Tack Time)은 1초이다.
- VMI(Vendor Managed Inventory): 제조업의 재고를 공급업체에서 관리해주는 방식으로 공급업체가 재고를 모니터링하면서 발주도 대행하고 제품을 보충해주는 방식으로 이 방식은 생애주기가 짧은 소비 품목을 생산하는 회사와 거래하는 조달회사들이 선호하는 방식이다.
- WIP(Work In Process): 재고는 완제품, 부품, 또는 반제품 등 여러 형태로 존재하며 WIP는 원자재가 제조공정에 들어와서 마지막 품질검사를 통과한 완제품이 되기 전의 상태에서 공정상에 존재하는 반제품과 부품 재고를 의미한다.
- WMS(Warehouse Management System): 공급망과 MES에서 원활한 흐름을 위해 효율적인 창고관리시스템으로 제품의 입고, 출고, 보관, 품질보전, 보관효율, 창고비, 운송지원, 정보처리 등을 지원한다.
- XP(eXtreme Programming): 짧은 주기, 빠른 릴리즈, 페어프로그래밍, 테스트 중심의 대표적인 애자일 프로세스 기반의 경량화 방법론이다.

참고문헌

김영한. 2004. 『삼성사장학』. 서울: 청년정신.

마이크 콘. 2006. 『사용자스토리』. 심우곤 외 옮김. 서울: 인사이트.

______ 2008. 『불확실성과 타협하는 프로젝트 추정과 계획』. 이병준 옮김. 서울: 인사이트.

박현선. 2010.11.14. “전사 PMO 프로젝트 우선 순위화 위해 PMO 운영”. ≪전자신문≫, 15면.

켄 슈와버, 마이클 비들. 2008. 『스크럼(팀의 생산성을 극대화시키는 애자일 방법론)』. 박일·김기웅 옮김. 서울: 인사이트.

한국데이터베이스진흥원. 2006. 『데이터 품질관리 지침』. 서울: 한국데이터베이스진흥센터.

—

Blaine Crandell & Tomoyuki Masui. July 20, 2001. Texas Instruments Selete. SEMI.

Beck Kent and Cynthia Andres. 2004. *Extreme Programming Explained* (2ED). Addison-Wesley Professional.

Cees Van Lede. April 25, 2002. Upgrading the Company. Akzo Nobel BUSINESS WIRE.

Deloitte Consulting. P. 1999. 29 April. New ‘Second Wave’ services for SAPR/3. M2 Presswire.

Deloitte Consulting. Project Management Methodology (PMM 4.0).

Dick Hamlet with Joe Maybee. 2001. *The Engineering of Software*. Boston, Mass. Addison-Wesley.

Don Tapscott. 1995. The Digital Economy: Promise and Peril In The Age of Networked Intelligence. McGraw-Hill; 1st edition.

Dr. Bipin Chadha. 2008. Implementing a Federated Architecture to support supply chains. Coensys, Inc. White Paper.

Edgar Dale. 1969. *Audio-visual methods in teaching*. New York: Dryden Press.

Frederick P. Brooks. JR. 2000. *The Mythical Man-Month: Essays on Software Engi-*

neering, Anniversary Edition. Addison-Wesley Professional.

Henderson, J. C. and N. Venkatraman. 1993. "Strategic Alignment: Leveraging Information Technology for Transforming Organizations." *IBM Systems Journal*, 32, 1.

Juran, J. M. 1988. *Quality Control Handbook* (4 ED). McGraw-Hill Book Company.

MESA International. September 1997. White Paper Number 6. MES Explained: A High Level Vision.

Michael Hammer's and John Champy's pioneering book. 1993. *Reengineering the Corporation-A Manifesto for Business Revolution*. Harper Collins.

Michael O'Connel, Editor-in-chief. developerWorks. IBM 2010. New developer Works survey shows dominance of cloud computing and mobile application development.

Paulk, Mark C., Charles V. Weber, Curtis, Bill, Mary Beth Chrissis. 1995. *The Capability Maturity Model: Guidelines for Improving the Software Process*. Boston: Addison Wesley.

Richard Watson. "Burton IT1 Research." Gartner. 3, December 2010.

Robert Glass. 2003. *Facts and fallacies of software engineering*. Addison Wesley.

Robert K. Wysocki. 2010. *Adaptive Project Framework: Managing Complexity in the Face of Uncertainty*. Pearson Education.

Seiichi Nakajima. 1988. *Introduction to Tpm: Total Productive Maintenance* (Preventative Maintenance Series). Productivity Pr.

Thomas H. 1992. *Davenport, Process Innovation: Reengineering work through information technology*. Harvard Business Review Press.

Tom Demarco with Timothy Lister. 1999. *Peopleware Productive Projects and Teams* (2 ED). Dorset House.

Versionone. 2009. State of Agile Development Survey.

—

http://www.ibm.com, ILOG JRUES.

http://www.isa.org. International Society of Automation.

http://www.mesa.org. Manufacturing Enterprise Solution Association.

http://www.usgbc.org. US Green Building Council. "What LEED is."

www.nngroup.com, e-commerce user experience.

지은이 _ **정삼용**

e-mail: jeongsamyong@gmail.com

경기도 문산 출생으로 인하대학교 기계공학과를 졸업하고 ROTC 병기장교를 거쳐 전산장교 경험을 계기로 IT와 인연을 맺어 삼성에서 근무하게 되었다. 회사 지원으로 일리노이 대학교(University of Illinois at Urbana Champaign)에서 Computer Science 석사 학위를 받았고 정보관리기술사, CFPS 자격을 보유하고 있다. 첨단 하이테크 분야인 반도체, 휴대폰, LCD, 가스, 화학업종과 조선, 사출, 신발, 가전, 자동차, 광소재, 부품 공장 등 국내외 제조사업장에서 30년 동안 IT 투자, 제조 MES, ERP 관련 대규모 컨설팅과 PM을 수행했다. 2016년부터 5년간 삼성SDS의 베트남법인을 설립하여 법인장을 역임하고, 삼성 및 로컬기업의 GDC, IDC, SaaS 등 정보화사업을 주도하며 베트남 IT 2위 기업의 투자 및 사외이사를 역임했다. 2022년부터는 삼성의 사이버보안전문회사에서 대표이사를 맡고 있다. 반려자 박지연과 슬하에 아린과 도율을 두고 있다.

- 문산 초·중·고 졸업, 인하대 기계공학과 학사(1992),
  UIUC 컴퓨터과학과 석사(2008)
- 정보관리 기술사, 삼성SDS MES팀 PM, 베트남 SDSV 법인장(상무),
  부품제조사업 팀장(상무)(1992.3~2021.12)
- 베트남 IT 기업 CMC Corp. 사외이사(2018.7~2021.7)
- 삼성계열사/SDS 자회사 시큐아이(주) 대표이사(2022.3~)

주요 저서에 『글로벌 생산운영체계를 위한 실전형 MES 방법론』(2012), 『핵심정보기술 총서 1, 2, 3』(2003, 공저)이 있다.

한울아카데미 2446

The Vision, 제조업의 실용적 스마트팩토리

지은이 | 정삼용
펴낸이 | 김종수
펴낸곳 | 한울엠플러스(주)
편집 | 배소영

초판 1쇄 인쇄 | 2023년 5월 18일
초판 1쇄 발행 | 2023년 5월 25일

주소 | 10881 경기도 파주시 광인사길 153 한울시소빌딩 3층
전화 | 031-955-0655
팩스 | 031-955-0656
홈페이지 | www.hanulmplus.kr
등록 | 제406-2015-000143호

Printed in Korea.
ISBN 978-89-460-7446-0 13560

* 책값은 겉표지에 표시되어 있습니다.